普通高等教育土木工程专业新形态教材

U0645610

BIM技术应用基础

（第2版）

主编　张玉琢　孙佳琳　陈慧铭

清華大學出版社
北京

内 容 简 介

全书共 10 章,分别为 BIM 基础知识、Revit 软件基础、3 层别墅项目应用案例、Revit 建筑设计建模应用、Revit 结构设计建模应用、项目视图组织与视图设置、Revit 给水排水设计建模应用、Revit 暖通空调设计建模应用、Revit 建筑电气设计建模应用和模型综合应用。主要介绍 BIM 技术的基本概念、Revit 软件的操作命令、设计流程以及各项功能的使用方法等,着重以 3 层别墅实际项目为工程背景,开展 Revit 软件在建筑、结构、给水排水、暖通空调、建筑电气等专业的建模实操和模型综合应用。

本书教学目标明确,教学内容清晰,章节编排合理,可作为新时代下普通高等院校和职业院校土建大类相关专业的入门教材,也可作为相关从业人员的初学读本。

图书在版编目(CIP)数据

BIM 技术应用基础 / 张玉琢,孙佳琳,陈慧铭主编. -- 2 版. -- 北京: 清华大学出版社,2025. 6. --(普通高等教育土木工程专业新形态教材). -- ISBN 978-7-302-69433-5

Ⅰ. TU201.4

中国国家版本馆 CIP 数据核字第 2025TS4102 号

责任编辑:王向珍　王　华
封面设计:陈国熙
责任校对:薄军霞
责任印制:刘　菲

出版发行:清华大学出版社
　　　　　网　　址:https://www.tup.com.cn,https://www.wqxuetang.com
　　　　　地　　址:北京清华大学学研大厦 A 座　　　　邮　　编:100084
　　　　　社 总 机:010-83470000　　　　　　　　　邮　　购:010-62786544
　　　　　投稿与读者服务:010-62776969,c-service@tup.tsinghua.edu.cn
　　　　　质量反馈:010-62772015,zhiliang@tup.tsinghua.edu.cn
印 装 者:三河市天利华印刷装订有限公司
经　　销:全国新华书店
开　　本:185mm×260mm　　　　　印　　张:17　　　　　字　　数:413 千字
版　　次:2020 年 3 月第 1 版　2025 年 6 月第 2 版　　　印　　次:2025 年 6 月第 1 次印刷
定　　价:55.00 元

产品编号:104441-01

编审委员会

前　言

PREFACE

当前,我国建筑业正面临着前所未有的机遇与挑战,国家提出了创新建筑业发展方式,促进建筑业转型升级的新要求。建筑信息模型(building information modeling,BIM)技术利用三维模型贯穿应用于建筑工程的全生命周期,其在建筑业的变革中发挥着极为重要的作用。中国建筑业需要利用 BIM 技术实现在规划、设计、施工和运维等各阶段、各专业、各环节的无缝衔接,完成从粗放作业向精细作业的升级,实现从独立工作向协同工作的转变。在此背景下,推广和应用 BIM 技术是降低建造成本,提高建筑质量和运行效率,延长建筑生命周期的最佳途径,也是我国建筑业实现信息化、工业化的必由之路。

本书主要培养学生在 BIM 理论与应用方面的职业能力和职业素养。通过对本书的学习,学生能够掌握 BIM 的概念,可以使用常用的 BIM 建模软件进行简单建筑信息模型的创建,为学生毕业后从事相关工作奠定基础。开设本门课程的学校应配备必要的计算机硬件和软件,并对教师进行 BIM 理论和软件应用的培训,如果教师能组成 BIM 工作团队参与工程实践教学,对于教学水平提高将有非常大的促进作用。

本书共分为 10 章。第 1 章介绍了 BIM 的概念和 BIM 类常用软件。第 2 章介绍了Revit 软件相关术语和基本命令。第 3 章依托 3 层别墅项目应用案例,介绍了项目的图纸要求和项目的定位与参照。第 4 章介绍了 Revit 建筑设计建模的基本流程。第 5 章介绍了Revit 结构设计建模的基本流程。第 6 章介绍了项目视图组织与视图设置。第 7 章介绍了Revit 给水排水设计建模的基本流程。第 8 章介绍了 Revit 暖通空调设计建模的基本流程。第 9 章介绍了 Revit 建筑电气设计建模的基本流程。第 10 章介绍了建筑信息模型建模后的综合应用。

相较于第 1 版(2019 年编写),本教材具有以下三大特点:①选用 3 层别墅项目的图纸作为学习基础资料,3 层别墅体量适中,易于理解和模拟,适合初学者进行 BIM 建模的学习;②建筑、结构、给水排水、暖通、电气的全专业建模共用 3 层别墅项目的图纸,此改进旨在强调 BIM 技术的协同性和整合性,使读者更清晰地理解各专业之间的关系,培养综合建模能力;③新增结构建模部分,全专业 BIM 应用更能满足土建大类相关专业和相关从业人员的学习需求,以使其能够系统且全面地了解 BIM 建模。

本教材可作为新时代下普通高等院校和职业院校土建大类相关专业的入门教材,也可作为相关从业人员的初学读本。为更好地满足初级用户的学习需求,本教材图文并茂,且语言更加通俗易懂,配图更加形象直观。同时,鉴于教材内容包含大量计算机操作知识点且需要进行 Revit 软件的实操,本教材随文提供视频微课供学生即时扫描二维码进行观看,同时通过扫描"前言"下方二维码可下载本教材相关案例图纸、模型等资料,实现了教材的数字化、信息化、立体化,增强了学生学习的自主性与便利,将课堂教学与课下学习紧密结合,力图为学生提供更为全面且多样化的教材配套服务。

　　本教材的编写得到辽宁省一流本科课程建设（"BIM 应用基础"课程）和辽宁省普通高等学校校际合作项目（资源共享——建筑信息模型（BIM）跨专业综合实训平台）的资助，在此表示深深的感谢。

　　本教材编写过程中，参考、借鉴了许多专家、学者的相关著作，谨向各位专家、学者一并表示感谢。由于作者水平有限，书中仍有疏漏和不妥之处，请读者批评指正，以使本教材日臻完善。

编　者

2024 年 5 月

相关资料

目 录
CONTENTS

第1章

BIM基础知识

本章要点

（1）土木水利行业信息化背景；

（2）BIM概念和发展；

（3）BIM相关软件介绍。

学习目标

（1）了解土木水利行业信息化的发展背景，包括土木水利行业信息技术发展、信息化发展存在的问题，BIM与信息化之间的关系；

（2）熟悉BIM的概念和发展，包括BIM定义、BIM发展"三阶段"和BIM特征；

（3）熟悉BIM相关软件，包括BIM软件分类、BIM建模软件和BIM工具软件。

素质目标

本章在教学中结合当前软件行业发展背景，引导学生加强对新一代信息技术中的"智造强国追求"、科技强国号召中的"科学精神养成"、高质量发展背景中的"鲁班精神传承"的认识，将教学与育人两条线融会贯通，将专业知识有效融入价值观的培育和塑造，使立德树人的理念在教育中得以"润物细无声"。

1.1 土木水利行业信息化背景

1.1.1 土木水利行业信息技术发展

近年来,随着人工智能技术、多媒体技术、大数据技术、网络技术等新兴信息技术的飞速发展及其在工程领域的广泛应用,信息技术已成为土木水利领域持续发展的命脉。工程设计行业中 CAD 等技术的普遍运用,已经彻底把工程设计人员从传统的设计计算和绘图中解放出来,设计人员可以把更多的精力放在方案优化、改进和复核上,大大提高了设计效率和设计质量,缩短了设计周期。工程施工企业运用现代信息技术、网络技术、自动控制技术以及信息、网络设备和通信手段,在企业经营、管理、工程施工的各个环节都实现了信息化,提高了施工企业的管理效率、技术水平和竞争力。

在城乡建设、水利工程、海洋工程和基础设施建设等土木水利行业中,利用人工智能和地理信息系统(geographic information system,GIS)技术,提供城市、区域乃至工程项目建设规划的方案制订和决策支持,计算机辅助工程(computer aided engineering,CAE)技术也得到了不同程度的发展和应用。当前,工程领域计算机应用的范围和深度也在不断发展,智能化、集成化和信息化的建筑信息模型(BIM)技术已经在土木水利行业项目全生命周期内广泛应用。

自 2022 年起,住房城乡建设部印发《关于征集遴选智能建造试点城市的通知》,明确了开展智能建造城市试点的工作目标、重点任务和工作要求等内容。智能建造是指在工程项目建造过程中应用数字化软件、智能化机械和互联网平台等技术,将现在劳动密集、生产率低、同质竞争、行业满意度差的传统建造状况,转变为设计、施工、运维等全过程智能感知、分析、决策和执行的人机协同建造方式,以推动建筑业工业化、数字化、智能化升级,实现工程建设高效益、高质量、低消耗、低排放的目标。

1.1.2 信息化发展存在的问题

信息技术的运用势必会成为传统建筑业向技术密集型与知识密集型方向发展的突破口,并带来行业的振兴和创新,提高建筑企业的综合竞争力。中国在 20 多年前就开始建筑行业的信息化改造,到目前为止,已经有很多建筑企业开发了自己的信息管理系统,其中部分管理先进的企业已经初步实现了企业信息化的建设。然而,与国外发达国家和其他行业相比,中国建筑业信息化发展尚存差距。除了在管理体制、基础设施、资金投入和技术人才等方面的问题,直接影响信息化应用效果和发展水平的主要原因有以下几方面。

1. 工程生命周期不同阶段的信息断层

在设计企业中,虽然已实现了软件设计和计算机出图,但是行业中各主体间(如业主、设计方、施工方、运营维护方)的信息交流仍然基于纸介质,所生成的数据文档在建筑和结构等各专业之间以及其后的施工、监理、物业管理中很少甚至未能得到利用。这种方式导致工程生命周期不同阶段的信息断层,造成许多基础工作在各个生产环节中出现重复,降低了生产效率,使成本提高。

2. 建设过程中信息分布离散

工程项目的参与者涉及多个专业,包括勘测、规划设计、施工、造价、管理等专业,众多参与专业各自独立,而且各专业使用的软件并不完全相同。随着建设规模的日益扩大,技术复杂程度不断增加,工程建设的分工越来越细,一项大型工程可能会涉及几十个专业和工种。这种分散的操作模式和按专业需求进行的松散组合,使工程项目实施过程中产生的信息来自众多参与方,形成了多个工程数据源。目前,建筑领域各专业之间的数据信息交换和共享很不理想,从而不能满足现代建筑信息化的发展,阻碍了行业生产效率的提高。

3. 应用软件中的信息孤岛

工程项目的生命周期很长,一般持续几十年甚至上百年,一项工程从规划开始到最后报废,均属于生命周期范围过程。在这个过程中难免会出现业主更替、软件更新、规范变化等情况,而目前行业应用软件只涉及工程生命周期某个阶段、某个专业的局部应用。在工程项目实施的各个阶段,甚至在一个工程阶段的不同环节,计算机的应用系统都是相互孤立的。这就导致项目初期建立的建筑信息数据随着生命周期的发展难以全面交换和共享,从而产生严重的信息孤岛现象。

4. 交流过程中的信息损失

当前的设计方法主要是使用抽象的二维图形和表格来表达设计方案与设计结果,这种二维图形、表格中包含了许多约定的符号和标记,用于表示特定的设计含义和专业术语。虽然这些符号和标记为专业技术人员所熟知,但仅仅依赖这些二维图表仍然难以全面描述设计对象的工程信息,更难以表述设计对象之间复杂的关系。同时,这些抽象的二维图表所代表的工程意义也难以被计算机语言识别,给计算机自动化处理带来很大困难。在工程项目不同阶段传输和交流时,非常容易导致信息歧义、失真和错误,不可避免地产生信息交流损失,如图 1-1 所示。

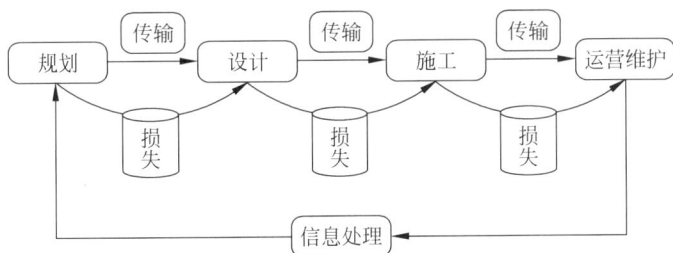

图 1-1　交流过程中的信息损失

5. 缺少统一的信息交换标准,信息集成平台落后

目前,建筑领域的应用软件和系统大多为一些孤立和封闭的系统,开发时并没有遵循统一的数据定义和描述规范,而以其系统自定义的数据格式来描述和保存系统处理结果。虽

然目前也有部分集成化软件能在企业内部不同专业间实现数据的交流和传递,但设计过程中可能出现的各专业间协调问题仍然无法解决。由于缺乏统一的信息交换标准和集成的协同工作平台,信息很难被直接再利用,需要消耗大量的人力和时间来进行数据转换,造成很长的集成周期和较高的集成成本。

此外,中国建筑业在规划、设计阶段广泛应用的是二维 CAD 技术,虽然部分企业应用三维 CAD 技术,但现有应用系统的开发都是基于几何数据模型,主要通过图形信息交换格式进行数据交流。这种几何信息集成即使得以实现,所能传递和共享的也只是工程的几何数据,相关的勘探、结构、材料以及施工等工程信息仍然无法直接交流,也无法实现设计、施工管理等过程的一体化。而且各阶段应用系统基本上还是基于静态的二维图形环境或文本操作平台,设计结果和信息表达主要是二维图形与表格,缺乏集成化的工程信息管理平台。

1.1.3　BIM 与信息化

在过去的 30 多年中,CAD 技术的普及和推广使得建筑师、结构工程师摆脱手工绘图,走向电子绘图,但是 CAD 毕竟只是一种二维的图形格式,并没有从根本上脱离手工绘图的思路。另外,基于二维图形信息格式容易导致交换过程中产生大量非图形信息的丢失,这给提高建筑业的生产效率,减少资源浪费,开展协同工作等带来很大障碍。在相当长的一段时期里,建筑工程软件之间的信息交换是杂乱无章的,一个软件必须输出多种数据格式,也就是建立与多种软件之间的接口,而其中任何一个软件的变动,都需要重新编写接口。这种工作量和效率使得很多软件公司都设想能够通过一种共同的模型,来实现各软件之间的信息交换,如图 1-2 所示。

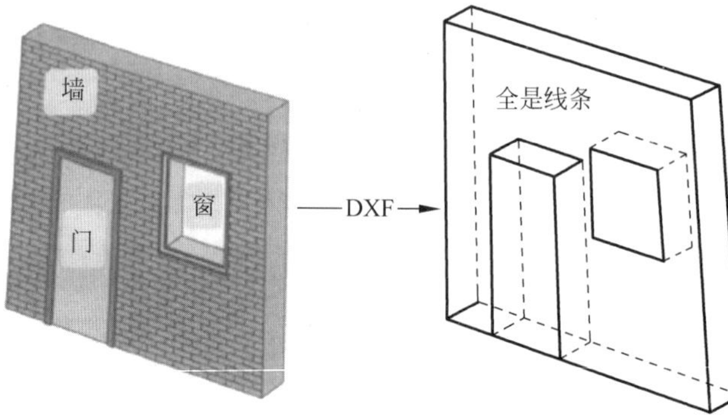

墙

窗

门

—— DXF ——>

全是线条

图 1-2　基于二维图形格式交换的缺陷

随着信息技术的不断发展,单纯的二维图像信息已经不能满足人们的需要,人们发现在建筑信息处理过程中,许多非图形信息比单纯的图形信息更为重要。虽然随着 AutoCAD 版本的不断更新,DWG 格式已经开始承载更多的超出传统绘图的功能。但是,这种对 DWG 格式的小范围改进还远远不够。

1995 年 9 月,北美建立了国际协同工作联盟(International Alliance for Interoperability, IAI),其最初目的是研讨实现行业中不同专业应用软件协同工作的可能性。由于 IAI 的名称令人难以理解,2005 年,在挪威举行的 IAI 执行委员会会议上,IAI 被正式更名为 BuildingSMART,并致力于在全球范围内推广和应用 BIM 技术及其相关标准。目前

BuildingSMART 已经从最初局限于北美和欧洲的区域性组织发展到如今遍布全球近百个国家的开放性国际组织。

　　自 2002 年以来,随着工业基础类数据模型(industry foundation classes,IFC)标准的不断发展和完善,国际建筑业兴起了围绕 BIM 的建筑信息化研究。在工程全生命周期的几个主要阶段,比如规划、设计、施工、运维管理等,BIM 技术在改善数据信息集成方法,加快决策速度,降低项目成本和提高产品质量等方面起到了非常重要的作用。同时,BIM 技术可以促进各种有效信息在工程项目的不同阶段、不同专业间实现数据信息的交换和共享,从而提高建筑业的生产效率,促进整个行业信息化的发展。BuildingSMART 组织的目标是提供一种稳定发展的、贯穿工程全生命周期的数据信息交换和相互协作模型,如图 1-3 所示,箭头方向为从规划阶段到运维管理等阶段的各种数据信息的发展,其最终宗旨是在建筑全生命周期范围内改善信息交流、提高生产力、缩短交付时间、降低成本以及提高产品质量,如图 1-4 所示。

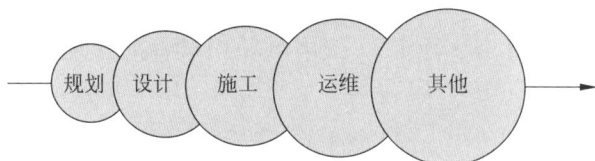

图 1-3　BuildingSMART 的目标

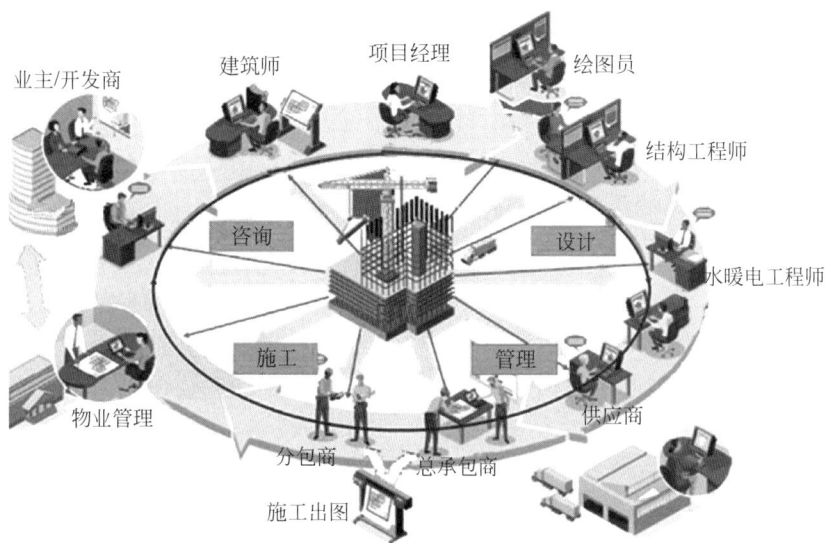

图 1-4　BuildingSMART 数据共享环形图

1.2　BIM 概念和发展

1.2.1　BIM 的定义

　　前文中,多次出现 BIM 一词,那么 BIM 的含义究竟是什么呢? 我们首先对 BIM 的三种解释加以区别,如表 1-1 所示。

表 1-1　BIM 的三种解释及说明

BIM 的三种解释	说　　明
building information model	是建设工程(如建筑、桥梁、道路)及其设施的物理和功能特性的数字化表达,可以作为该工程项目相关信息的共享知识资源,为项目全生命周期内的各种决策提供可靠的信息支持
building information modeling	是创建和利用工程项目数据在其全生命周期内进行设计、施工和运营的业务过程,允许所有项目相关方通过不同技术平台之间的数据互用在同一时间利用相同的信息
building information management	是使用模型内的信息支持工程项目全生命周期信息共享的业务流程的组织和控制,其效益包括集中和可视化沟通、更早进行多方案比较、可持续性分析、高效设计、多专业集成、施工现场控制、竣工资料记录等

世界各地的学者对 BIM 有多种定义,美国国家 BIM 标准将其描述为"一种对项目自然属性及功能特征的参数化表达"。因为具有如下特性,BIM 被认为是应对传统 AEC 产业(architecture,建筑;engineering,工程;construction,建造)所面临挑战的最有潜力的解决方案。首先,BIM 可以存储实体所附加的全部信息,这是 BIM 工具得以进一步对建筑模型开展分析运算(如结构分析、进度计划分析)的基础;其次,BIM 可以在项目全生命周期内实现不同 BIM 应用软件间的数据交互,方便使用者在不同阶段完成 BIM 信息的插入、提取、更新和修改,这极大增强了不同项目参与者间的交流合作,并大大提高了项目参与者的工作效率。因此,近年来 BIM 在工程建设领域的应用越来越引人注意。

BIM 之父 Eastman 在 2011 年提出 BIM 中应当存储与项目相关的精确几何特征及数据,用来支持项目的设计、采购、制造和施工活动。他认为,BIM 的主要特征是将含有项目全部构件特征的完整模型存储在单一文件里,任何关于单一模型构件的改动都将自动按一定规则改变与该构件有关的数据和图像。BIM 建模过程允许使用者创建并自动更新项目所有相关文件,与项目相关的所有信息都作为参数附加给相关的项目元件。

麦格劳-希尔建筑信息公司(McGraw-Hill Construction,2015 年已更名为 Dodge Data & Analytics)对建筑信息模型的进一步说明为:创建并利用数字模型对项目进行设计、建造及运营管理的过程,即利用计算机三维软件工具,创建建筑工程项目的完整数字模型,并在该模型中包含详细工程信息,将这些模型和信息应用于建筑工程的设计过程、施工管理、物业和运营管理等建筑全生命周期管理(building lifecycle management,BLM)过程中。

我国 BIM 标准的制定是从 2012 年开始的,提出了分专业、分阶段、分项目的概念。目前,已经有 4 部国家级标准:

(1)《建筑信息模型应用统一标准》(GB/T 51212—2016),建立了建设工程全生命周期内建筑信息模型的创建、使用和管理的应用统一标准,包括模型的创建、使用、结构和扩展,数据的交付、交换、编码和储存等信息。

(2)《建筑信息模型施工应用标准》(GB/T 51235—2017),规定了在施工过程中如何使用 BIM 技术,以及如何向他人交付施工模型信息,包括深化设计、施工模拟、预加工、进度管理、成本管理等方面。

（3）《建筑信息模型设计交付标准》（GB/T 51301—2018），规定了建筑信息模型设计交付标准，用于建筑工程设计中应用建筑信息模型建立和交付设计信息，以及各参与方之间和参与方内部信息传递的过程，包括交付的基本规定、交付准备、交付物和交付协同。

（4）《建筑工程设计信息模型制图标准》（JGJ/T 448—2018），规范建筑工程设计的信息模型制图表达，提供一个具有可操作性、兼容性强的统一标准，用于指导各专业之间在各阶段数据的建立、传递和解读。

我国国家标准《建筑信息模型应用统一标准》中，对 BIM 的定义：建筑信息模型（BIM）是在建设工程及设施全生命周期内，对其物理和功能特性进行数字化表达，并依此进行设计、施工、运营的过程和结果的总称，简称模型。

现阶段，世界各国对 BIM 的定义仍在不断丰富和发展，BIM 的应用阶段已经扩展到项目整个生命周期的运营管理。此外，BIM 的应用也不仅仅局限于建筑领域，在基础设施领域、水利领域、电力领域和海洋工程领域也可发挥巨大的作用。

1.2.2　BIM 发展"三阶段"

计算机和 CAD 技术普及之前，工程设计行业在设计时均采用图板、丁字尺等工具手工完成各专业图纸的绘图工作，这项工作被形象地称为"趴图板"（图 1-5）。手工绘图时代，工作量大、图纸修改和变更困难、图纸可重复利用率低。随着个人计算机以及 CAD 软件的普及，手工绘图的工作方式已逐渐被 CAD 绘图方式所取代。

"甩图板"是我国工程建设行业 20 世纪 90 年代最重要的一次信息化过程。通过"甩图板"实现了工程建设行业由绘图板、丁字尺、针管笔等手工绘图方式提升为现代化的、高精度的 CAD 制图方式。以 AutoCAD 为代表的 CAD 类工具的普及应用，以及以 PKPM、ANSYS 和

图 1-5　手工绘图"趴图板"工作场景

ABAQUS 等为代表的 CAE 工具的普及，极大地提高了工程行业制图、修改和管理的效率，提升了工程建设行业的发展水平。图 1-6 为在 AutoCAD 软件中完成的建筑设计的一部分。

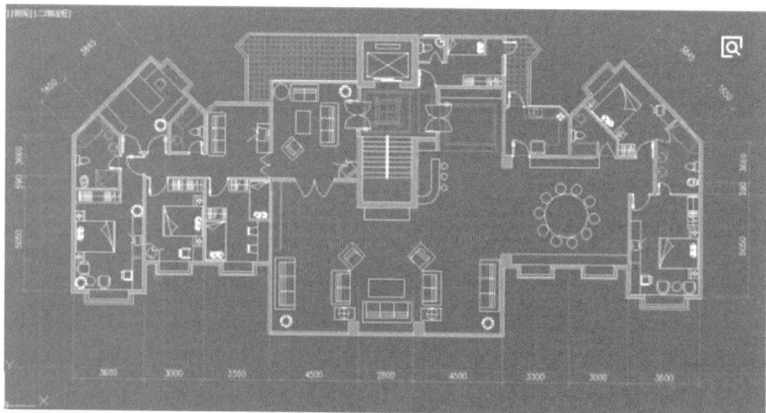

图 1-6　CAD 软件制图

　　现代工程建设项目的规模、形态和功能越来越复杂。高度复杂化的工程建设项目再次向以 AutoCAD 为主体、以工程图纸为核心的设计和工程管理模式提出挑战。随着计算机软件和硬件水平的发展，以工程数字模型为核心的全新设计和管理模式逐步走入人们的视野，于是以 BIM 为核心的软件和技术开始逐渐走进工程领域。

　　1975 年，佐治亚理工学院查克·伊斯特曼（Chuck Eastman）教授在美国建筑师协会（AIA）发表的论文中提出了一种名为建筑描述系统（building description system，BDS）的工作模式，该模式中包含了参数化设计、由三维模型生成二维图纸、可视化交互式数据分析、形成施工组织计划与材料计划等功能。各国学者围绕 BDS 概念进行研究，后来在美国将该系统称为建筑产品模型（building product models，BPM），在欧洲被称为产品信息模型（product information models，PIM）。经过多年的研究与发展，学术界整合 BPM 与 PIM 的研究成果，提出建筑信息模型的概念。1986 年，由欧特克（Autodesk）公司的罗伯特·艾什（Robert Aish）最终将其定义为建筑模型（building modeling），并沿用至今。

　　2002 年，时任 Autodesk 公司副总裁的菲利普·G. 伯恩斯坦（Philip G. Bernstein）首次将 BIM 概念商业化，随 Autodesk Revit 产品一并推广。图 1-7 为在 Autodesk Revit 软件中进行建筑设计的场景。与 CAD 技术相比，基于 BIM 技术的软件已将设计提升至所见即所得的模式。

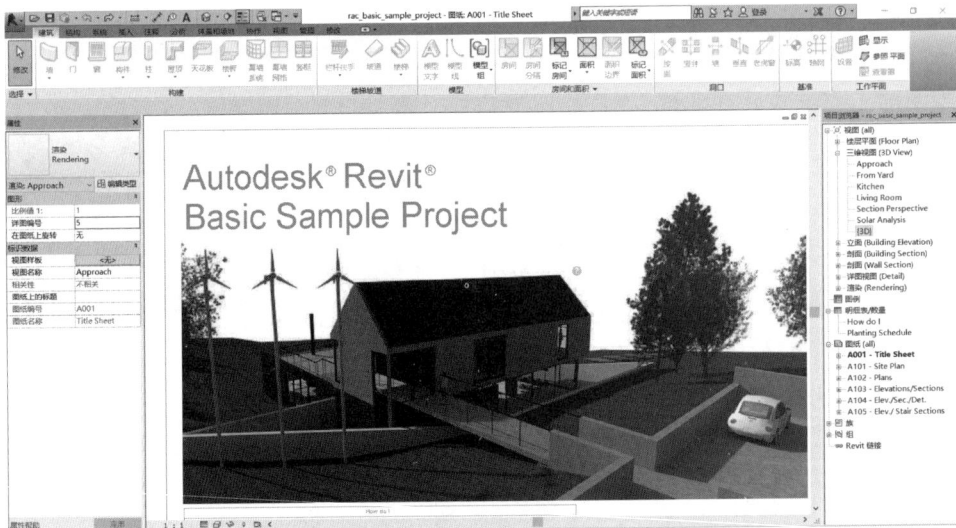

图 1-7　在 Autodesk Revit 软件中进行建筑设计

　　利用 Revit 软件进行设计，可由三维建筑模型自动产生所需的平面图纸、立面图纸等所有设计信息，且所有的信息均通过 Revit 自动进行关联，大大增强了设计修改和变更的效率，因此人们认为 BIM 技术是继建筑 CAD 之后下一代的建筑设计技术。在 CAD 时代，设计师需要分别绘制出不同的视图，当其中一个元素改变时，其他与之相关的元素都要逐个修改。比如当我们需要改变其中一扇门的类型时，CAD 需要逐个修改平面、立面、剖面等相关图纸。而 BIM 中的不同视图是从同一个模型中得到的，改变其中一扇门的类型时，只需在建筑信息模型中修改相应的构件即可，BIM 实现的就是高度统一与自动化调整每个单项，不再需要设计师逐个修改，只需修改唯一的模型。用图形来表示 CAD 与 BIM 的关系,如图 1-8 所示,CAD 做 CAD 的事情,BIM 做 BIM 的事情,中间过渡部分就是 BIM 建立在 CAD 平台上的专业软件应用。图 1-9 所示为理想的 BIM 环境,这时 CAD 能做的事情就是 BIM 能做事情的一个子集。

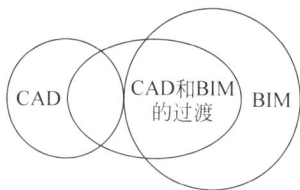

图 1-8　CAD 与 BIM 的关系　　　图 1-9　理想的 BIM 环境

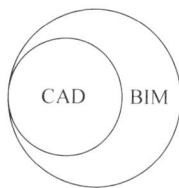

1.2.3　BIM 的特征

从狭义 BIM 的理解来看,是类似于 Revit 这样的对于 CAD 系统应用的替代。从广义 BIM 的理解角度出发,BIM 是建筑全生命周期的管理方法,具有数据集成、建筑信息管理的作用。

1. 模型操作的可视化

三维模型是 BIM 技术的基础,因此可视化是 BIM 最显而易见的特征。在 BIM 软件中,所有的操作都是在三维可视化的环境下完成的,所有的建筑图纸、表格也都是基于建筑信息模型生成的。BIM 的可视化区别于传统建筑效果图,传统的建筑效果图一般仅针对建筑的外观或入户大堂等局部进行部分专业的模型表达,而在建筑信息模型中将提供包括建筑、结构、暖通、给水排水等在内的完整的真实的数字模型,使建筑的表达更加真实,建筑可视化更加完善。

BIM 技术采用可视化操作以及可视化表达方式,将原本 2D 的图纸用 3D 可视化的方式展示出设施建设过程及各种互动关系,有利于提高沟通效率,降低成本,提高工程质量。

2. 模型信息的完备性

除了对工程对象进行 3D 几何信息和拓扑关系的描述,还包括完整的工程信息描述,如对象名称、结构类型、建筑材料、工程性能等设计信息,施工工序、进度、成本、质量以及人力、机械、材料资源等施工信息,工程安全性能、材料耐久性能等维护信息,对象之间的工程逻辑关系等。

信息的完备性还体现在创建建筑信息模型的过程中,设施的前期策划、设计、施工、运营维护各阶段都被连接起来,把各阶段产生的信息都存储在建筑信息模型中,使得建筑信息模型的信息不是单一的工程数据源,而是包含设施的所有信息。

信息完备的建筑信息模型可以为优化分析、模拟仿真、决策管理提供有力的基础支撑,如体量分析、空间分析、采光分析、能耗分析、成本分析、碰撞检查、虚拟施工、紧急疏散模拟、进度计划安排、成本管理等。

3. 模型信息的关联性

信息模型中的对象是可识别且相互关联的,系统能够对模型的信息进行统计和分析,并生成相应的图形和文档。如果模型中的某个对象发生变化，与之关联的所有对象都会随之更新，以保持模型的完整性。

利用 BIM 技术可查看该项目的三维视图、平面图纸、统计表格和剖面图纸，并把所有这些内容都自动关联在一起，存储在同一个项目文件中。在任何视图（平面、立面、剖面）上对模型的任何修改都是对数据库的修改，会同时在其他关联的视图或图表上进行更新并显示出来。

这种关联还体现在构件之间可以实现关联显示。例如，门窗都是开在墙上的，如果把墙进行平移，墙上的门窗也会跟着平移；如果将墙删除，墙上的门窗也会同时被删除，而不会出现门窗悬空的现象。这种关联显示、智能互动表明了 BIM 技术能够对模型信息进行分析、计算，并生成相关的图形及文档。信息的关联性使建筑信息模型中各个构件及视图具有良好的协调性。

4．模型信息的一致性

在建筑生命周期的不同阶段模型信息是一致的，同一信息无须重复输入，而且信息模型能够自动演化，模型对象在不同阶段可以简单地进行修改和扩展，而无须重新创建，避免了信息不一致的问题。

同时 BIM 支持 IFC 标准数据，可以实现 BIM 技术平台各专业软件间的强大数据互通能力，可以轻松实现多专业三维协同设计。利用 BIM 设备管线功能，基于三维协同设计模式创建水电站房内部机电设计模型。在设计过程中，机电工程师直接导入，由土建工程师使用创建的厂房模型实现三维协同设计，并最终由机电工程师利用软件的视图和图纸功能完成水电站设计所需要的机电施工图纸，从而确保各专业模型的信息一致。

模型信息一致性也为 BIM 技术提供了一个良好的信息共享环境，BIM 技术的应用打破了项目各参与方不同专业之间或不同品牌软件之间信息不一致的窘境，避免了各方信息交流过程中的损耗或者部分信息的丢失，保证信息自始至终的一致性。

5．模型信息的动态性

信息模型能够自动演化，动态描述生命周期各阶段的过程。BIM 将涉及工程项目的全生命周期管理的各阶段，在工程项目全生命周期管理中，根据不同的需求可划分为建筑信息模型创建、建筑信息模型共享和建筑信息模型管理三个不同的应用层面。

模型信息的动态性也说明了 BIM 技术的管理过程，通过不同阶段的信息动态输入输出，逐步完善建筑信息模型创建、共享、管理的三大过程。

BIM 技术改变了传统建筑行业的生产模式，利用建筑信息模型在项目全生命周期中实现信息共享、可持续应用、动态应用等，为项目决策和管理提供可靠的信息基础，降低项目成本，提高项目质量和生产效率，进而为建筑行业信息化发展提供有力的技术支撑。

6．模型信息的可扩展性

由于建筑信息模型需要贯穿设计、施工与运营维护（简称运维）的全生命周期，而不同的阶段不同角色的人会需要不同的模型深度与信息深度，需要在工程中不断更新模型并加入新的信息。因此，BIM 的模型和信息需要在不同的阶段具有一定深度并具有可扩展和调整的能力。我们把不同阶段的模型和信息的深度称为"模型深度等级"(level of detail,LOD),通常用 100~500 代表不同阶段的深度要求,并可在工程的进行过程中不断细化加深。

1.3　BIM 软件简介

1.3.1　BIM 软件分类

1. BIM 应用软件分类

BIM 应用软件是指基于 BIM 技术的应用软件,亦即支持 BIM 技术应用的软件。一般来讲,它应该具备以下 4 个特征,即面向对象、基于三维几何模型、包含其他信息和支持开放式标准。在本书中,我们习惯将其分为 BIM 建模软件、BIM 工具软件和 BIM 平台软件。

(1) BIM 建模软件

BIM 建模软件,也可称为 BIM 基础软件,是指可用于建立能为多个 BIM 应用软件所使用的 BIM 数据的软件。例如,基于 BIM 技术的建筑设计软件可用于建立建筑设计 BIM 数据,且该数据能被用在基于 BIM 技术的能耗分析软件、日照分析软件等 BIM 应用软件中。除此以外,基于 BIM 技术的结构设计软件及设备设计(MEP)软件也包含在这一大类中。

(2) BIM 工具软件

BIM 工具软件是指利用 BIM 基础软件提供的 BIM 数据,开展各种工作的应用软件。例如,利用建筑设计 BIM 数据,进行能耗分析的软件、进行日照分析的软件、生成二维图纸的软件等。

(3) BIM 平台软件

RIM 平台软件是指能对各类 RIM 基础软件及 BIM 工具软件产生的 BIM 数据进行有效的管理,以便支持建筑全生命周期 BIM 数据的共享应用的应用软件。该类软件一般为基于 Web 的应用软件,能够支持工程项目各参与方及各专业工作人员之间通过网络高效地共享信息。

当然,各大类 BIM 应用软件还可以再细分。例如,BIM 工具软件可以再细分为基于 BIM 技术的结构分析软件、基于 BIM 技术的能耗分析软件、基于 BIM 技术的日照分析软件、基于 BIM 的工程量计算软件等。

2. 现行 BIM 应用软件分类框架

针对建筑全生命周期中 BIM 技术的应用,以软件公司提出的现行 BIM 应用软件分类框架为例做具体说明,如图 1-10 所示。图中包含的应用软件类别的名称,绝大多数是传统的非 BIM 应用软件已有的,如建筑设计软件、算量软件、钢筋翻样软件等。这些类别的应用软件与传统的非 BIM 应用软件不同的是,它们均是基于 BIM 技术的。另外,有的应用软件类别的名称与传统的非 BIM 应用软件不同,包括 4D 进度管理软件、5D 施工管理软件和建筑信息模型服务器软件。

4D 进度管理软件是在三维几何模型上,附加施工时间信息(例如,某结构构件的施工时间为某时间段)形成 4D 模型,进行施工进度管理。这样可以直观地展示随着施工时间三维

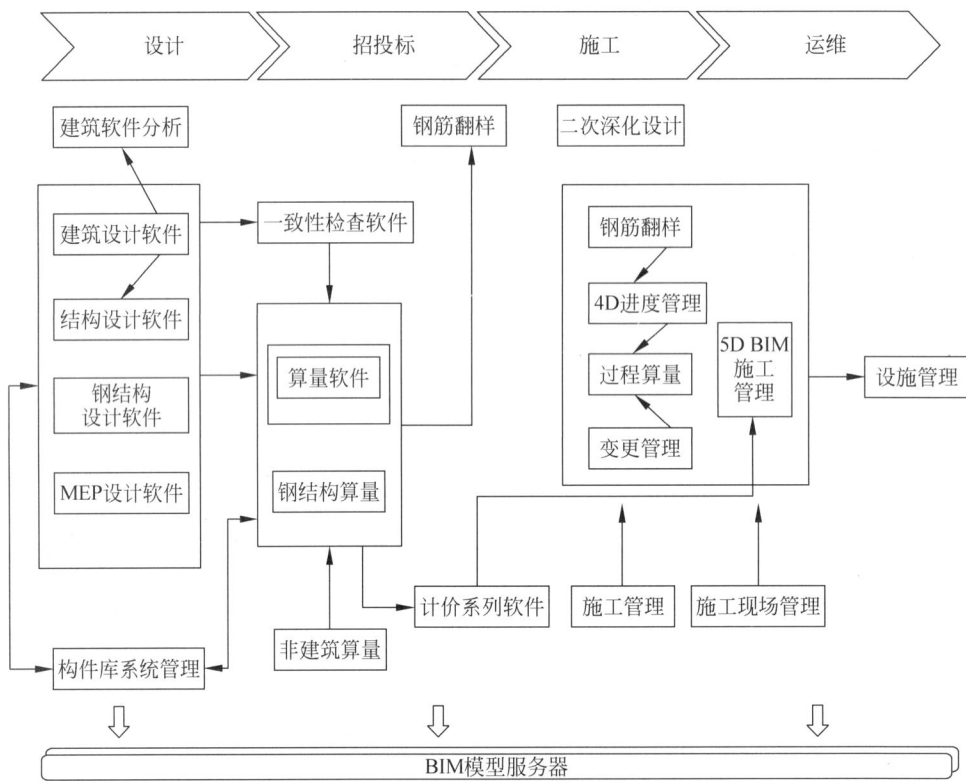

图 1-10　现行 BIM 应用软件分类框架

模型的变化，用于更直观地展示施工进程，从而更好地辅助施工进度管理。5D 施工管理软件则是在 4D 模型的基础上，增加成本信息（例如，某结构构件的建造成本），进行更全面地施工管理。从而施工管理者可以方便地获得在施工过程中项目对包括资金在内施工资源的动态需求，从而更好地进行资金计划、分包管理等工作，以确保施工过程的顺利进行。BIM 模型服务器软件即是上述提到的 BIM 平台软件，用于对 BIM 数据的管理。

1.3.2　BIM 建模软件

BIM 建模软件主要是建筑建模工具软件，其主要目的是进行三维设计，所生成的模型是后续 BIM 应用的基础。在传统二维设计中，建筑的平、立、剖面图是分开进行设计的，往往存在不一致的情况。同时，其设计结果是 CAD 中的线条，计算机无法进行进一步的处理。三维设计软件改变了这种情况，通过三维技术确保只存在一份模型，平、立、剖面图都是三维模型的视图，解决了平、立、剖不一致的问题。同时，其三维构件也可以通过三维数据交换标准被后续 BIM 应用软件所应用。

BIM 基础软件具有以下特征：

（1）基于三维图形技术。支持对三维实体进行创建和编辑。

（2）支持常见建筑构件库。BIM 基础软件包含梁、墙、板、柱、楼梯等建筑构件，用户可以应用这些内置构件库进行快速建模。

（3）支持三维数据交换标准。BIM 基础软件建立的三维模型，可以通过 IFC 等标准输出，为其他 BIM 应用软件使用。

　　国外的 BIM 核心建模软件主要有 Autodesk、Bentley、Graphisoft/Nemetschek AG 以及 Gery Technology 等公司的相关产品。目前，拥有自主知识产权的国内 BIM 核心建模软件产品非常多，可供用户根据实际需求选择。

1.3.3　BIM 工具软件

　　BIM 工具软件是 BIM 软件的重要组成部分，常见 BIM 工具软件的初步分类如图 1-11 所示。目前，国产和国外 BIM 工具软件种类繁多，在此不做具体举例。

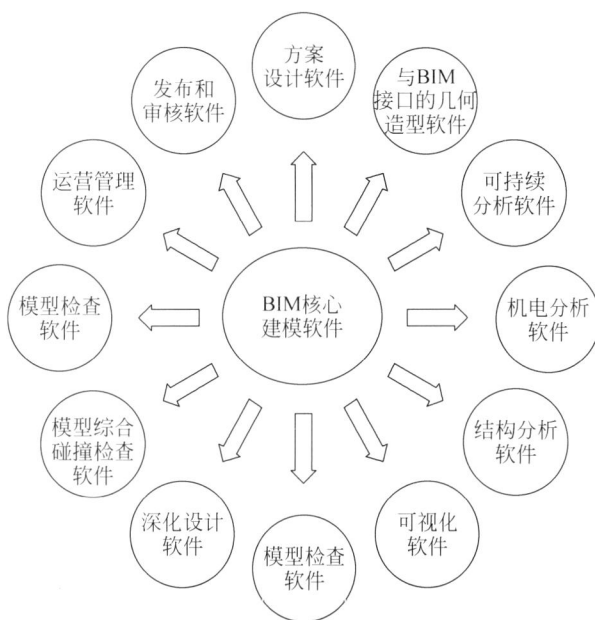

图 1-11　BIM 软件分类

思考与练习题

　　1. 简述土木水利行业信息化发展中存在的问题。

　　2. 如何从广义上理解什么是 BIM?

　　3. 简述手工绘图、CAD 绘图和 BIM 建模的异同。

　　4. 简述 BIM 的特征。

　　5. 简述 BIM 软件的分类。

第2章

Revit软件基础

本章要点

(1) Revit 相关术语；

(2) Revit 软件界面；

(3) Revit 基本操作方法。

学习目标

熟悉 Revit 的相关术语,包括项目及项目样板、族和体量、图元分类及层级；熟悉 Revit 的界面介绍,包括选项对话框、快速访问工具栏、功能区、上下文选项卡、项目浏览器、属性对话框、视图控制栏等；熟悉 Revit 的基本操作方法,包括选择和过滤、图元绘制、图元编辑。

素质目标

本章从 BIM 建模软件 Revit 的相关术语和软件界面详细介绍入手,在传授知识的同时,使学生意识到软件建模步骤的规范性,培养学生严谨负责的工作态度和独立思考的能力,养成做事认真负责、一丝不苟的习惯,使学生具备良好的职业素养。同时,通过对比中外软件的开发和应用,让学生感受自主知识产权的重要性。

2.1　Revit 相关术语

2.1.1　项目及项目样板

1. 项目

Revit 中创建的模型、图纸、明细表等信息通常被存储在项目文件中。项目文件中不仅可以包含构件的长、宽、高等几何信息,也可以包含供应商、价格、性能等非几何信息。在Revit 模型中,所有的图纸、二维视图和三维视图以及明细表都是同一个虚拟建筑模型的信息表现形式。对建筑模型进行操作时,Revit 将收集有关建筑项目的信息,并在项目的其他所有表现形式中协调该信息。Revit 参数化修改引擎可自动协调在任何位置(模型视图、图纸、明细表、剖面和平面)中进行的修改。一个项目中的所有信息之间都保持了关联关系,"一处修改,处处更新"。项目通常是基于项目样板文件创建的。

2. 项目样板

在建立项目文件之前,一般需要有项目样板文件。样板文件中会定义好相关参数,如尺寸标注样式、文字样式、线型线宽等线样式、门窗样式等。在不同的样板中包含的内容也不同,一般创建建筑模型时选择建筑样板。单击"新建"—"项目",即可弹出"新建项目"对话框,可选择相应的样板文件,也可单击"浏览(B)…"按钮选择其他事先建好的样板文件,如图 2-1 所示。Revit 中提供了若干样板,用于不同的规程和建筑项目类型。也可以创建自定义样板以满足特定的需要或确保遵守办公标准,在新建项目时选择新建"样板文件"创建样板文件。

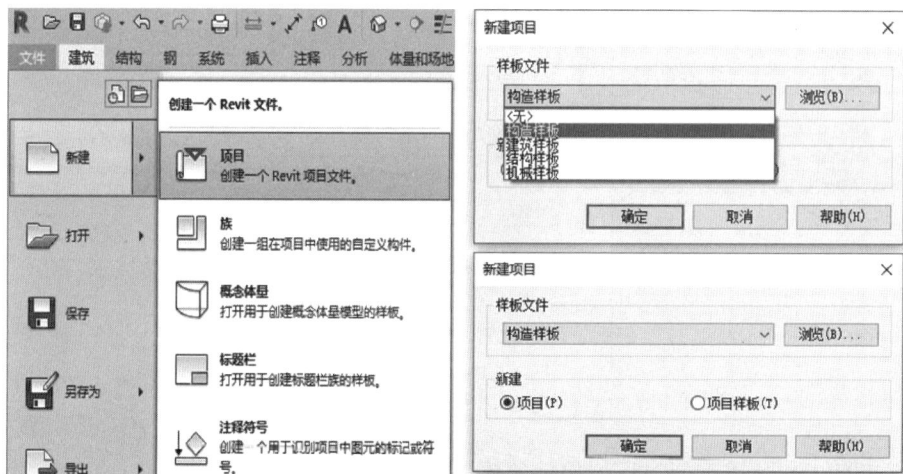

图 2-1　新建项目"样板文件"选择

此外,Revit 中常用的文件格式有 RTE、RVT、RFA、RFT 4 种。样板文件的后缀为.rte,项目文件的后缀为.rvt,族文件的后缀为.rfa,族样本文件的后缀为.rft。

2.1.2 族和概念体量

1. 族

Revit 作为一款广受欢迎的参数化设计软件，其成功主要得益于 Revit 中的参数化构件"族"。族在 Revit 中是设计的基础与核心。族是一个包含通用属性（称作参数）集和相关图形表示的图元组。属于一个族的不同图元的部分或全部参数可能有不同的值，但是参数（其名称与含义）的集合是相同的。族中的这些变体称作族类型或类型。

Revit 中有三种类型的族，即系统族、可载入族和内建族。

（1）系统族是创建在建筑现场装配的基本图元，如墙、屋顶、楼板、风管、管道等，能够影响项目环境且包含标高、轴网、图纸和视图类型的系统设置。系统族是在 Revit 中预定义的，不能从外部文件载入，也不能将其保存到项目之外的位置。基本墙系统族的属性信息如图 2-2 所示。

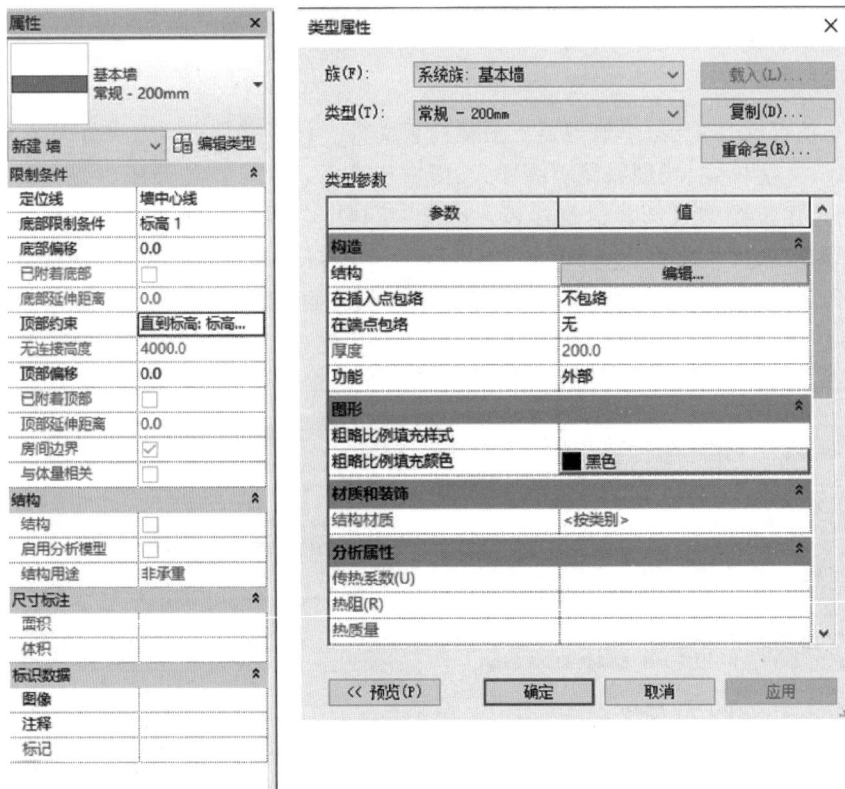

图 2-2 基本墙系统族的属性信息

（2）可载入族是用于创建下列构件的族。

① 通常购买、提供并安装在建筑内和建筑周围的建筑构件，如窗、门、橱柜、装修家具和植物。

② 通常购买、提供并安装在建筑内和建筑周围的系统构件，如锅炉、热水器、空气处理设备和卫浴装置。

③ 常规自定义的一些注释图元,如符号和标题栏。

由于具有高度可自定义的特征,因此可载入族是在 Revit 中最经常创建和修改的族。与系统族不同,可载入族是在外部 RFA 文件中创建的,并可导入或载入项目中。对于包含许多类型的可载入族,可以创建和使用类型目录,以便仅载入项目所需的类型,如图 2-3 所示。

图 2-3　外部另载入多类型族

(3) 内建族是在当前项目中新建的族,它与可载入族的不同之处在于内建族只能储存在当前的项目文件里,不能单独存成 RFA 文件,也不能在别的项目中应用。可以创建内建几何图形,以便参照其他项目几何图形,使其在所参照的几何图形发生变化时进行相应的调整。创建内建图元时,Revit 将为该内建图元创建一个族,该族包含单个族类型。创建内建图元涉及许多与创建可载入族相同的族编辑器工具。

族可以有多个类型,类型用于表示同一族的不同参数值。如打开门族"M_单扇-与墙齐"包含"0762×2032mm""0762×2134mm""0813×2134mm""0864×2032mm""0864×2134mm"等 7 个不同类型,如图 2-4 所示。

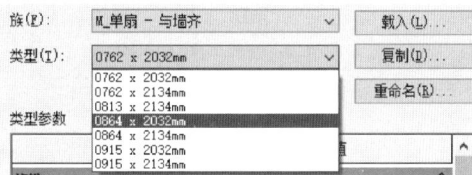

图 2-4　门族"M_单扇-与墙齐"的不同类型

2．概念体量

概念体量:用于项目前期概念设计阶段,为建筑师提供灵活、简单、快速的概念设计模型,帮助建筑师推敲建筑形态,图 2-5 为创建概念体量示意。

在 Revit 中经常用到的一类族为体量族,体量族是形状的族,属于体量类别,其中利用可载入概念体量族法创建的体量族属于可载入族,利用内建体量创建的体量族属于内建族。通过体量族创建的体量(体量实例),是用于观察、研究和解析建筑形式的过程。通过体量可以创建面墙、面楼板、面幕墙系统和体量楼层。

图 2-5   创建概念体量示意

2.1.3   图元分类及层级

图元是 Revit 软件中可以显示的模型元素的统称。Revit 在项目中使用 3 种类型的图元，即模型图元、视图图元和注释图元，如图 2-6 所示。

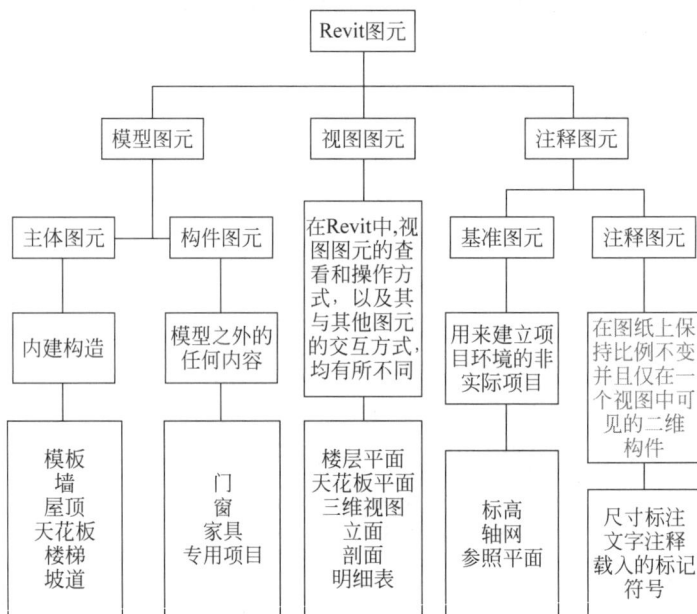

图 2-6   Revit 图元

模型图元表示建筑的实际三维几何图形，它们显示在模型的相关视图中。模型图元有两种类型，即主体和模型构件。主体通常在构造场地构建，如墙和天花板、结构墙和屋顶；模型构件是建筑模型中其他所有类型的图元。

视图图元包括楼层平面、天花板平面、三维视图、立面、剖面、明细表。其中各视图图面保持独立。通过设置软件对象样式可以统一控制每个视图的对象显示、视图组件可见性、详细程度等，因而表现出较高的适应性。

注释图元只在放置这些图元的视图中显示，用于描述或归档模型。基准图元，如轴网、标高和参照平面，帮助定义项目上下文。注释图元是用于归档模型并在图纸上保持比例的二维构件，例如尺寸标注、标记和注释记号。详图也属于注释图元，它是一种在特定视图中用于展示建筑模型详细信息的二维图,包括详图线、填充区域和二维详图构件。

这些内容为设计者提供了设计灵活性,Revit 的图元设计可以由用户直接创建和修改,无须进行编程。在 Revit 中,绘图时可以定义新的参数化图元。

2.2　界面介绍

Revit 是当前 BIM 在建筑设计行业的领导者。Autodesk Revit 借助 AutoCAD 的天然优势,在市场上占有很大的份额。Revit 系列软件包括 Revit Architecture、Revit Structure、Revit MEP 等,分别为建筑、结构、设备(水、暖、电)等不同专业提供 BIM 解决方案。Revit 作为一个独立的软件平台,使用了不同于 CAD 的代码库及文件结构,在民用建筑市场有明显的优势。图 2-7 为 Revit 常用的项目界面及相关功能区示意。

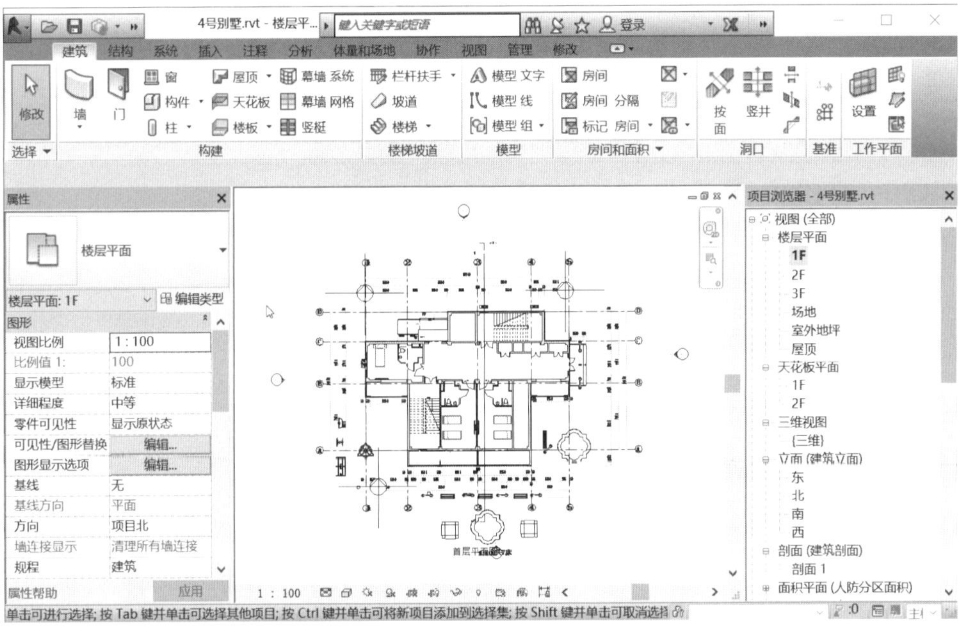

图 2-7　Revit 界面及相关功能区

2.2.1　选项对话框

单击程序左上角的"R"下面的"文件"按钮,即可打开应用程序菜单,应用程序菜单主要提供对 Revit 相关文件的操作,包括"新建""打开""保存""另存为""导出"等常用操作命令。"导出"菜单提供了 Revit 支持的数据格式,可以导出 CAD、DWF、NWC、IFC 等文件格式,可与其他软件,如 3ds Max、AutoCAD、Navisworks 等进行数据文件交换,实现信息共享,应用程序菜单如图 2-8 所示。

单击应用程序菜单中的"选项"对话框,选项对话框如图 2-9 所示。选项对话框中包含"常规""用户界面""图形""文件位置""View Cube"等一系列选项卡。其中,在"常规"选项卡中可以设置"保存提醒间隔""与中心文件同步提醒间隔""用户名""日志文件清理"等,在"用户界面"选项卡中可以设置"工具和分析(O)""快捷键""双击选项"等。

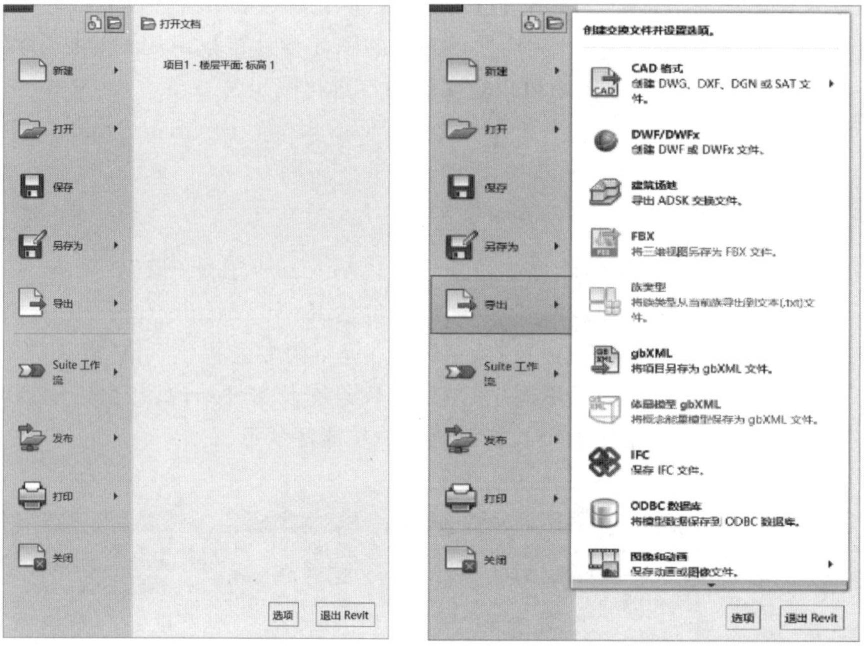

图 2-8　应用程序菜单

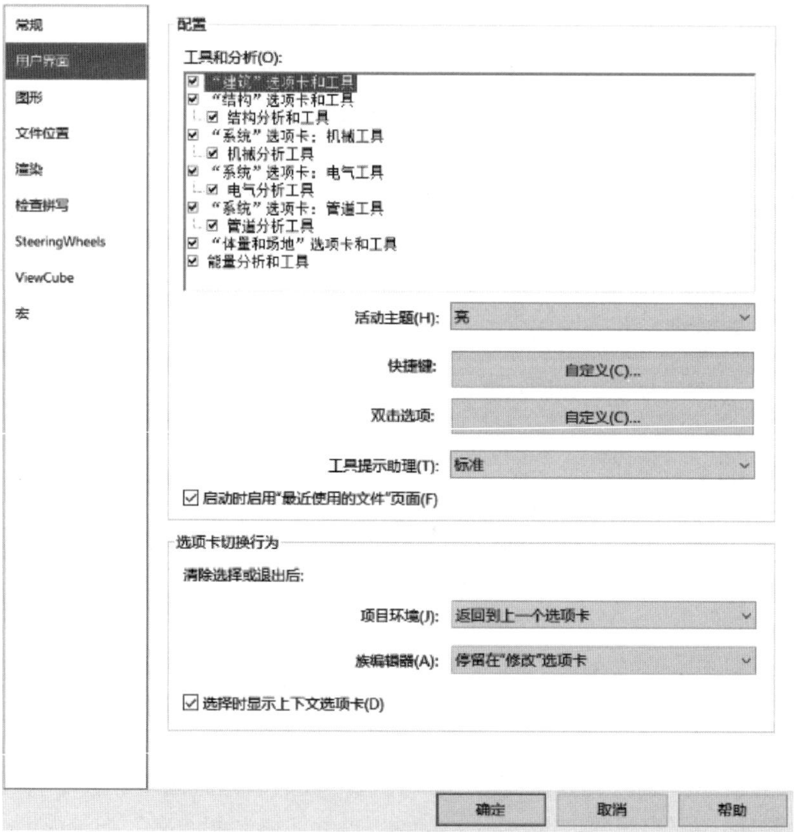

图 2-9　选项对话框

单击"快捷键"后的"自定义"按钮,可以对快捷键进行设置。软件支持快捷键搜索、快捷键指定等功能,如在搜索栏中输入"标注"字样,会在下面的对话框中显示与"标注"有关的所有命令和对应的快捷方式及路径,同时可以在相应命令后按下"指定(A)"按钮指定相应的快捷键,也可以选择命令后单击"删除(R)"删除相关快捷键,"快捷键"设置方法如图 2-10 所示。当将鼠标光标移动至有快捷键的相关命令(如"门")并稍作停留,光标旁会出现提示框,提示框中括号内大写字母"DR"即为"门"的快捷键。

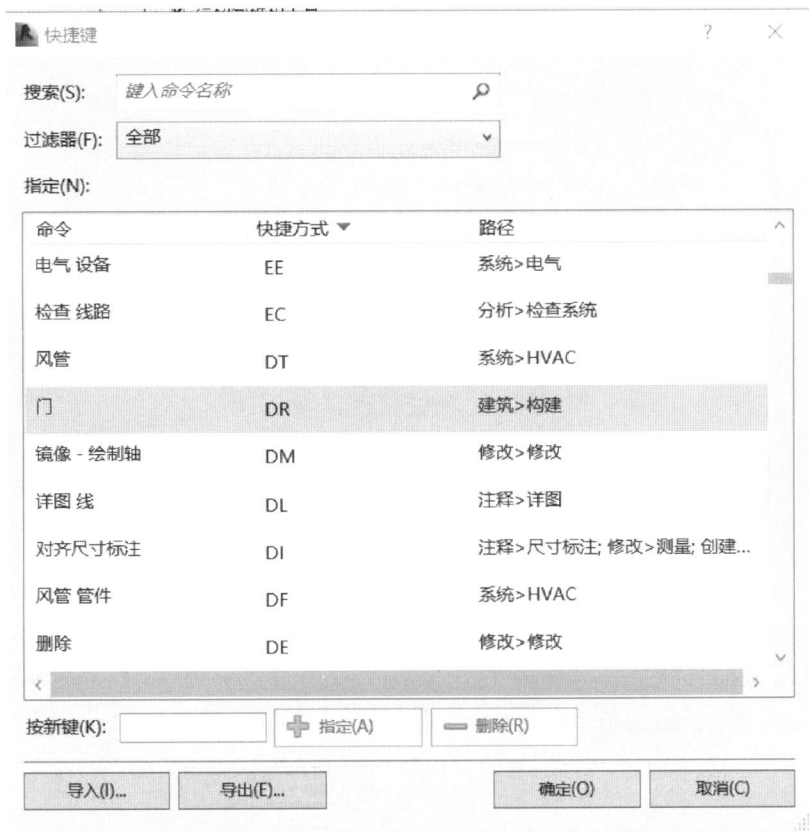

图 2-10　快捷键设置方法

在"图形"选项卡下可以调节背景颜色、选择颜色、临时尺寸、标注文字大小等。Revit 支持将背景设置为任意颜色。"图形"选项卡相关内容如图 2-11 所示。

在"文件位置"选项卡下,可以设置"构造样板""建筑样板""结构样板""机械样板"的文件路径、用户文件默认路径、族样板文件默认路径等。"文件位置"选项卡相关内容如图 2-12 所示。

2.2.2　快速访问工具栏

"快速访问工具栏"是放置常用命令和按钮的组合,"快速访问工具栏"的按钮可以自定义。单击"快速访问工具栏"后的下拉按钮,即可弹出"快速访问工具栏"。单击"自定义快速访问工具栏"标签后,可以对这些命令进行"上移" 🔳 、"下移" 🔳 、"添加分隔符" 🔳 、"删

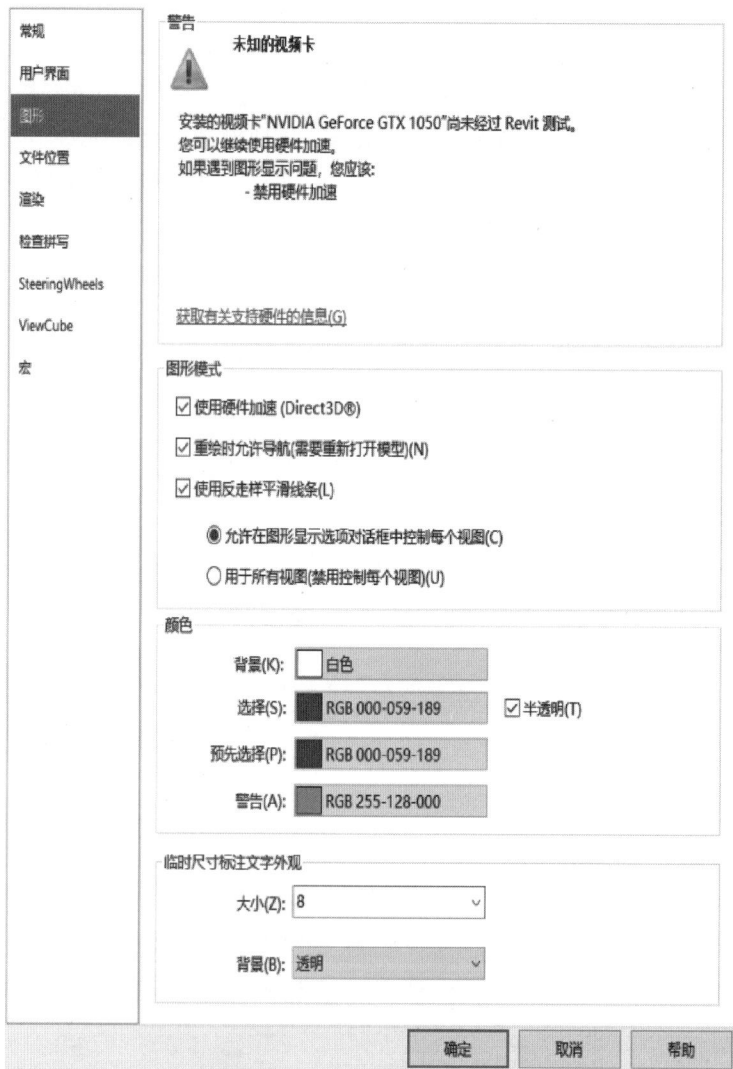

图 2-11　"图形"选项卡

除"　"等操作。"自定义快速访问工具栏"如图 2-13 所示。

　　若想将相关命令添加至"快速访问工具栏"，只需在该命令按钮上右击选择"添加到快速访问工具栏"即可。"快速访问工具栏"可以显示在功能区的上方或下方，选择"自定义快速访问工具栏"下拉列表下方的"在功能区下方显示"即可。

2.2.3　功能区

　　"功能区"即 Revit 的主要命令区，显示功能选项卡里对应的所有功能按钮。Revit 将不同功能分类成组显示，单击某一选项卡，下方会显示相应的功能命令。功能区相关内容如图 2-14 所示。

图 2-12 "文件位置"选项卡

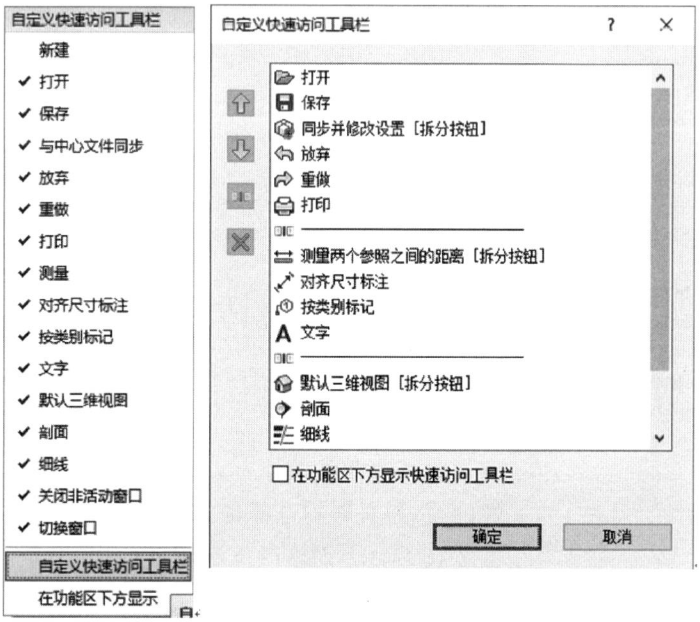

图 2-13 "自定义快速访问工具栏"

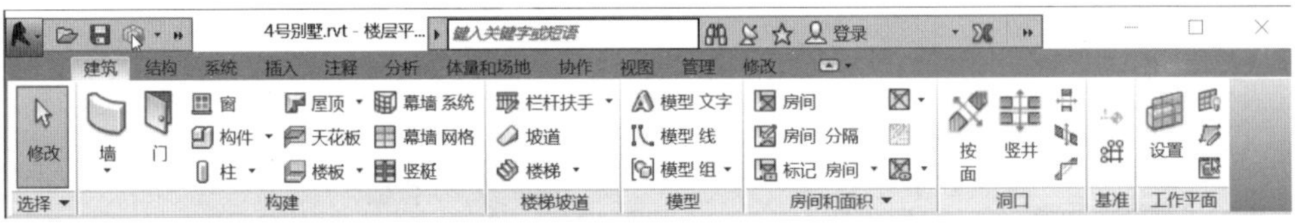

图 2-14 功能区

2.2.4 上下文选项卡

使用某个命令时才会出现针对这个命令的选项卡，叫作"上下文选项卡"，如图 2-15 所示。如当单击"建筑"选项卡中的"▤"（门）命令时，就会出现与门有关的选项。

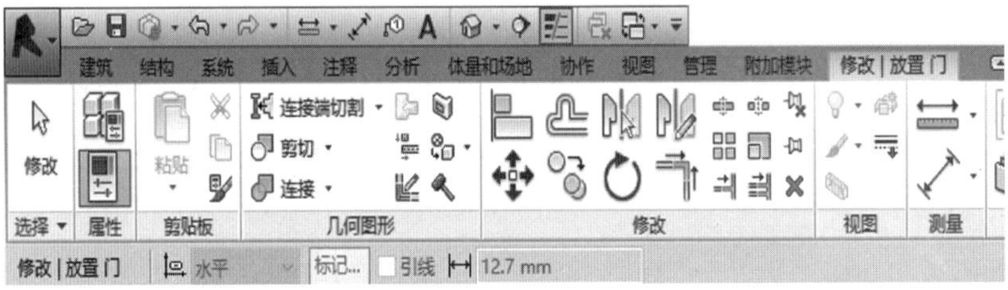

图 2-15 "上下文选项卡"

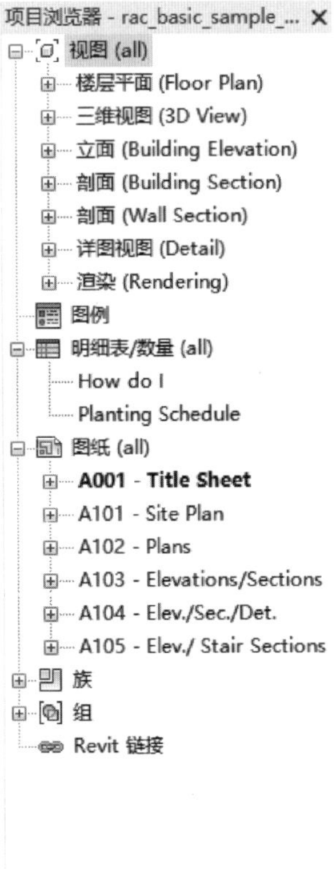

图 2-16 项目浏览器

2.2.5 项目浏览器

项目浏览器是用于显示当前项目中所有视图、明细表/数量、图纸、族、组、链接等信息的结构树。单击"➕"可以展开分支，单击"➖"可以折叠分支，如单击"视图（all）"可以展开楼层平面、三维视图、立面、剖面、详图视图、渲染等。项目浏览器如图 2-16 所示。选择某视图右击，可以对该视图进行"复制""删除""重命名""查找相关视图"等相关操作。

2.2.6 属性对话框

属性对话框用于查看和修改 Revit 图元的相关参数，如图 2-17 所示。

图元属性可以分为实例属性和类型属性。修改实例属性的值，将只影响选择集内的图元或者将要放置的图元，如图 2-18 所示；而修改类型属性的值，会影响该族类型当前和将来的所有图元，如图 2-19 所示。

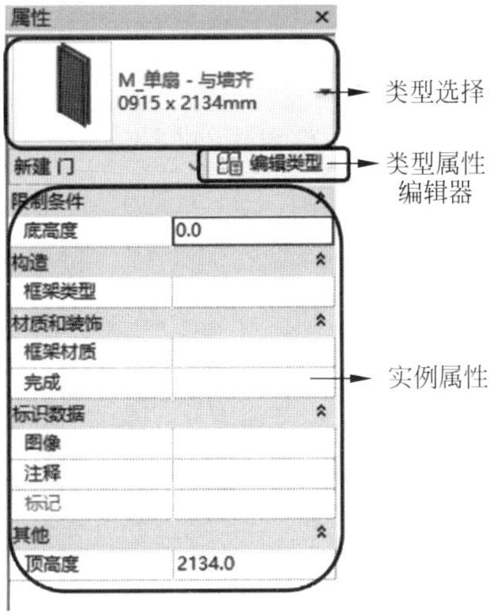

图 2-17　属性对话框

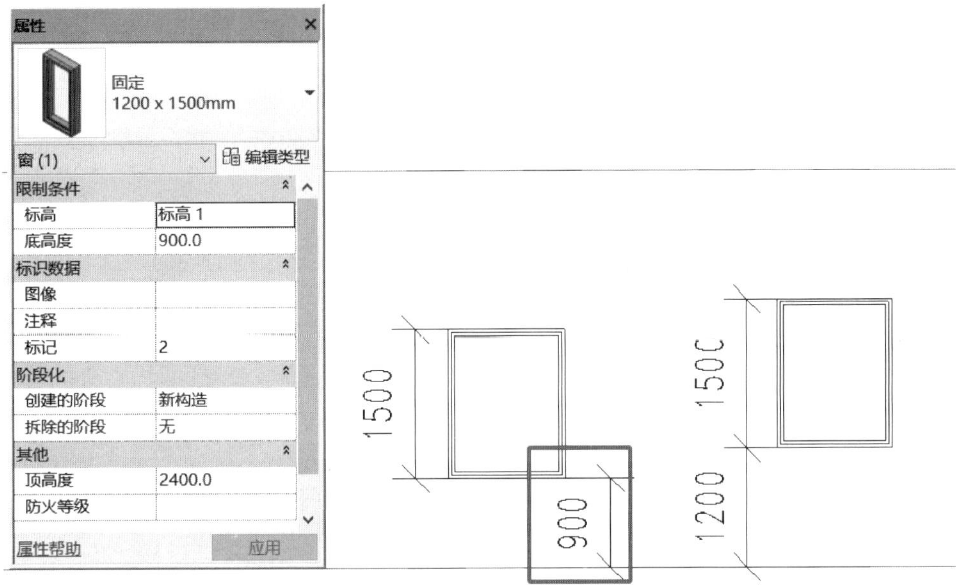

图 2-18　修改实例属性

2.2.7　视图控制栏

视图控制栏位于窗口底部,样式如图 2-20 所示。

通过单击相应的按钮,可以快速访问影响绘图区域的功能。视图控制栏中按钮从左向右依次是:

图标①:视图比例,用于在图纸中表示对象的比例。

图标②:详细程度,提供"粗略""中等""精细"3 种模式。

图标③:视觉样式,可根据项目视图选择线框、隐藏线、着色、一致的颜色、真实及光线

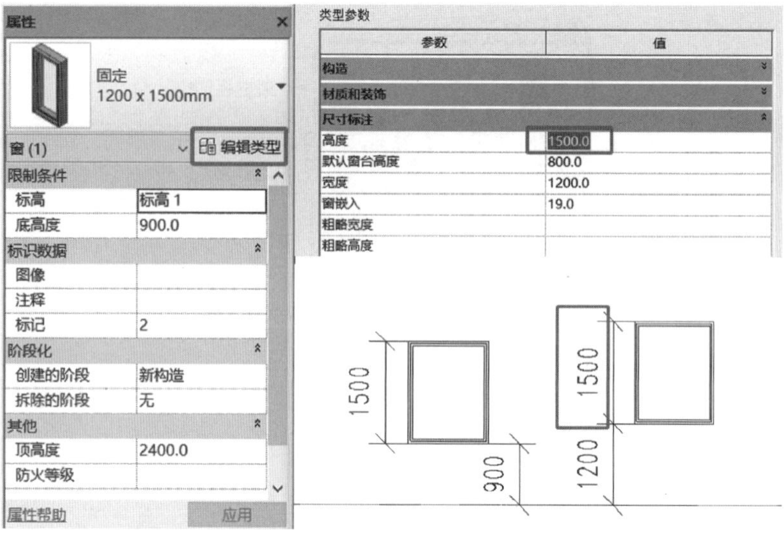

图 2-19　修改类型属性

图 2-20　视图控制栏

追踪 6 种模式。

　　图标④：打开/关闭日光路径并进行设置。

　　图标⑤：打开/关闭模型中阴影的显示。

　　图标⑥：控制是否应用视图裁剪。

　　图标⑦：显示或隐藏裁剪区域范围框。

　　图标⑧：临时隐藏/隔离，将视图中的个别图元暂时独立显示或隐藏。

　　图标⑨：显示隐藏的图元。

　　图标⑩：临时视图属性，启用临时视图属性、临时应用样板属性。

　　图标⑪：显示/隐藏分析模型。

　　图标⑫：显示/隐藏约束。

2.3　基本操作方法

2.3.1　图元选择与过滤

1. 常用图元选择

可通过鼠标和键盘的配合，进行单选或框选，在项目中选择需要编辑的图元。

1）选择设定

选择项目中的图元前，可先对"选择"进行设定，设定需要选择的图元种类和状态，设定适用于所有打开的视图。

选择功能区—"选择"面板—"选择"下拉菜单,如图 2-21 所示。

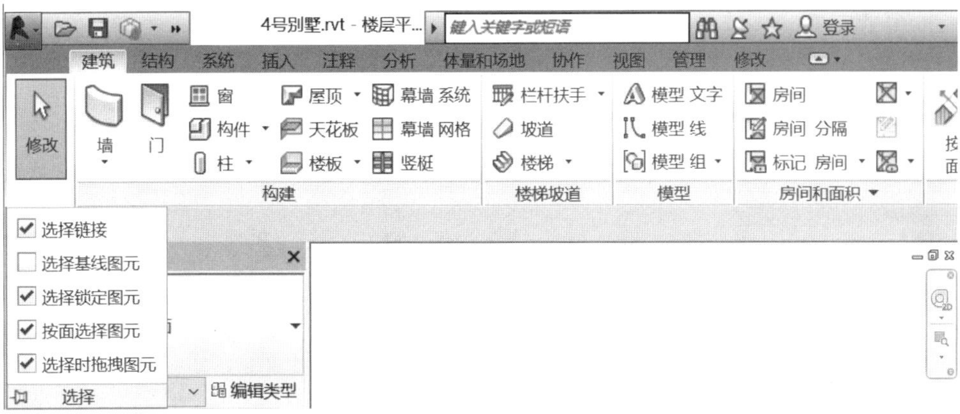

图 2-21　选择设定图

各选项说明如下:

① 选择链接:启用后可选择链接的文件或链接文件中的各个图元。如 Revit 文件、CAD 文件、点云等。

② 选择基线图元:启用后可在视图的基线中选择图元。禁用时,仍可捕捉并对齐至基线中的图元。

③ 选择锁定图元:启用后可选择被锁定的图元。

④ 按面选择图元:启用后可通过单击内部面而不只是边来选择图元,关闭后必须单击图元的一条边才能将其选中。

⑤ 选择时拖拽图元:启用后无须选择图元即可对其进行拖拽,适用于所有模型类别和注释类别中的图元。

2)单选

用鼠标点选单一图元。在绘图区域中将鼠标指针移动到图元上或图元附近,当图元的轮廓高亮显示时单击,即可选择该图元。在鼠标短暂停留后,图元说明也会在鼠标指针下的工具提示中显示,如图 2-22 所示,配合 Ctrl 键可点选多个单一对象。按住 Ctrl 键,光标箭头右上角出现"+"符号,连续单击拾取图元,即可分别选择多个图元。

3)框选

在 Revit 软件中,可通过鼠标框选,批量选择图元,操作方式与 AutoCAD 相似。

将鼠标指针放在要选择的图元一侧,按住鼠标左键往对角拖拽鼠标指针以形成矩形边框,框选中的图元会高亮显示。

① 窗选:在视图中,从左上角单击并按住鼠标左键不放,向右下拖拽鼠标拉出矩形实线选择框,此时完全包含在框中的图元高亮显示,松开鼠标,即可选择完全包含在框中的所有图元。如图 2-23 所示。

② 交叉窗选:在视图中,从右下角单击并按住鼠标左键不放,向左上拖拽鼠标拉出矩形虚线选择框,此时完全包含在框中的图元和与选择框交叉的图元都高亮显示,松开鼠标,

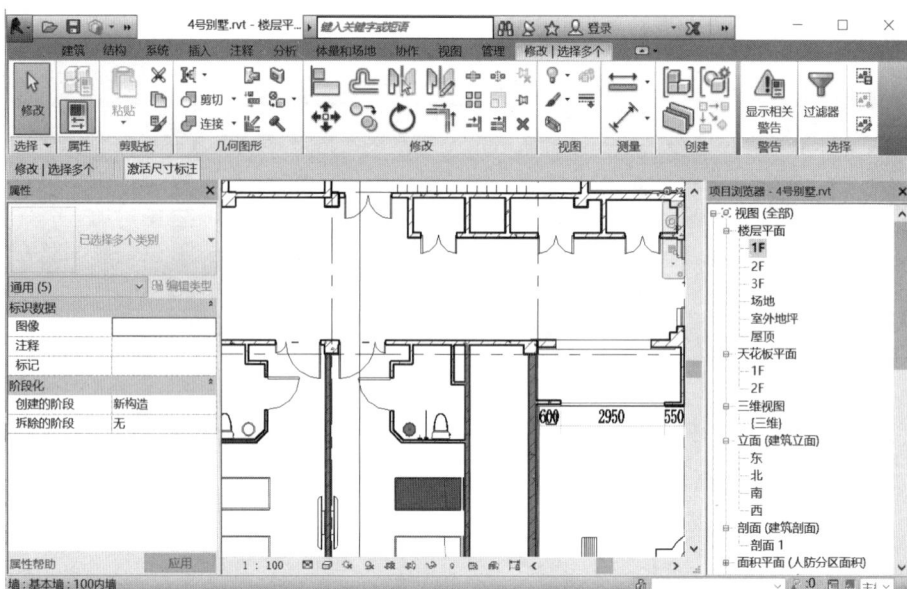

图 2-22 "Ctrl"+单击点选多个单一对象

图 2-23 窗选示意

即可选择完全包含在框中的图元和与选择框交叉的所有图元。如图 2-24 所示。

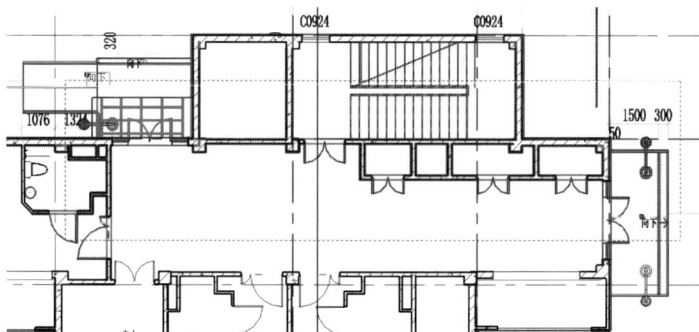

图 2-24 交叉窗选示意

提示：从左往右拖拽鼠标指针，形成的矩形边界为实线框，软件仅选择完全位于选择框边界之内的图元；从右向左拖拽鼠标指针，形成的矩形边界为虚线框，软件会选择全部位于选择框边界之内的任何图元。

2.常用图元过滤

1）过滤器的应用

选择的对象若包含多种类别图元,可通过调用界面右下角的"过滤器"功能,进行类型筛选,单击该按钮,将弹出"过滤器"对话框。如图 2-25 所示。在该对话框的"类别"选项组下,可以看到框选的各个图元类型,可以根据实际情况,在"过滤器"对话框左侧的"类别"栏中通过勾选或取消勾选图元类别前的复选框即可过滤选择的图元。"选择全部(A)"按钮是选择全部图元,"放弃全部(N)"是取消选择全部的图元。

图 2-25　"过滤器"对话框

设置完成后,"过滤器"对话框下面的"选定的项目总数"会自动统计新选择的图元总数。单击"确定"关闭对话框。此时选定的图元仅包含在"过滤器"中指定的类别,状态栏右下角的"已选择图元"总数自动更新。勾选或取消选择相关图元类别,完成后单击"确定"按钮返回,被勾选的类别图元将在当前选择集中高亮显示。

2）Tab 键的应用

当鼠标指针所处位置附近有多个图元类型时,如墙连接成一个连续的链,可通过按 Tab 键来回切换选择单片墙或整条链的墙,如图 2-26 和图 2-27 所示。这种方式对于在二维视图状态选择重叠的三维对象十分重要。

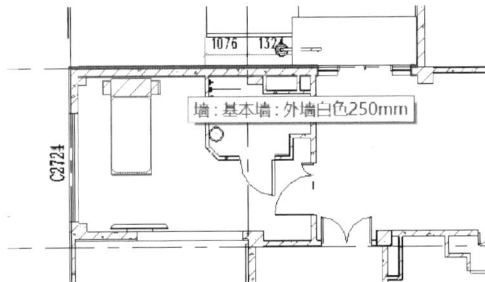

图 2-26　鼠标指针预选择单片墙

图 2-27　按 Tab 键切换预选择整条链的墙

　　将鼠标指针移动到绘图区域中的目标图元，按 Tab 键切换预选择对象，软件将以高亮显示方式预选择对象，单击预选择对象。

2.3.2　图元绘制功能

　　在 Revit 中，可以按照需要进行图元绘制，单击需要绘制的图元，上方功能区会自动出现相关的上下文选项卡。当单击"建筑"选项卡中的"墙"命令时，就会出现与墙有关的选项，如图 2-28 所示。

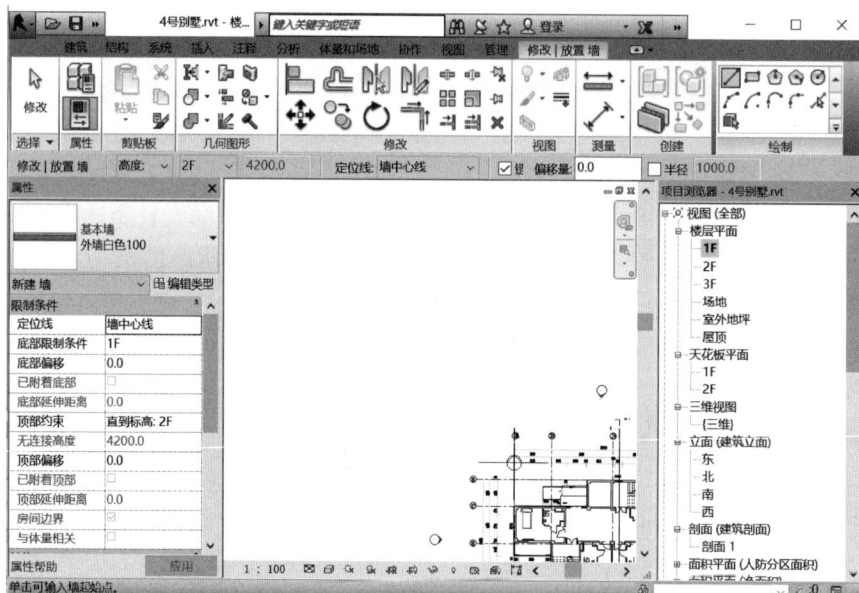

图 2-28　门选项图

　　图形绘制的基本方式如表 2-1 所示。

　　草图模式需要新建 Revit，单击"族-新建"选择样板文件"公制常规模型"进入草图编辑模式，如图 2-29 所示。

　　草图的建模方式如表 2-2 所示。

表 2-1　图形绘制基本方式

绘制方式图标	名　称	绘制方式图标	名　称
	直线绘制		相切-端点弧绘制
	矩形绘制		圆角弧绘制
	内接多边形绘制		样条曲线绘制
	外接多边形绘制		椭圆绘制
	圆形绘制		半椭圆绘制
	起点-终点-半径弧绘制		拾取线绘制
	圆心-端点弧绘制		拾取墙绘制

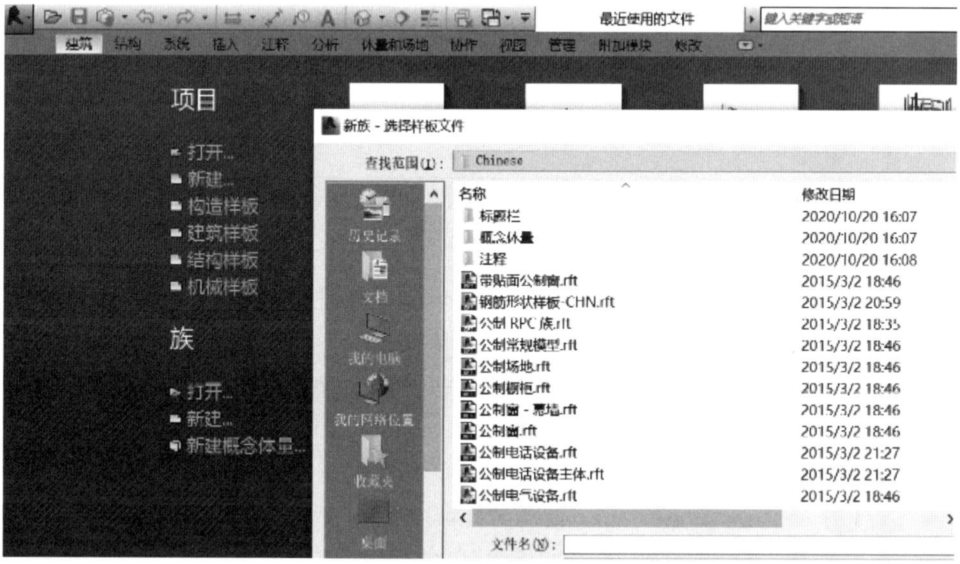

图 2-29　草图模式

表 2-2　草图建模方式

方式	绘制流程	草图形状	立体形状
拉伸	绘制封闭的草图轮廓,将轮廓拉伸至指定的高度后生成模型	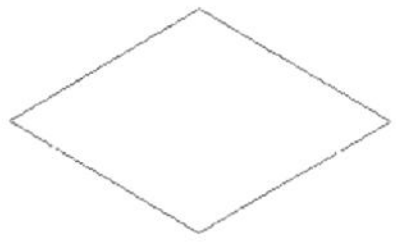	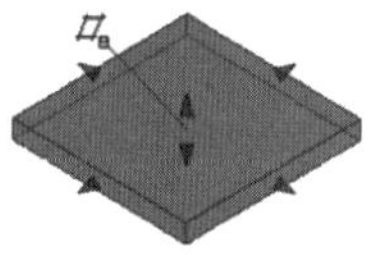
 融合	在 2 个平行平面上分别绘制二维图形,将 2 个图形融合形成模型	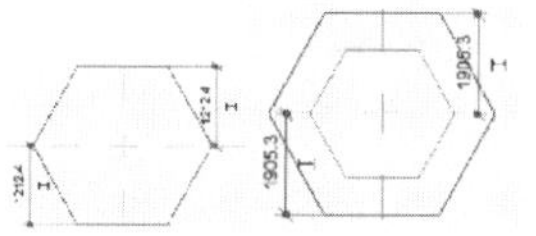	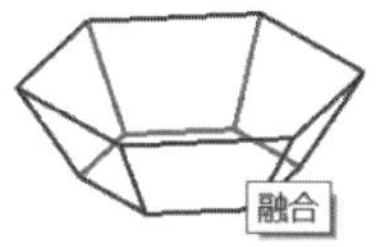

续表

方式	绘 制 流 程	草图形状	立体形状
旋转	绘制封闭的草图轮廓，绕旋转轴旋转指定角度后生成模型		
放样	绘制二维轮廓，并将此二维轮廓沿放样路径放样生成模型		
放样融合	绘制 2 个不同的二维图形，将 2 个图形沿放样路径放样形成模型		
空心形状	空心形状的绘制方法与实心形状的绘制方法相同，区别在于空心形状绘制出的为空心体，一般可作剪切用		

2.3.3　图元编辑功能

在修改面板中，Revit 提供了"✣"（移动）、"⬚"（复制）、"⋈"（镜像）、"↻"（旋转）、"⌐"（延伸）等命令，利用这些命令可以对图元进行编辑和修改操作。修改选项卡的修改面板如图 2-30 所示。版面所限，这里仅介绍其中 5 种功能命令。

图 2-30　修改选项卡的修改面板

1. 对齐

使用对齐命令可将一个或多个图元与选定图元对齐，常用于墙、梁和线等图元与选定目标的对齐。

（1）选择功能区"修改"选项卡—"修改"面板—"对齐"按钮或使用快捷键"AL"。

（2）对齐选项栏各选项说明如下：

① "多重对齐"表示可以拾取多个图元对齐到同一个目标位置。

② 对齐墙时，可以选择"首选"对齐方式，包括"参照墙面""参照墙中心线""参照核心层表面""参照核心层中心"4 个选项，如图 2-31 所示。

③ 选择需要对齐的参照图元。

④ 单击选择需要对齐的对象图元，完成对齐操作，按 Esc 键退出对齐命令状态。

提示：若要保持对齐状态，在完成对齐后会出现锁定符号，单击锁定符号来锁定图元对齐关系，实现同步移动。

图 2-31　对齐

2. 偏移 ⏚

使用偏移工具可以将选定的模型线、详图线、墙或梁等对象在与其长度垂直的方向移动指定的距离。如图 2-32 所示。

（1）选择功能区"修改"选项卡—"修改"面板—"偏移"按钮或使用快捷键"OF"。

（2）"偏移"选项栏各选项说明如下：

① 偏移方式包括数值方式和图形方式。

② 若要创建并偏移所选图元的副本，勾选"复制"选项；若取消勾选"复制"选项，则将需要偏移的图元移动到新的位置，如图 2-33 所示。

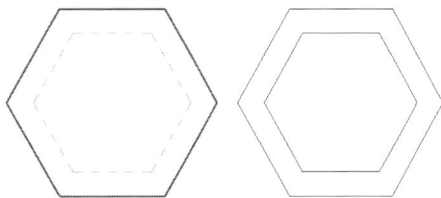

图 2-32　偏移过程

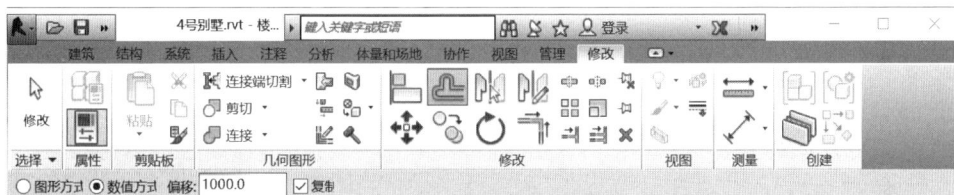

图 2-33　偏移

③ 选择需要偏移的对象。

④ 执行偏移操作。

3. 镜像 ⏚ / ⏚

使用镜像工具可翻转选定图元，或生成图元的一个副本并且翻转方向。

（1）选择需要镜像的图元。

（2）选择功能区"修改"选项卡—"修改"面板—"镜像-拾取轴 ⏚/镜像-绘制线 ⏚"按钮或使用快捷键"MM"/"DM"。

（3）设置"镜像"选项栏选项。

取消勾选选项栏中的"复制"复选框，则只翻转选定图元，而不生成其副本，反之则翻转选定图元并生成其副本图元，如图 2-34 所示。

（4）执行镜像操作。镜像操作如图 2-35 所示。

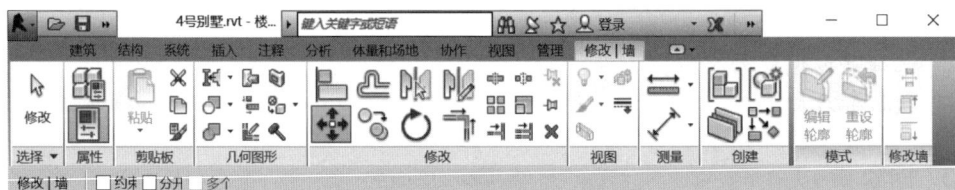

图 2-34　设置"镜像"选项栏

图 2-35　镜像操作示意

4．移动 ✛

使用移动工具可以对选定的图元进行拖拽或将图元移动到指定位置。

（1）选择需要移动的图元。

（2）选择功能区"修改"选项卡—"修改"面板—"移动"按钮或使用快捷键"MV"。

（3）设置"移动"选项栏选项，如图 2-36 所示。

图 2-36　移动

各选项说明如下：

① 约束。勾选"约束"选项可以限制图元沿水平或垂直方向上移动，取消勾选即可随意移动，类似 AutoCAD 的正交模式。

② 分开。勾选"分开"选项可在移动前中断所选图元和其他图元之间的关联。

执行移动操作：在绘图区域中单击图元一点作为移动的基点，沿着指定方向移动鼠标指针，再次单击捕捉移动终点完成移动；如果通过输入移动距离完成移动操作，在选择移动基点后沿着某个方向会显示临时尺寸标注作为参考，输入图元要移动的距离值并按 Enter 键，完成移动操作。

5. 复制 %

使用复制工具来复制生成选定图元副本并将它们放置在当前视图中指定位置。

（1）选择需要复制的图元。

（2）选择功能区"修改"选项卡—"修改"面板—"复制"按钮或使用快捷键"CO"。

（3）设置"复制"选项栏选项，如图 2-37 所示。

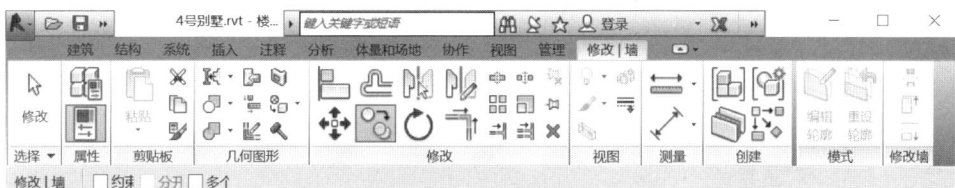

图 2-37　复制

① 约束。勾选"约束"选项可以限制图元沿水平或垂直方向移动，取消勾选可随意移动，类似 AutoCAD 的正交模式。

② 分开。勾选"分开"选项可在移动前中断所选图元和其他图元之间的关联。

③ 多个。勾选该选项，可以连续复制多个图元副本；取消勾选则只能复制 1 个图元。

执行复制操作：在绘图区域中单击图元一点作为复制图元开始移动的基点，将鼠标指针从原始图元上移动到要放置副本的区域，单击以放置图元副本，或输入移动距离的值并按 Enter 键完成复制操作。若勾选了"多个"选项，则可以连续放置多个图元。完成后按 Esc 键退出复制工具。

思考与练习题

1．简述新建项目和新建项目样板的区别。

2．简述族建模和体量建模的异同。

3．简述 Revit 软件界面的基本组成。

4．简述 Revit 中图元限制的重要性。

5．如何利用临时尺寸进行精确修改？

第3章

3层别墅项目应用案例

本章要点

(1) 案例项目概况；

(2) 项目图纸解析；

(3) 项目定位与参照。

学习目标

了解案例项目的背景信息，包括建筑风格、结构布局、功能区划分；熟悉项目图纸，包括平面图、立面图、剖面图和详细构造图，理解图纸中的标注、符号和专业术语；掌握使用 Revit 设置项目的地理定位和参照，包括项目基点、测量点和导入参照等。

素质目标

本章主要介绍实际工程案例"3 层别墅项目"，教学中让学生将 Revit 建模软件与实际工程有效链接，在实践中感知实际项目、二维图纸和三维模型三者之间的对照关系，以此提升学生的学习能力和创新能力，培养学生的专业兴趣和树立"传承规矩、创新创造、专注钻研、精益求精"的新时代鲁班精神。

3.1　案例项目概况

　　某综合性康养项目位于广东省广州市,是集医疗保健、慢性病综合防治、医学康复、老年医学、健康体检与管理等为一体的综合性康养项目。本书案例"疗养院 4 号别墅"取自综合性康养项目其中的一个子项目,疗养院 4 号别墅整体建筑面积 466.35m^2,共 3 层,三维模型如图 3-1 所示。

(a)　　　　　　　　　　　　　　　(b)

(c)　　　　　　　　　　　　　　　(d)

图 3-1　疗养院 4 号别墅三维模型

(a) 角度 1;(b) 角度 2;(c) 角度 3;(d) 角度 4

3.2　项目图纸解析

1. 建筑图纸要求

　　(1) 根据给出的图纸创建基准图元和建筑形体,其中基准图元包括:标高和轴网等;建筑形体包括:墙、门、窗、屋顶、楼板、天花板、楼梯、坡道和扶手。

　　(2) 主要建筑构件参数,如表 3-1～表 3-4 所示(注意:门、窗族类型可以从软件自带的族文件中载入)。

　　(3) 图纸及详图,如图 3-2～图 3-11 所示。

　　(4) 以一层平面图(图 3-2)为例,为房间命名。

3.2

表 3-1　建筑构件参数

外墙木条纹 250mm	10mm 金属条板仿木涂料 30mm 轻骨料混凝土 200mm 加气混凝土 10mm 白色涂料
外墙白色 250mm	10mm 白色涂料 30mm 轻骨料混凝土 200mm 加气混凝土 10mm 白色涂料
外墙白色 100mm	10mm 白色涂料 80mm 加气混凝土 10mm 白色涂料
内墙 150mm	10mm 白色涂料 130mm 加气混凝土 10mm 白色涂料
平屋顶	30mm 细石混凝土(面层 2[5]) 20mm 水泥砂浆(面层 1[4]) 100mm 挤塑聚苯板(保温层/空气层[3]) 聚苯乙烯防水卷材(涂膜层) 30mm 轻骨料混凝土(衬底[2]) 120mm 钢筋混凝土(结构[1])
坡屋顶	50mm 瓦片—筒片 100mm 钢筋混凝土 坡度：19.39°
楼板	5mm 防滑地砖(面层 2[5]) 25mm 水泥砂浆(面层 1[4]) 120mm 钢筋混凝土(结构[1])
天花板	57mm 复合天花板

表 3-2　窗明细表

类　　型	宽度/mm	高度/mm	合计
C0921	900	2100	2
C0924	900	2400	4
C0933	900	3300	2
C2433	2400	3300	1
C2724	2700	2400	5

表 3-3　门明细表

类　　型	宽度/mm	高度/mm	合计
M1022	1000	2200	1
M1322	1300	2200	5

类　　型	宽度/mm	高度/mm	合计
BM0922	900	2200	5
FM 丙 0721	700	2100	2
FM 丙 1021	1000	2100	3
FM 乙 1022	1000	2200	1
FM 乙 1322	1300	2200	2
FM 乙 1322L	1300	2200	3
FGM 甲 1322	1300	2200	1
MLC2433	2400	3300	2
MLC2733	2700	3300	6

表 3-4　常见的建筑构件表示方法

名　　称	二维平面图	三　　维
子母门		
单扇门		
双扇门		
门联窗	MLC2733	

名　　称	二维平面图	三　　维
柱		
栏杆		
窗		

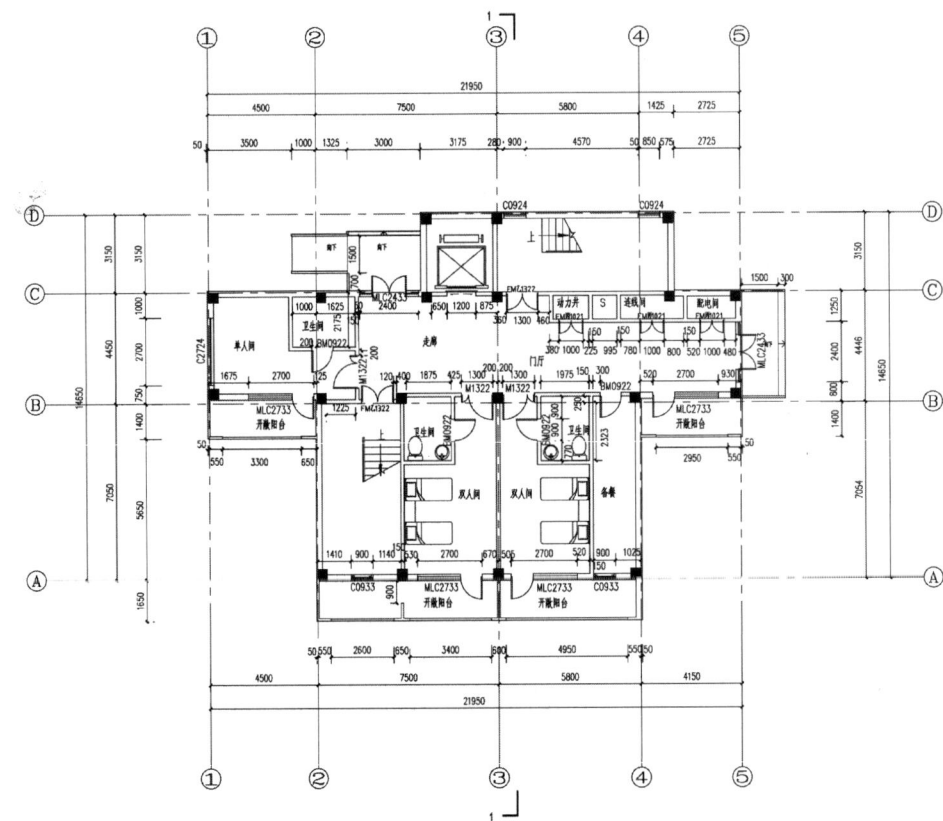

图 3-2　建筑一层平面图

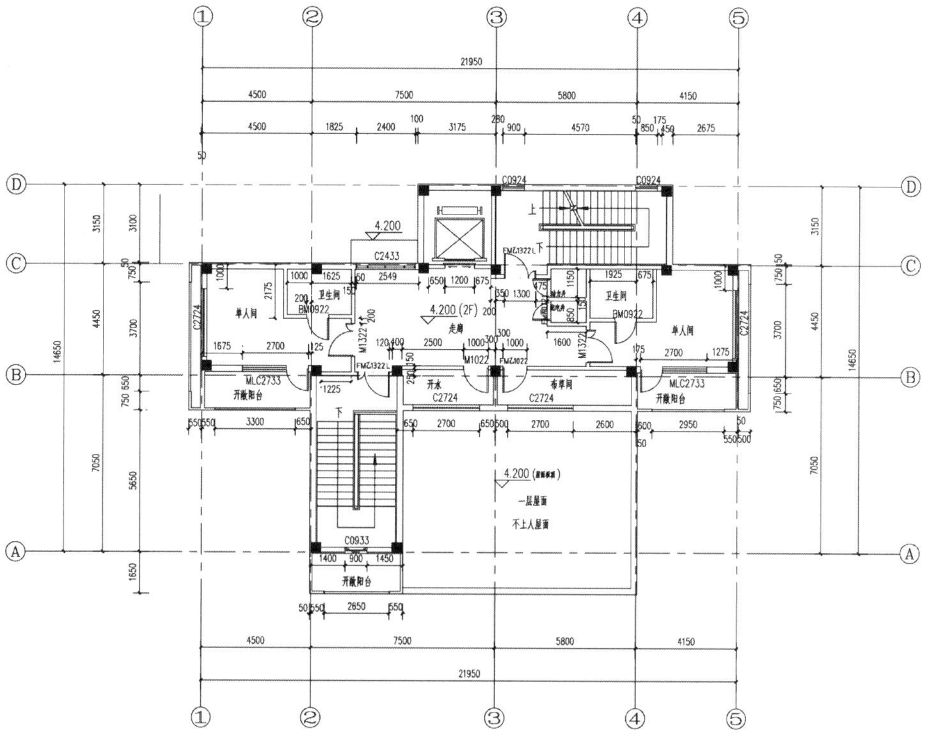

图 3-3　建筑二层平面图

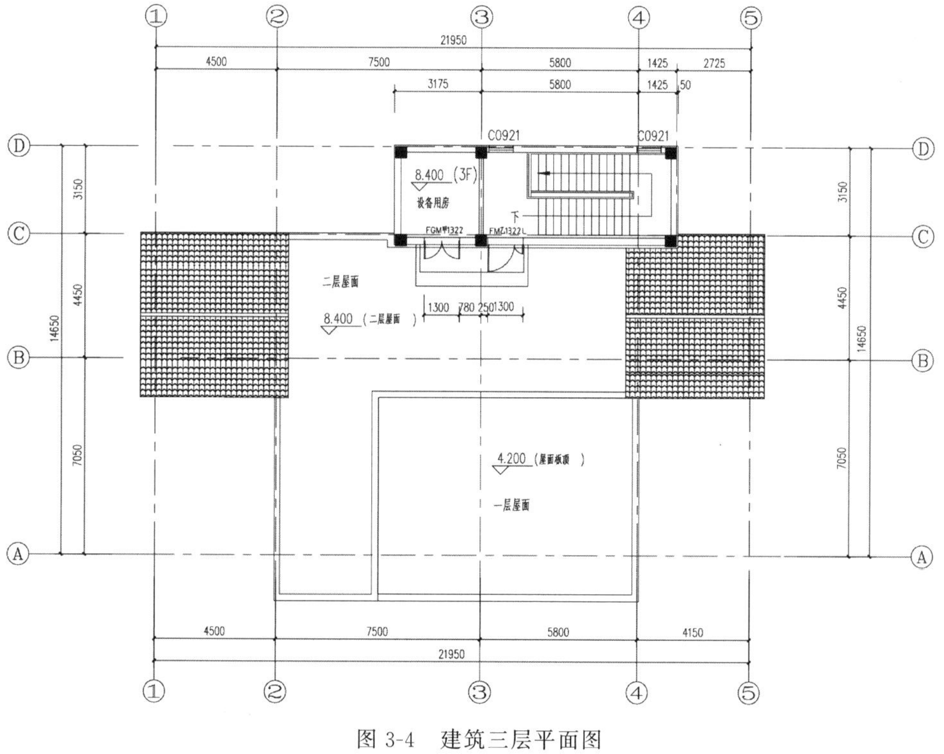

图 3-4　建筑三层平面图

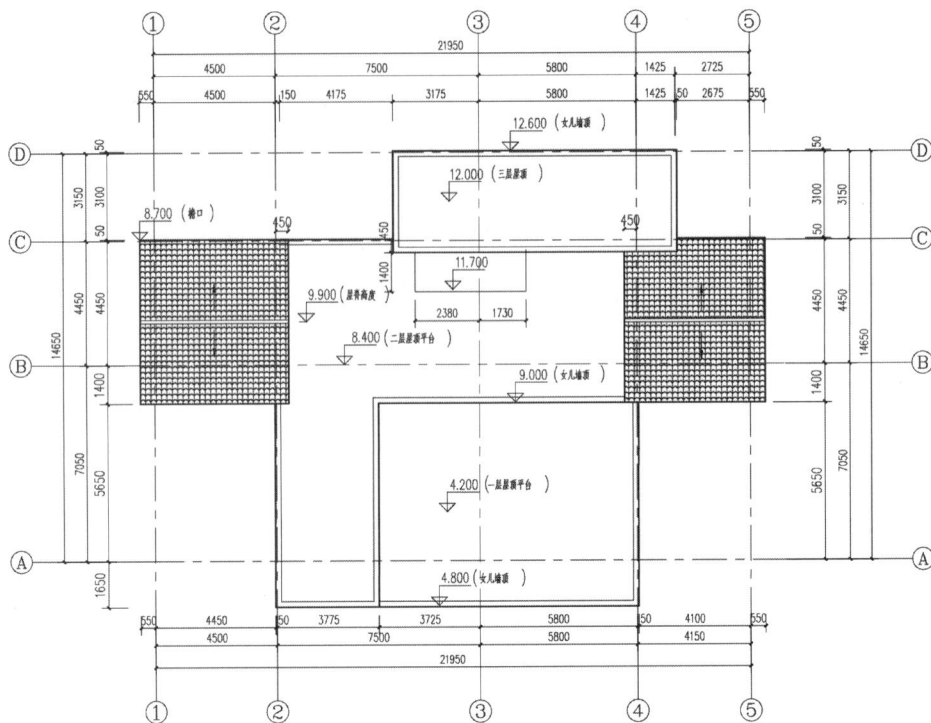

图 3-5　建筑屋顶平面图

图 3-6　建筑南立面图

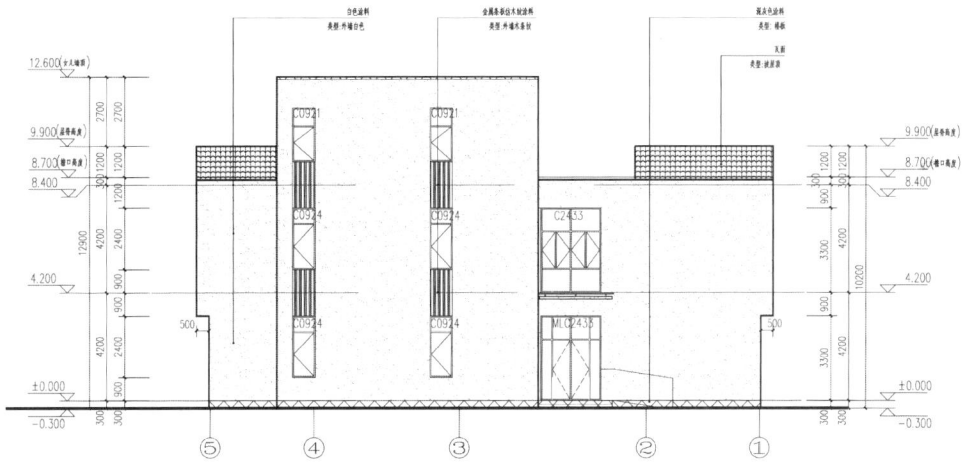

图 3-7　建筑北立面图

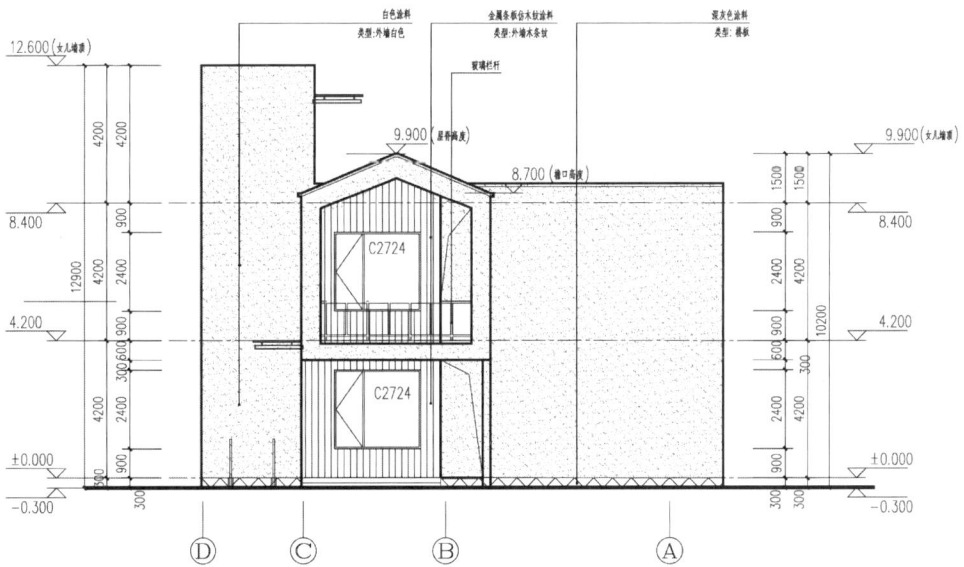

图 3-8　建筑西立面图

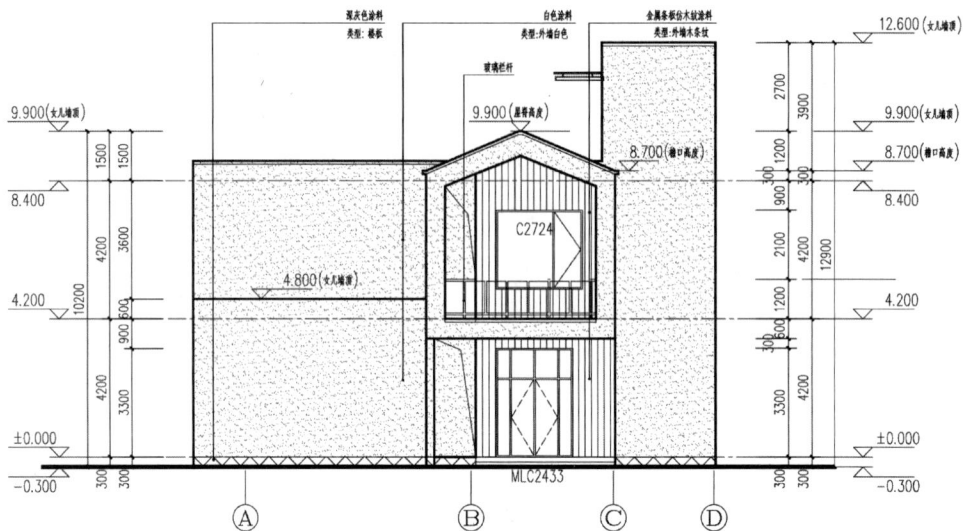

图 3-9   建筑东立面图

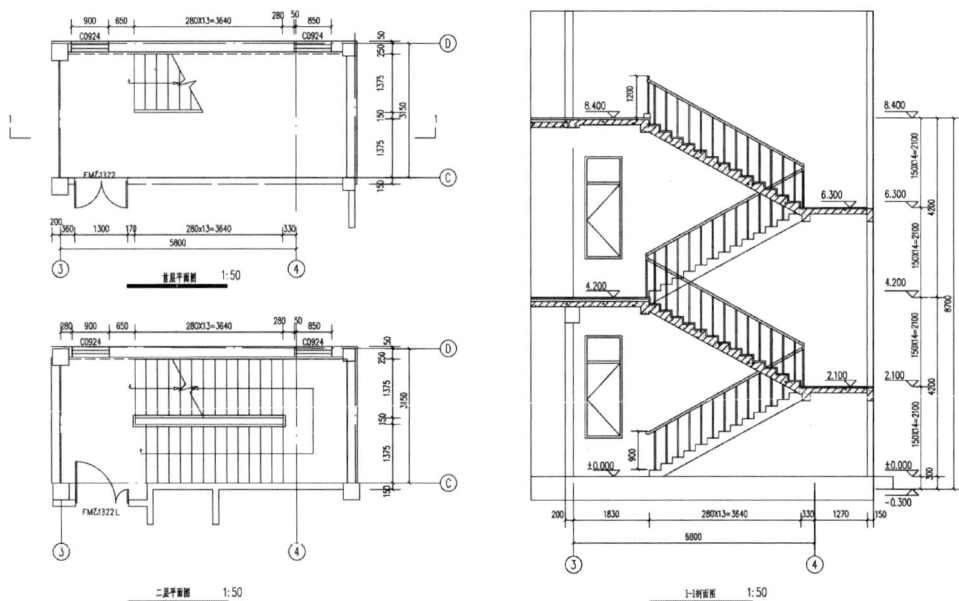

图 3-10   建筑楼梯大样图 1

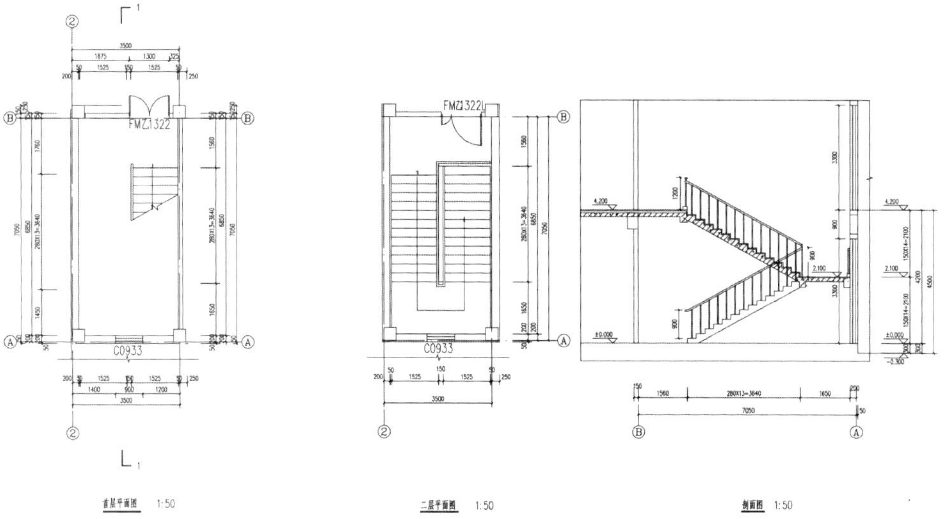

图 3-11　建筑楼梯大样图 2

2．结构图纸要求

（1）根据给出的图纸创建整体结构模型，包括基础、梁、楼板、柱等，均采用 C30 混凝土。

（2）根据给出的图纸创建钢筋模型，钢筋为 HRB400，保护层厚度统一取 25mm。

（3）图纸及详图，如图 3-12～图 3-21 所示。

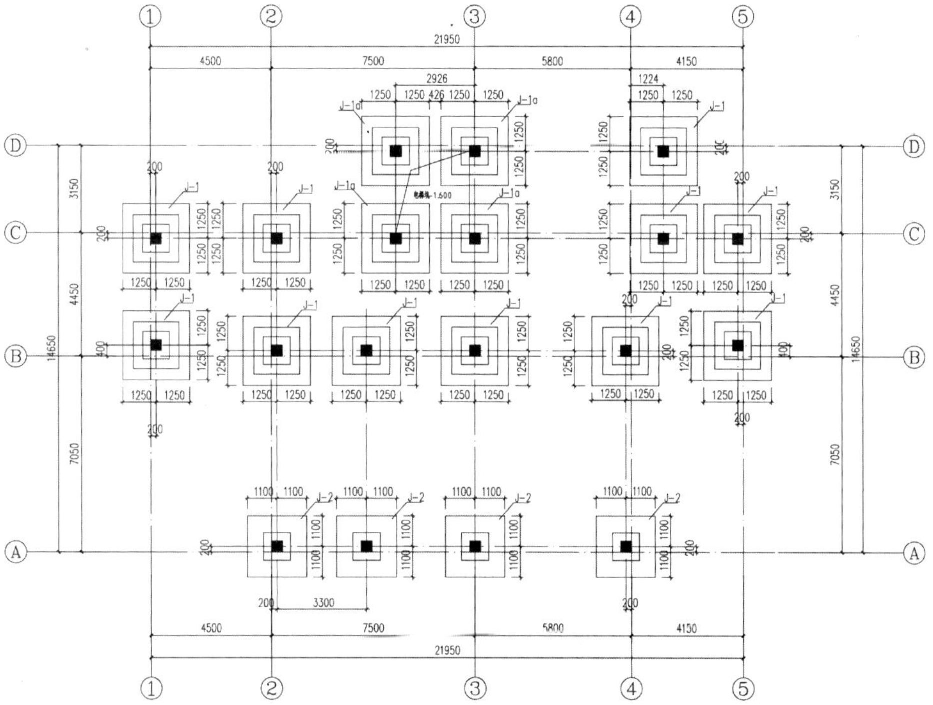

图 3-12　结构基础平面图

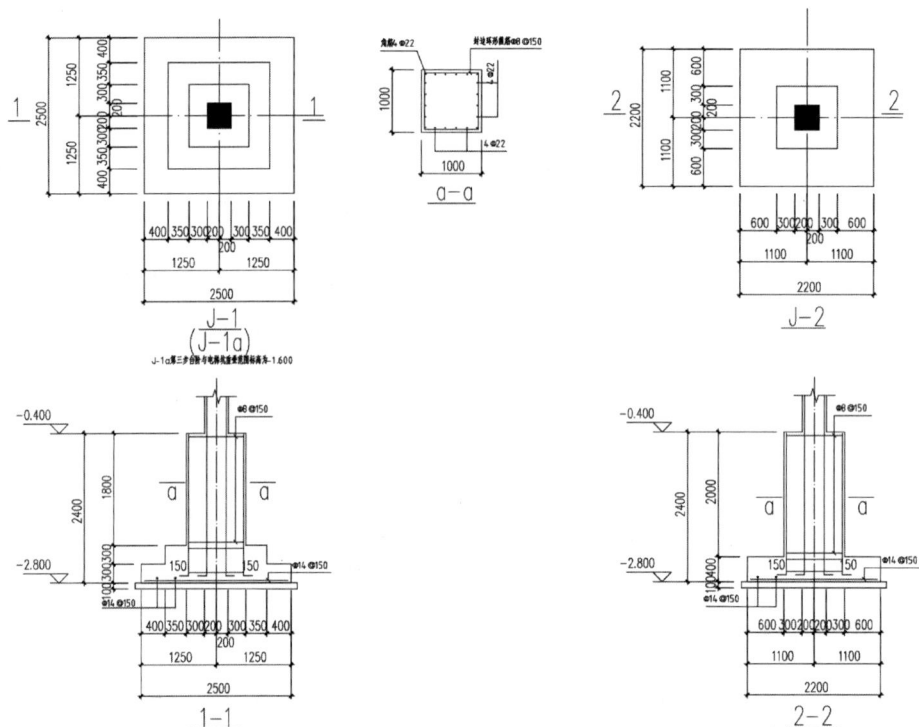

图 3-13 结构基础大样图

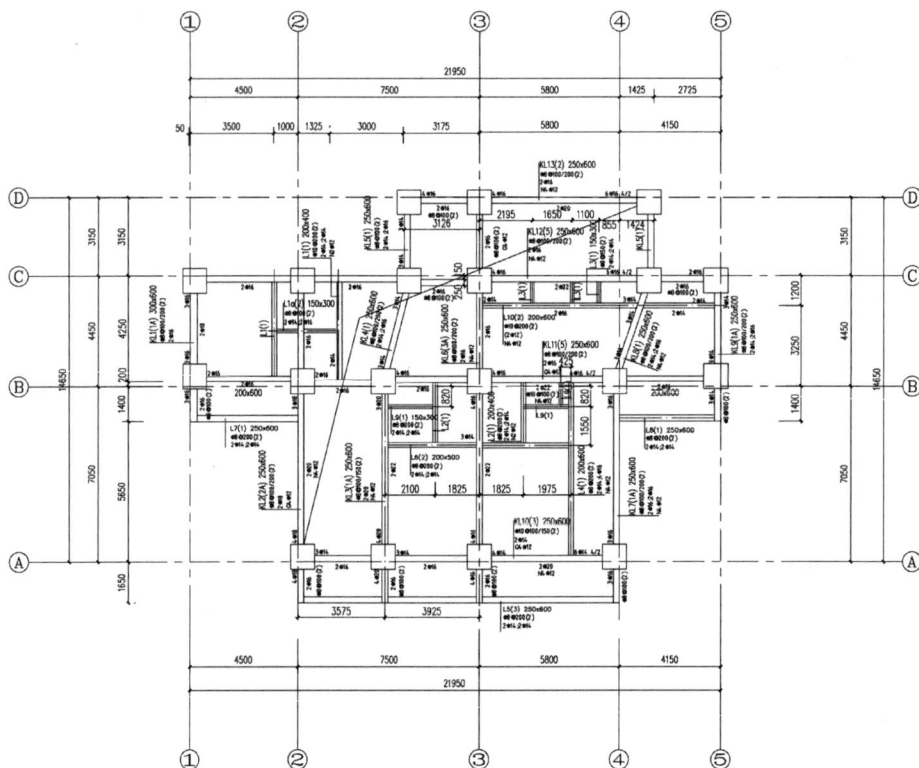

图 3-14 结构一层地梁钢筋图（梁顶标高−0.400）

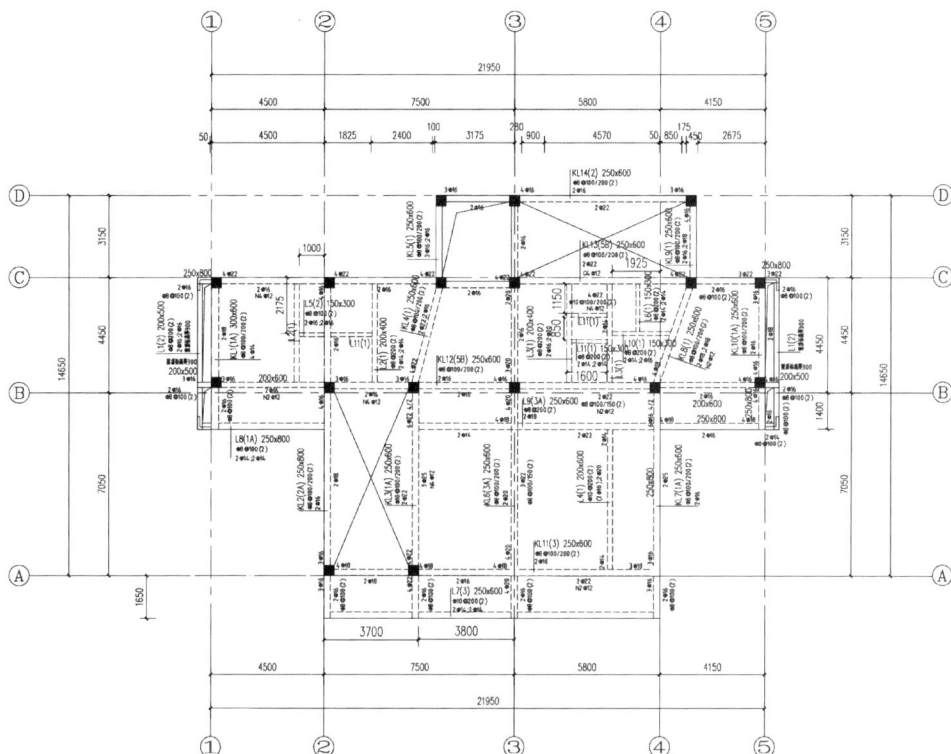

图 3-15　结构二层梁钢筋图

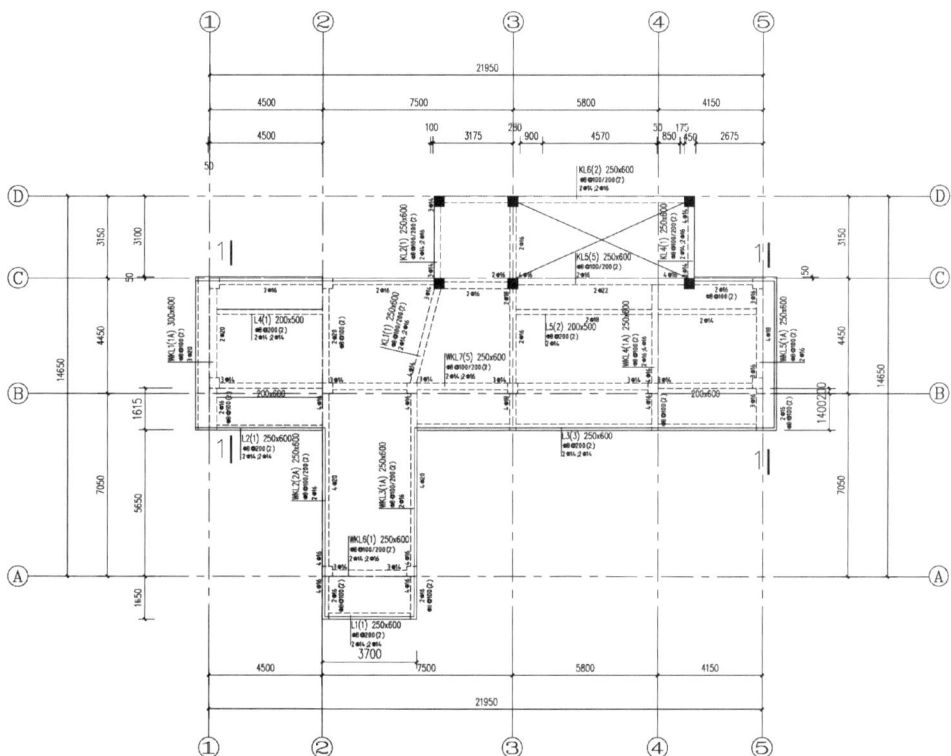

图 3-16　结构屋面梁钢筋图

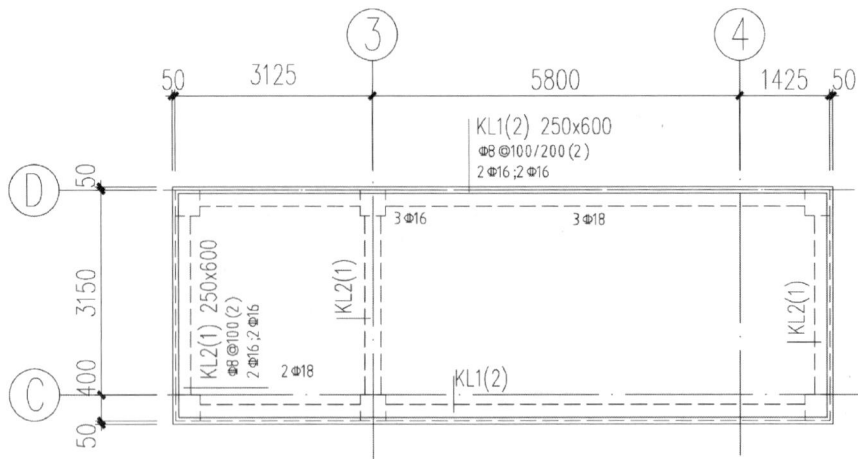

图 3-17　结构屋顶机房梁钢筋图

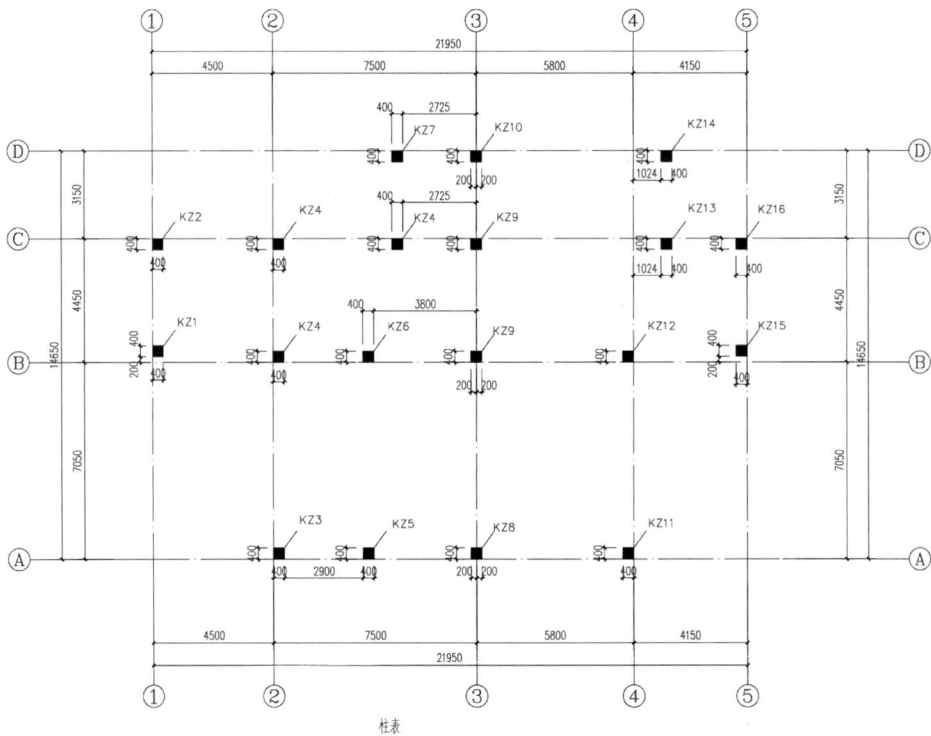

柱表

柱号	标高	b×h（圆柱直径D）	全部纵筋	角筋	b边一侧中部筋	h边一侧中部筋	箍筋类型号	箍筋	备注
KZ1	-0.400~4.100	400×400	8Φ18				1(3×3)	Φ8@100	
KZ2	-0.400~4.100	400×400	8Φ18				1(3×3)	Φ8@100	
KZ3	-0.400~4.100	400×400		4Φ18	1Φ16	1Φ16	1(3×3)	Φ8@100	
KZ4	-0.400~4.100	400×400	8Φ16				1(3×3)	Φ8@100	
KZ5	-0.400~4.100	400×400		4Φ18	2Φ18	2Φ18	1(3×3)	Φ8@100	
KZ6	-0.400~4.100	400×400	8Φ16				1(3×3)	Φ8@100	
KZ7	-0.400~4.100	400×400	8Φ16				1(3×3)	Φ8@100	
KZ8	-0.400~4.100	400×400	8Φ16				1(3×3)	Φ8@100/200	
KZ9	-0.400~4.100	400×400	8Φ16				1(3×3)	Φ8@100	
KZ10	-0.400~4.100	400×400	8Φ16				1(3×3)	Φ8@100	
KZ11	-0.400~4.100	400×400	8Φ16				1(3×3)	Φ8@100	
KZ12	-0.400~4.100	400×400	8Φ16				1(3×3)	Φ8@100/200	
KZ13	-0.400~4.100	400×400		4Φ18	1Φ18	1Φ18	1(3×3)	Φ8@100	
KZ14	-0.400~4.100	400×400		4Φ20	2Φ20	2Φ20	1(3×3)	Φ8@100	
KZ15	-0.400~4.100	400×400	8Φ20				1(3×3)	Φ8@100	
KZ16	-0.400~4.100	400×400	8Φ20				1(3×3)	Φ8@100	

图 3-18　结构一层柱平面图及柱表

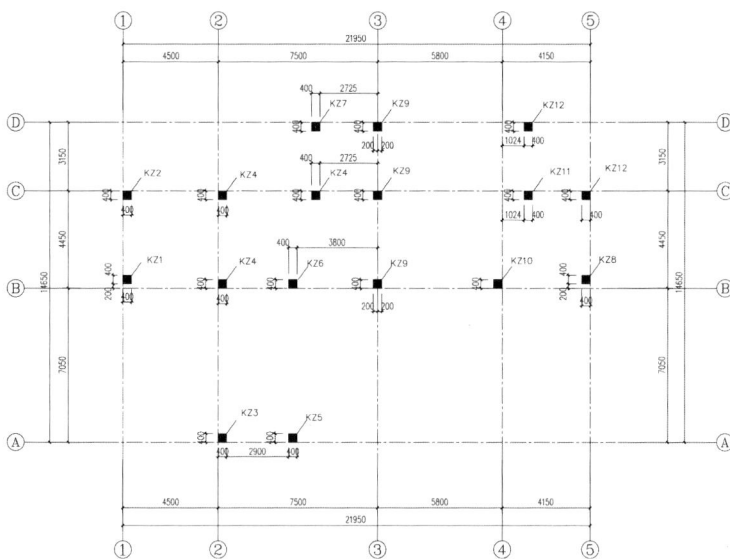

図 3-19　结构二层柱平面图及柱表

柱号	标高	b×h (圆柱直径D)	全部纵筋	角筋	b边一侧中部筋	h边一侧中部筋	箍筋类型号	箍筋	备注
KZ1	4.100~8.400	400×400	8Φ18				1(3×3)	Φ8@100	
KZ2	4.100~8.400	400×400	8Φ18				1(3×3)	Φ8@100	
KZ3	4.100~8.400	400×400	8Φ18				1(3×3)	Φ8@100	
KZ4	4.100~8.400	400×400	8Φ16				1(3×3)	Φ8@100/200	
KZ5	4.100~8.400	400×400	8Φ16				1(3×3)	Φ8@100/200	
KZ6	4.100~8.400	400×400	8Φ16				1(3×3)	Φ8@100/200	
KZ7	4.100~8.400	400×400	8Φ18				1(3×3)	Φ8@100	
KZ78	4.100~8.400	400×400	8Φ18				1(3×3)	Φ8@100	
KZ9	4.100~8.400	400×400	8Φ16				1(3×3)	Φ8@100	
KZ10	4.100~8.400	400×400	8Φ16				1(3×3)	Φ8@100/200	
KZ11	4.100~8.400	400×400	8Φ16				1(3×3)	Φ8@100	
KZ12	4.100~8.400	400×400	8Φ18				1(3×3)	Φ8@100	

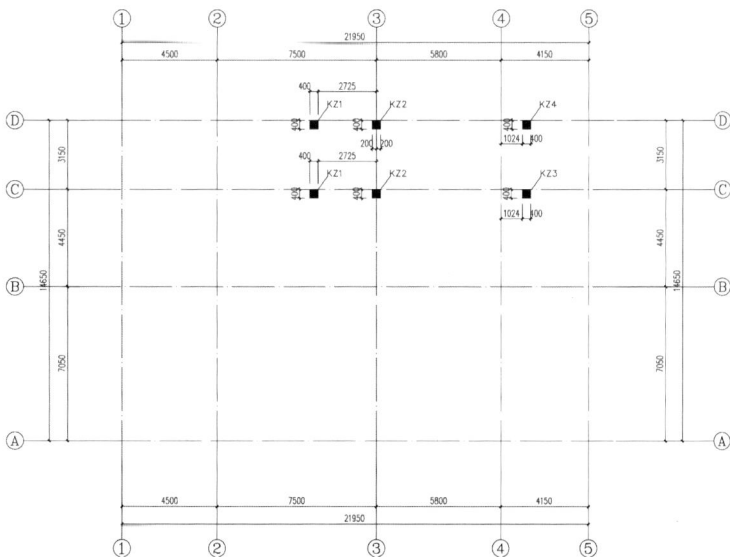

図 3-20　结构三层柱平面图及柱表

柱号	标高	b×h (圆柱直径D)	全部纵筋	角筋	b边一侧中部筋	h边一侧中部筋	箍筋类型号	箍筋	备注
KZ1	8.400~12.000	400×400	8Φ16				1(3×3)	Φ8@100	
KZ2	8.400~12.000	400×400	8Φ16				1(3×3)	Φ8@100/200	
KZ3	8.400~12.000	400×400	8Φ16				1(3×3)	Φ8@100	
KZ4	8.400~12.000	400×400	8Φ16				1(3×3)	Φ8@100	

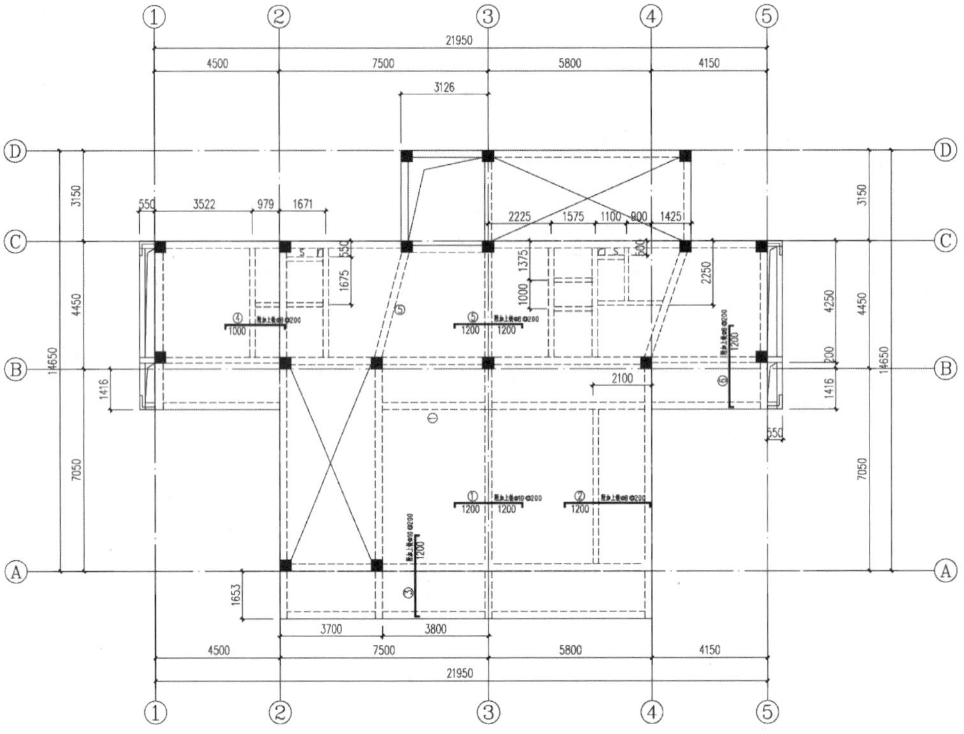

图 3-21　结构二层模板及配筋图

3．给水排水图纸要求

在已建立好的建筑模型基础上，添加卫浴设备，根据图纸给出的管道路径绘制模型，排水管坡度为 3‰。为方便读者学习，给水排水图纸及详图、管线位置及管径，主要卫生器具、管道附件参数表详见本书第 7 章。

4．暖通图纸要求

掌握风管的绘制方式，根据给出的图纸进行创建，风管中心对齐，风机盘管的标高为 2.6m。为方便读者学习，暖通空调图纸及详图、主要设备及构件参数表详见本书第 8 章。

5．电气图纸要求

掌握电缆桥架及线管的基本操作并根据给出的图纸进行模型绘制。为方便读者学习，电气图纸及详图、主要电气设备、桥架以及线管参数表详见本书第 9 章。

3.3　项目定位与参照

在 Revit 中，项目的定位通常基于图元与"项目基点"和"测量点"的关系确定；由于视图样板的可见性设置缘故，一般"项目基点"和"测量点"在视图中是被隐藏的，仅在建筑的"场地"视图显示，以用于定位项目的基准坐标，其无法删除；在默认的项目样板中，两个点的坐标是一致的,因此两者处于重叠状态;可以通过"可见性/视图"中对"模型类别"—"场地"的设置使其显示。

单击"视图"选项卡内"图形"面板中"可见性/图形",弹出"可见性/图形替换"对话框,如图 3-22 所示,在"可见性/图形替换"对话框的"模型类别"选项卡中找到"场地"并将其展开。在此处可对"项目基点"和"测量点"的可见性进行设置,如图 3-23 所示。

图 3-22　"可见性/图形替换"对话框

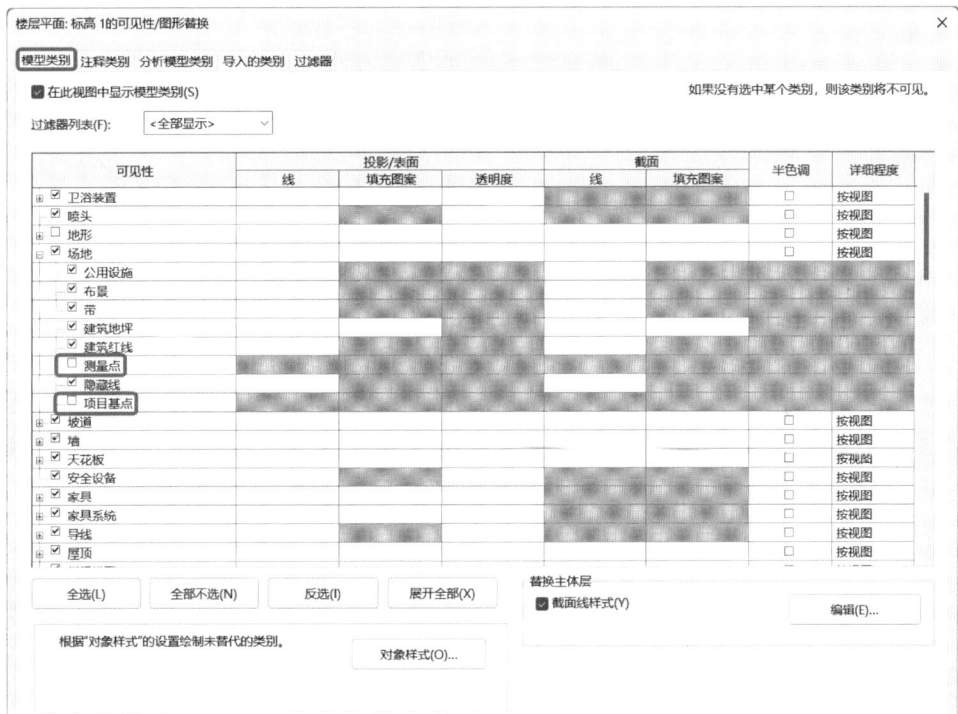

图 3-23　项目基点和测量点可见性设置方法

1. 项目基点

项目基点定义了项目坐标系的原点(0,0,0),且项目基点还可以用于在场地中确定建筑的位置以及定位建筑的设计单元。参照项目坐标系的高程点坐标和高程点,将相对于此点显示相应的数据。

单击"场地"视图—"项目基点",在"标识数据"下的"北/南"和"东/西"中输入所需数值,可完成"项目基点"的移动;为了防止因为误操作而移动了项目基点,可以在选中该点后,切换到"修改|项目基点"选项卡—"修改"面板—"锁定"按钮固定项目基点,如图 3-24 所示。

图 3-24　项目基点移动和锁定的方法

2．测量点

测量点代表现实世界中的已知点（如大地测量标记或 2 条建筑红线的交点），可用于在其他坐标系（如在土木工程应用程序中使用的坐标系）中确定建筑几何图形的方向。

单击"场地"视图—"测量点"，在"标识数据"下的"北/南"和"东/西"中输入所需数值，可完成"测量点"的移动；一般项目中不会移动测量点，为了防止因为误操作而移动了测量点，可以在选中该点后，切换到"修改|测量点"选项卡—"修改"面板—"锁定"按钮固定测量点，如图 3-25 所示。

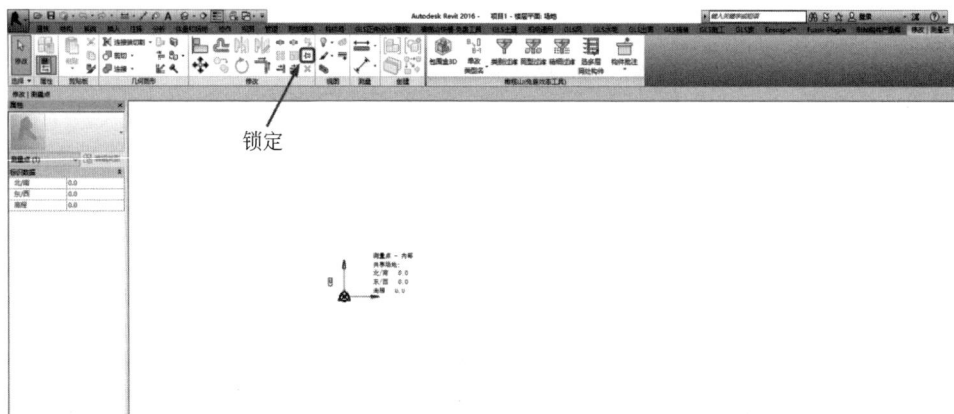

图 3-25　测量点的移动和锁定

3．导入参照

在用 Revit 建模过程中，经常需要将图纸导入进去来辅助建模，导入图纸的方法有两个,一个是"链接 CAD",另一个是"导入 CAD"。如图 3-26 所示。

图 3-26　链接面板

那么这两个功能有什么区别呢?

"链接 CAD"相当于将 Revit 模型和 CAD 图纸进行关联,如果 CAD 原图发生改动,在 Revit 模型中可以更新改动的 CAD 图纸。用链接 CAD 所绘的模型发给其他用户时,如果没有将 CAD 参照底图一并发送给对方,或是参照路径错误,则对方模型中的 CAD 底图的参照将显示为丢失状态。且采用链接 CAD 方式的 Revit 文件,几乎不会增加文件内存大小,该方式适用于 CAD 底图图纸有更新的情况,或 CAD 文件内存比较大的情况。

"导入 CAD"相当于将 CAD 底图嵌入 Revit 模型文件当中,会占用模型文件的空间,所以用"导入 CAD"的模型文件会相对大一些。如果原 CAD 图纸发生改动,在 Revit 模型里是不会随之改变的。所以"导入 CAD"适用于图纸确定不再更改的情况。

"链接 CAD"的方法:单击功能区"插入"选项卡—"链接"面板—"链接 CAD"按钮,弹出"链接 CAD 格式"对话框,选择需要链接的文件,如图 3-27 所示。

图 3-27　"链接 CAD 格式"对话框

"导入 CAD"的方法:单击功能区"插入"选项卡—"导入"面板—"导入 CAD"按钮,弹出"导入 CAD 格式"对话框,选择需要导入的文件,如图 3-28 所示。

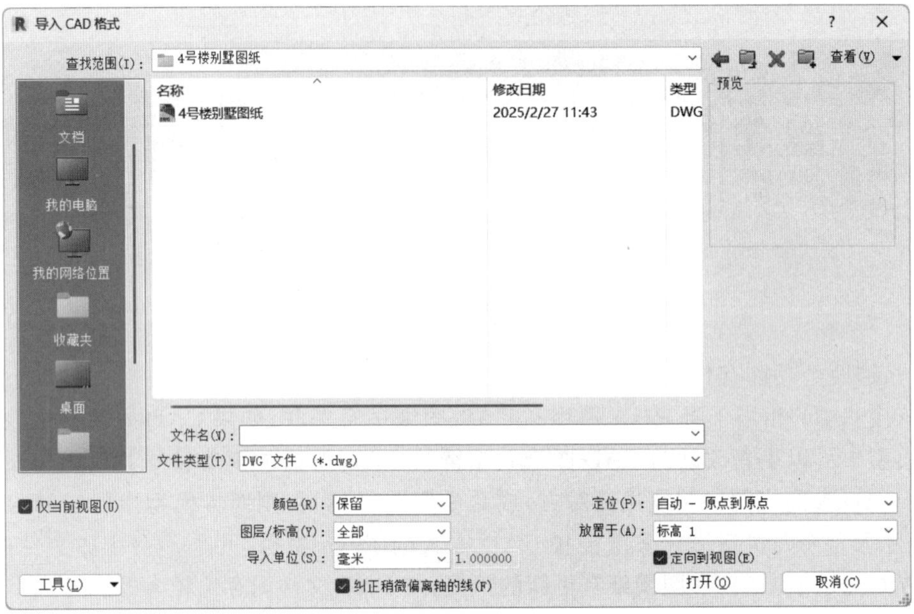

图 3-28 "导入 CAD 格式"对话框

注意：

（1）自动-中心到中心：Revit 自动将链接文件的形心与当前项目的形心对齐，在当前视图中可能看不到形心。

（2）自动-原点到原点：Revit 自动将链接文件的原点与当前项目的原点对齐。

（3）自动-通过共享坐标：Revit 以自动方式根据导入的集合图形相对于两个文件之间共享坐标的位置，放置此导入的几何图形。如果当前没有共享坐标，Revit 会提示选用其他的方式。

（4）手动-原点：用手动的方式以链接文件原点为放置点，将文件放置在指定位置。

（5）手动-基点：用手动的方式以链接文件基点为放置点，将文件放置在指定位置，仅用于带有已定义基点的 AutoCAD 文件。

（6）手动-中心：用手动的方式以链接文件中心为放置点，将文件放置在指定位置。

（7）勾选"仅当前视图"，选择图纸在平面视图中，修改"背景""前景"，方便创建模型时查看图纸。

（8）不勾选"仅当前视图"，选择图纸在平面视图中，没有修改"背景""前景"的选项，但是在三维上可见，一般在创建场地时使用不勾选"仅当前视图"。

思考与练习题

1. 为什么需要在开始设计之前首先进行项目定位？
2. 简述在进行 Revit 建模时，需要从图纸中获取哪些重要信息。
3. 简述在 Revit 中设置项目北向的步骤和重要性。
4. 简述如何在 Revit 中导入项目基点和设置项目参照。
5. 简述如何使用 Revit 设置项目确切的地理位置。

第4章

Revit建筑设计建模应用

本章要点

（1）完整绘制建筑部分模型；

（2）属性参数设置和载入族功能；

（3）场地设计与设计表现。

学习目标

了解建模软件界面的基本设置，掌握建立与编辑标高和轴网；掌握创建与修改墙体和幕墙，包括基本墙体、复杂墙体和自定义幕墙；掌握在所建项目中放置门窗和家具等构件，包括调整构件位置、形状和高度；掌握绘制楼板和屋顶的基本方法，包括对形状、厚度等属性的调整；掌握楼梯和坡道的绘制步骤与基本设置，包括设置坡道的坡度和栏杆扶手的间距等。

素质目标

本章在教学中通过案例进行完整建筑部分模型的绘制，培养学生对行业发展的敏感性，让学生能更深入地了解软件建模规范化的重要性，从而让学生认识到建筑技术的使用和建筑从业者的专业技术所起的重要作用，激发学生进取精神，提升职业素养。同时，引导学生具有独立解决实际问题的能力，提升学生软件实操的能力，培养能适应智能建造要求的高技能人才。

4.1 标高和轴网

4.1.1 创建与编辑标高

1. 创建项目文件

首先，新建一个 Revit 项目，选择"建筑样板"进行创建，命名为"疗养院 4 号别墅"，如图 4-1 所示。

图 4-1　建筑样板的创建

2. 设置标高

（1）项目创建完毕后，单击面板右侧"项目浏览器"—"立面（建筑立面）"—"南"，进入南立面视图，如图 4-2 所示。

（2）选择"项目浏览器"—楼层平面中"标高 2"，双击"标高 2"旁的"4.000"，输入"4.200"，即可确定标高的第　条，如图 4-3 所示。

（3）在"项目浏览器"—楼层平面中选择"标高 1"，自动切换至功能区"修改|标高"选项卡，单击"修改"面板—"复制"按钮，单击屏幕任意位置后，向下移动鼠标并输入"300"，按Enter 键，完成"标高 3"的创建；再次选择项目浏览器"标高 2"，单击"修改"面板—"复制"按钮，勾选左侧属性栏上方中的"约束"及"多个"选项，单击屏幕任意位置后，向上移动鼠标然后依次输入"300""1200""2700""4200"，（在每次输入完成后，需按 Enter 键）完成标高 4～标高 7 的创建工作。如图 4-4～图 4-6 所示。

图 4-2　南立面视图

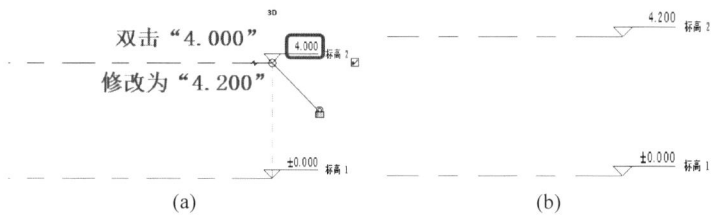

图 4-3　标高高度的修改

（a）修改前；（b）修改后

图 4-4　"标高 3"的绘制

图 4-5　连续绘制"标高 4"～"标高 7"

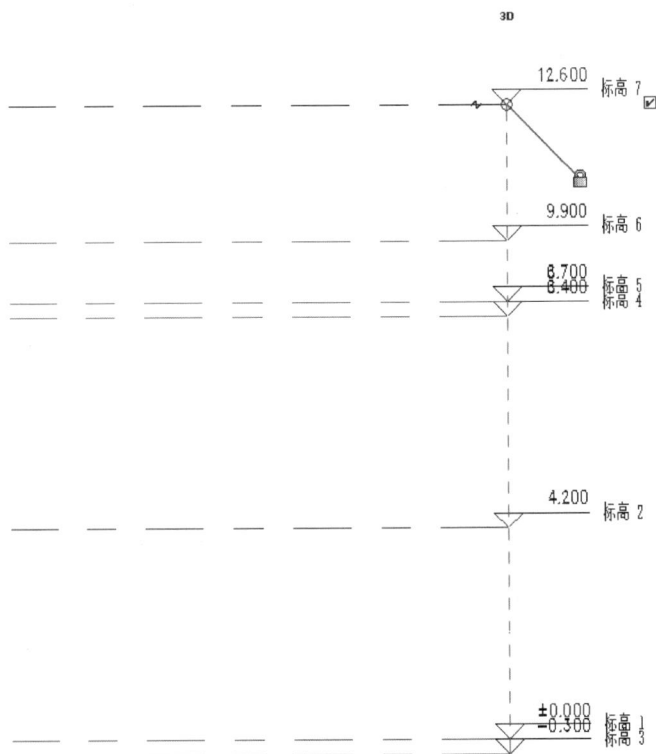

图 4-6　标高创立完成

3. 调整标高属性

　　单击项目浏览器中的立面—"东"，单击"标高 3"，自动切换至"修改|标高"选项卡。单击"属性"选项卡，将标高类型由"上标头"切换至"下标头"，切换后单击"属性选项卡"中的"编辑类型"，选择线性图案为"中心线"，完成修改。采取同样的方法对"标高 4"进行修改。结果如图 4-7 和图 4-8 所示。

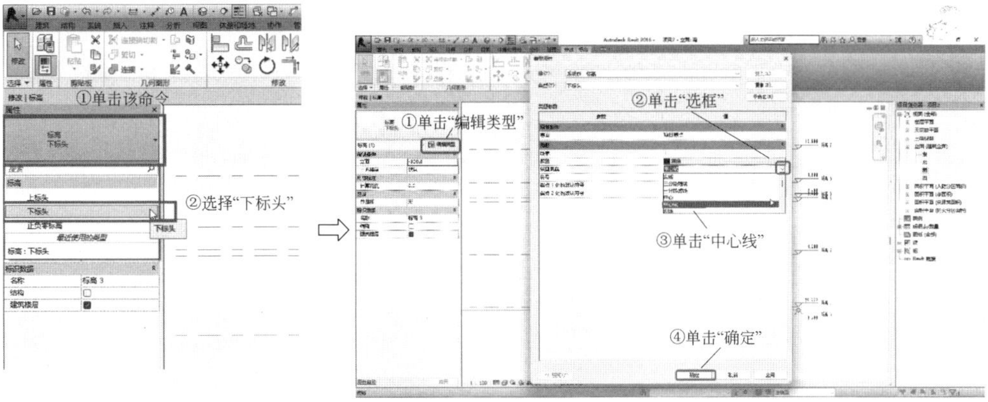

图 4-7　标高的属性修改

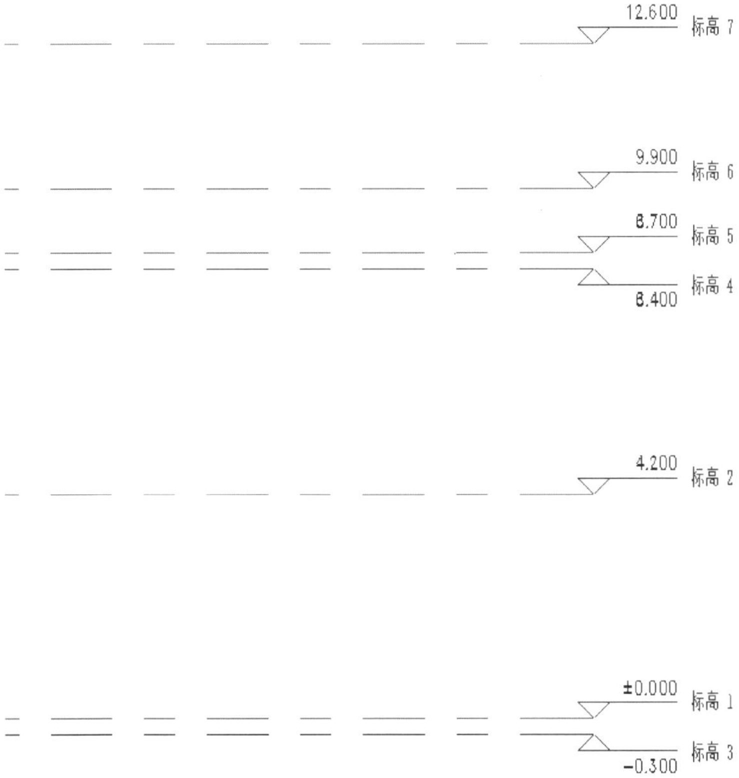

图 4-8　标高属性修改后情况

4．修改标高名称

将光标移动至"标高 1"，双击"标高 1"，将标高 1 修改为"1F"。在弹出的窗口"是否希望重命名相应视图？"中单击"是"按钮，标高的名称和视图的名称均会修改为"1F"。同理修改剩余标高名称，如图 4-9～图 4-12 所示。

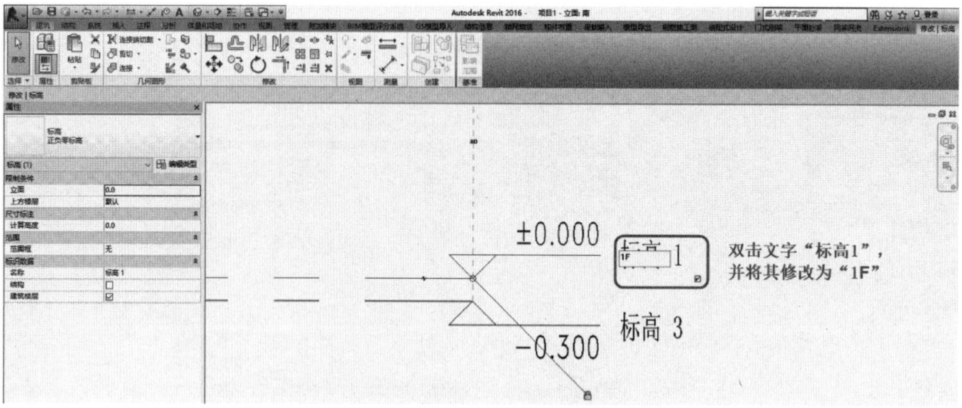

图 4-9　重命名视图 1F

图 4-10　"是否希望重命名相应视图?"弹出框

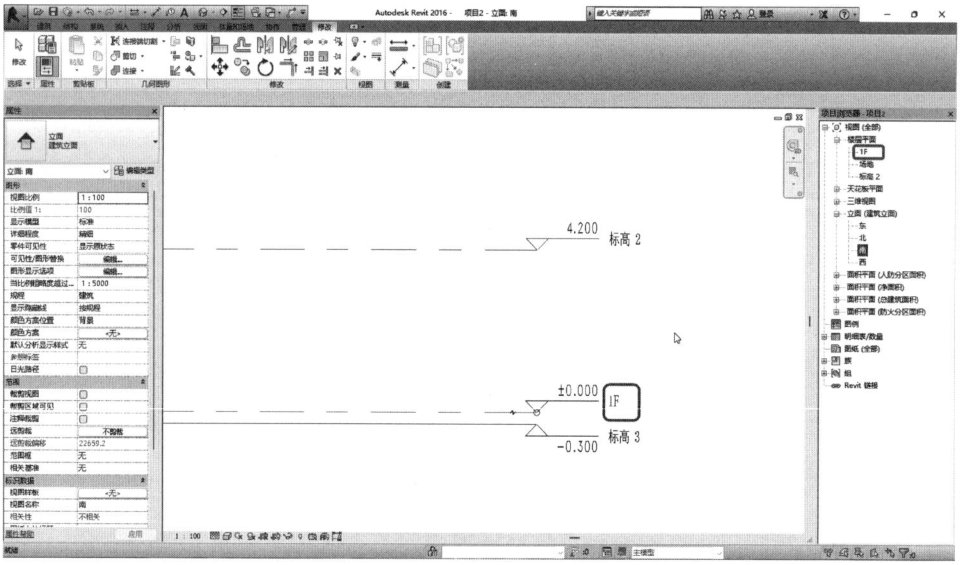

图 4-11　"标高 1F"视图重命名完成

5. 生成楼层平面视图

单击功能区"视图"选项卡—"平面视图"—"楼层平面"按钮,单击标高"3F",然后按住
Ctrl 键单击标高"女儿墙顶""室外地坪",单击确定即可为上述标高生成相应的楼层平面视图,如图 4-13 和图 4-14 所示。

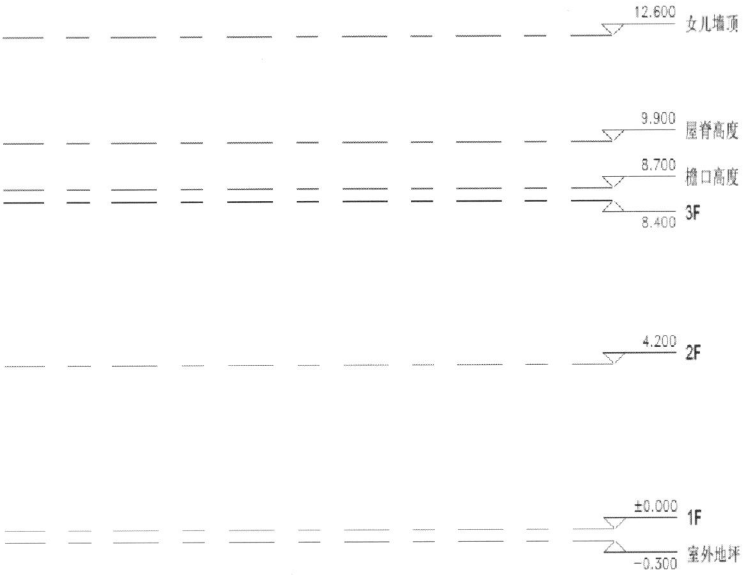

图 4-12　所有标高视图重命名完成

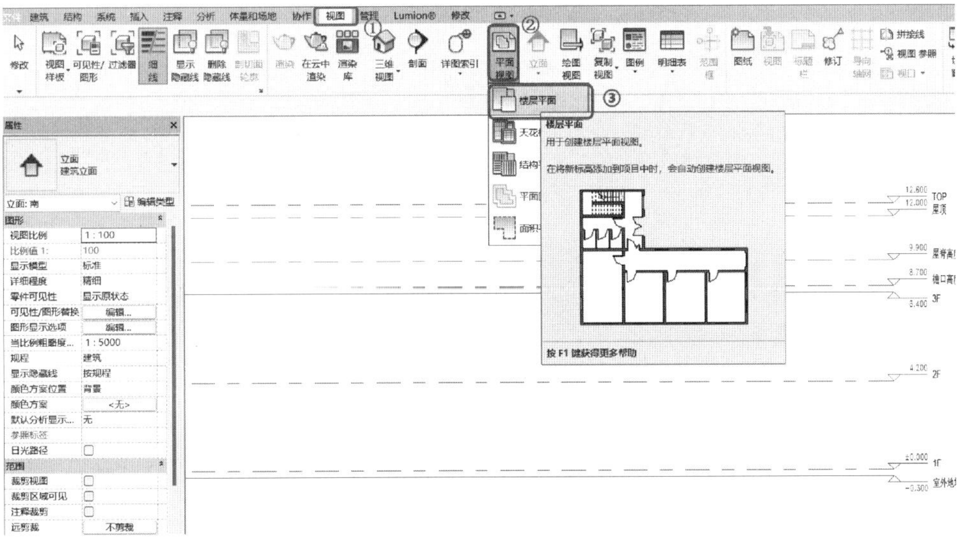

图 4-13　楼层平面的创立

4.1.2　创建与编辑轴网

1. 绘制纵向轴线

（1）标高创建完毕后，单击面板右侧"项目浏览器"—"楼层平面"—"1F"，进入 1F 楼层平面视图，单击建筑选项卡中的"轴网"进入"修改 | 放置轴网"选项卡，单击属性栏中的"编辑类型"并勾选类型参数中的"平面视图轴号端点 1（默认）"选项，完成①号轴线的绘制。如图 4-15 和图 4-16 所示。

图 4-14　对应楼层平面的生成

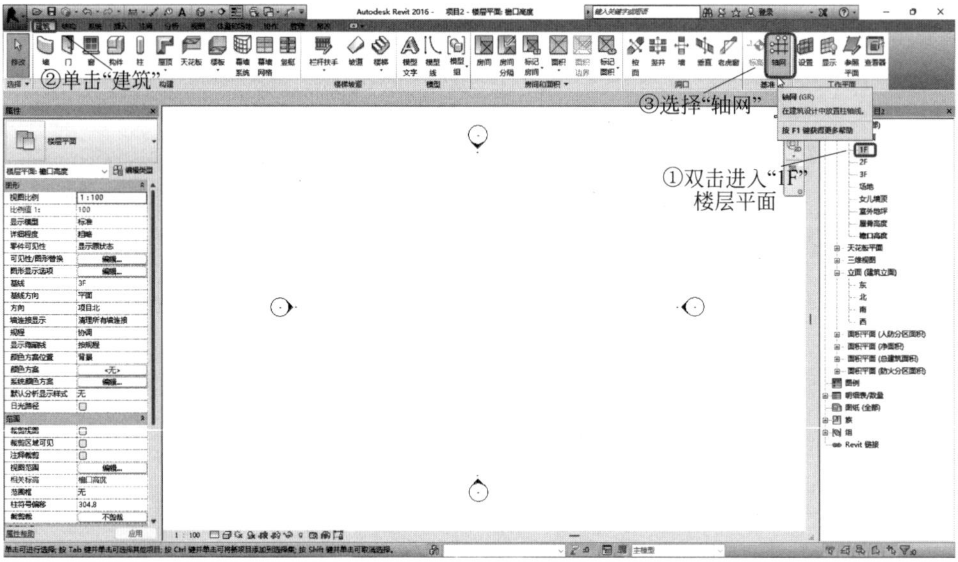

图 4-15　绘制"轴网"命令

（2）选中①号轴线，首先单击"属性"任务栏中的"编辑类型"命令，弹出"类型属性"对话框，将"轴线中段"改为"连续"，并勾选"平面视图轴号端点 1（默认）"，如图 4-17 所示。

（3）选择①号轴线，单击任务栏"修改"选项卡—"复制 "按钮，选项栏勾选正交约束选项"约束"和"多个"。移动光标在①号轴线上单击捕捉一点作为复制参考点，然后水平向右移动光标，输入间距值"4500"，然后按 Enter 键确认，保持光标位于新复制的轴线右侧，再

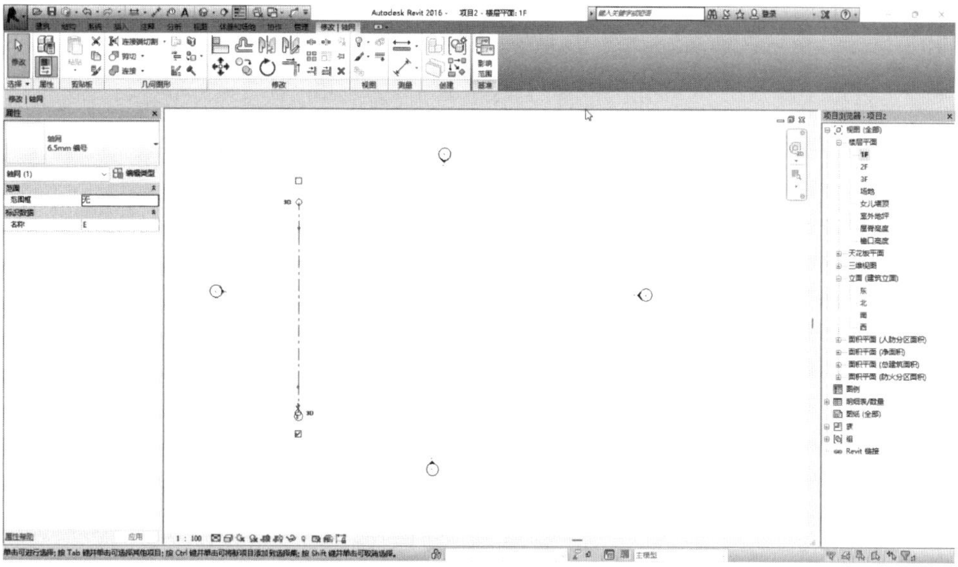

图 4-16 绘制"①号"轴线

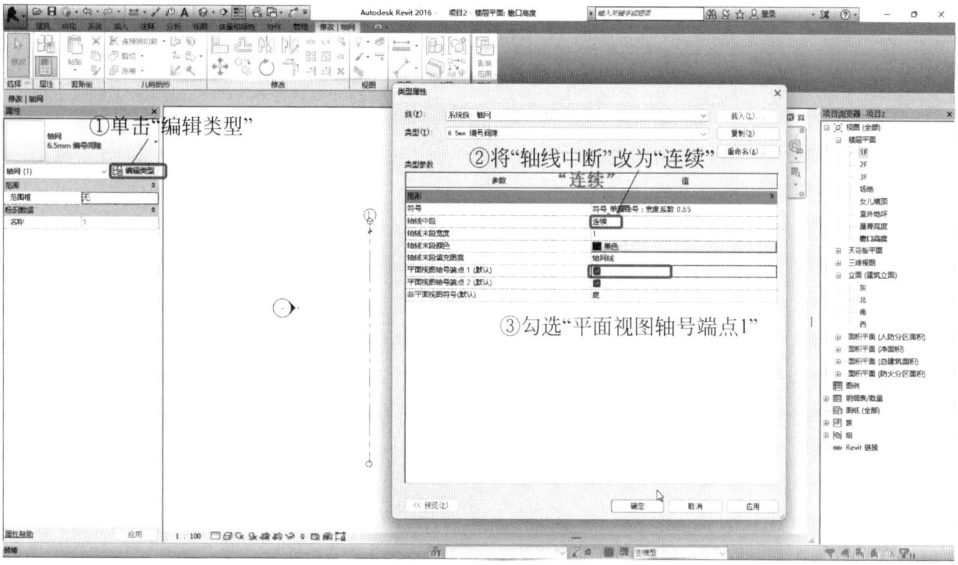

图 4-17 设置轴线参数

输入"7500"后按 Enter 键确认,以此类推输入"5800""4150"重复上述操作,直至竖直轴线绘制完成,如图 4-18 所示。

图 4-18　纵向轴线绘制完毕

2．绘制横向轴线

沿水平方向绘制第一条水平轴线,双击⑥号轴线端点,将其更改为"A",如图 4-19 所示。

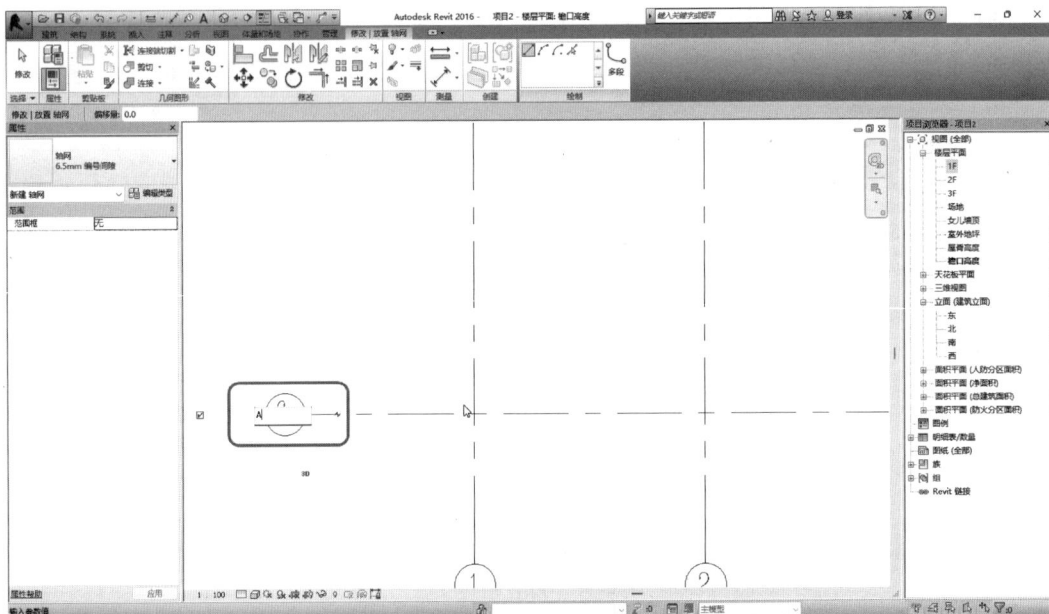

图 4-19　修改轴线编号

用"拾取线"的方法绘制其他水平轴网。单击功能区"建筑"选项卡—"基准"面板—"放置轴网"按钮,单击"绘制"面板中的"拾取线"按钮,偏移输入"7050",移动光标在Ⓐ轴线上部,单击后完成Ⓑ轴线的绘制。

使用同样的方式依次输入偏移量"4450""3150",完成所有水平轴线的绘制,至此轴网绘制完成,如图 4-20 和图 4-21 所示。

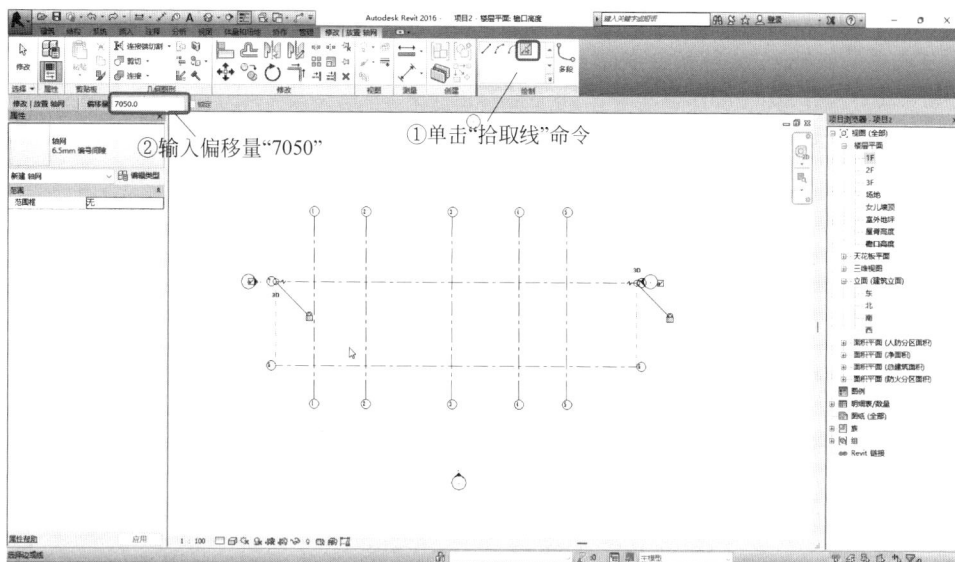

图 4-20　设置偏移量

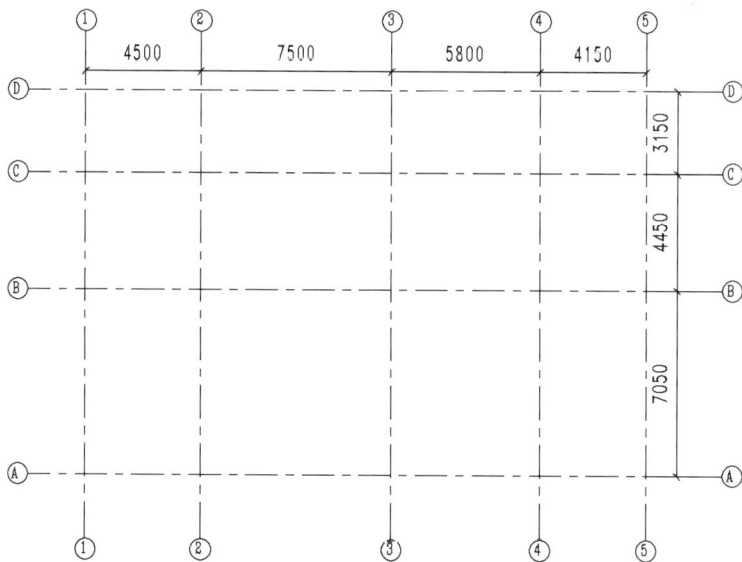

图 4-21　轴网绘制完毕

4.2　墙体和幕墙

4.2.1　创建与编辑墙体

1. 创建墙

具体墙体尺寸及选用的墙体参照图 3-2 及图 3-1。

（1）双击启动 Revit，打开前面操作的"疗养院 4 号别墅"项目文件，双击面板右侧"项目浏览器"—"1F"，打开一层平面视图。

（2）单击功能区的"建筑"选项卡—"墙"工具—"墙：建筑"按钮，如图 4-22 所示。

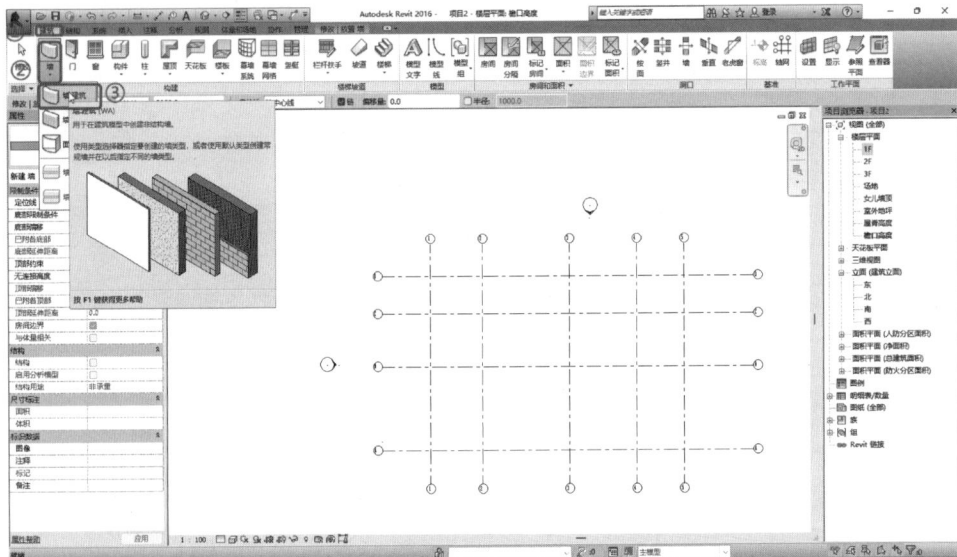

图 4-22　创建基本墙

（3）单击左侧面板"属性"—"编辑类型"—"复制"—重命名为"外墙白色 250mm"—"确定"按钮，如图 4-23 所示。

注意：在 Revit 当中，"功能"用于定义墙的用途，它反映墙在建筑中所起的作用。Revit 提供了外墙、内墙、挡土墙、基础墙、檐底板及核心竖井 6 种墙功能。在管理墙时，墙功能可以作为建筑信息模型中信息的一部分，用于对墙进行过滤、管理和统计。

2. 编辑墙体属性

（1）单击"编辑类型"—单击"结构"参数后的"编辑"按钮，打开"编辑部件"对话框，
单击"插入"按钮—面层 1[4]—材质为"白色乳胶漆—底—面（燃烧性能为 A 级）饰面"—厚度为 10mm，如图 4-24 所示。

（2）对于面层 1[4]定义材质：单击面层 1[4]—"按类别"—"浏览"按钮，定义材质。

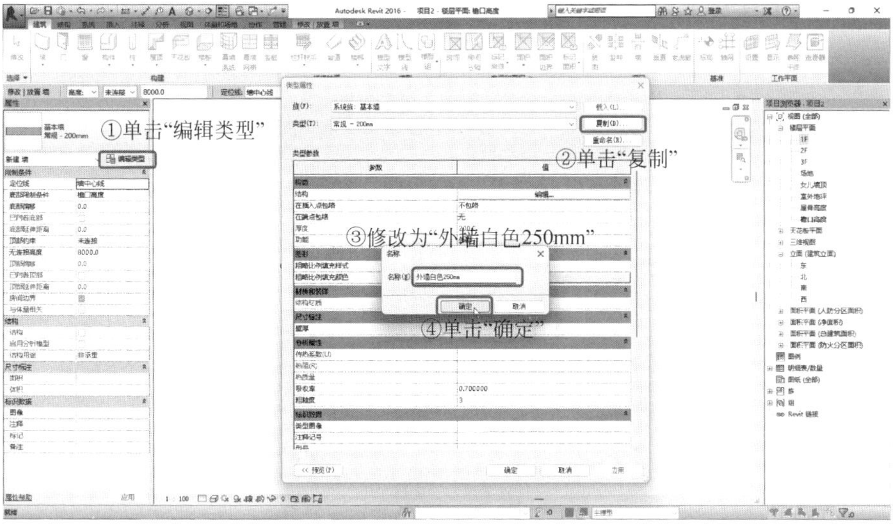

图 4-23　复制墙类型

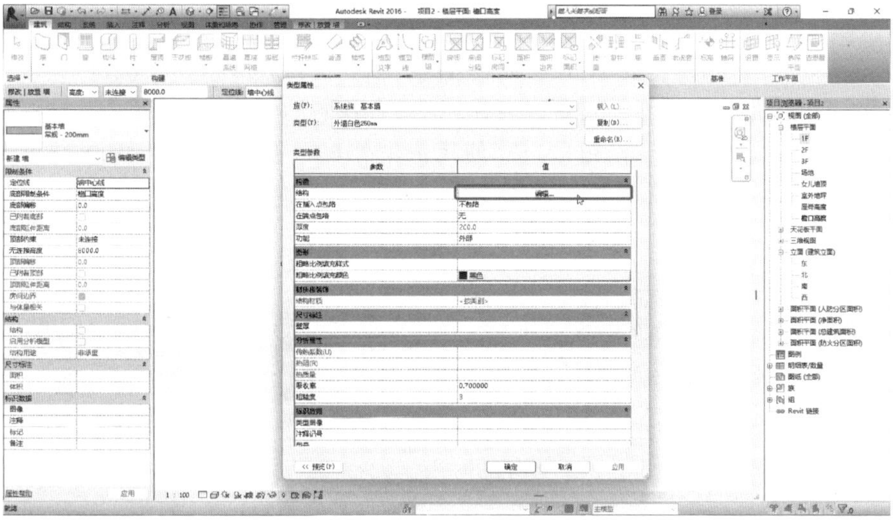

(a)

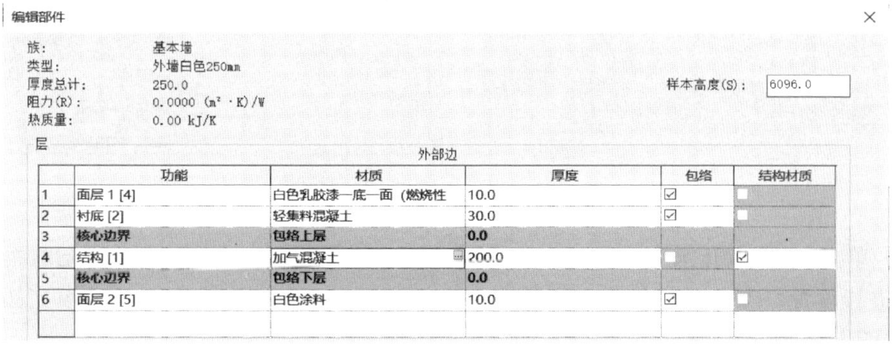

编辑部件

族：基本墙
类型：外墙白色250mm
厚度总计：250.0　　样本高度(S)：6096.0
阻力(R)：0.0000 (m²·K)/W
热质量：0.00 kJ/K

层

外部边

	功能	材质	厚度	包络	结构材质
1	面层 1 [4]	白色乳胶漆一底一面（燃烧性	10.0	☑	☐
2	衬底 [2]	轻集料混凝土	30.0	☑	☐
3	核心边界	包络上层	0.0		
4	结构 [1]	加气混凝土	200.0	☐	☑
5	核心边界	包络下层	0.0		
6	面层 2 [5]	白色涂料	10.0	☑	☐

(b)

图 4-24　定义墙体结构

(a) 打开“结构-编辑”；(b)“编辑部件”

（3）在材质浏览器中搜索"涂料"，将材质添加到文档中，单击"涂料-黄色"—右击"复制"—涂料命名为"白色涂料"，如图 4-25 所示。

(a)　　　　　　　　　(b)

图 4-25　材质重命名

（a）重命名前的材质框；（b）重命名后的材质框

（4）在编辑新材质时，需要单击"材质浏览器"窗口右侧的"外观"按钮，再单击"复制此资源"功能，单击"信息"下拉按钮，更改名称为"白色涂料"，单击"墙漆颜色"，选择白色，进行材质颜色更改，选择"图形"按钮，勾选"使用渲染外观"，单击"确定"，完成颜色替换，如图 4-26 所示。

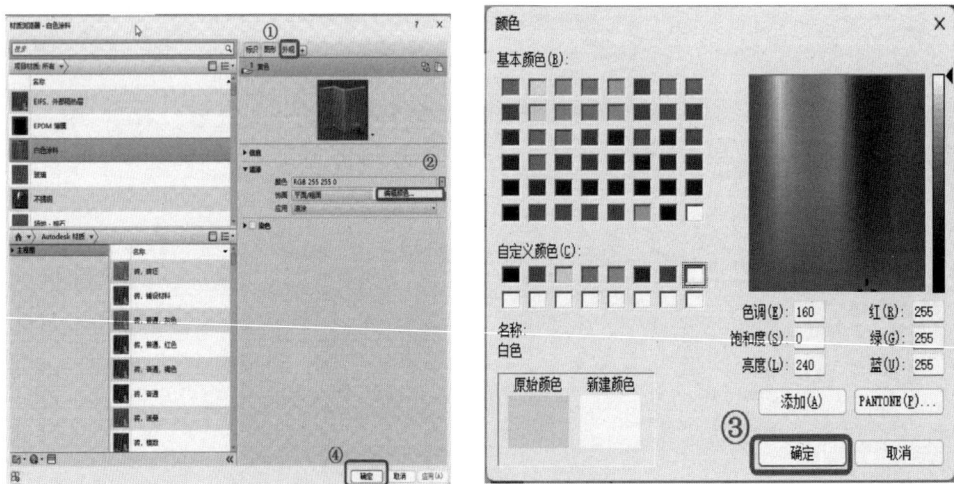

图 4-26　定义面层 1[4] 的材质

（5）单击"表面填充图案"，可以对表面填充颜色进行设置；单击"截面填充图案"，对截面图案进行设置。在本项目的施工说明中并未说明，"表面填充图案"与"截面填充图案"，选择无，如图 4-27 所示。

（6）按照前面的方法设置结构[1]材质，"表面填充图案"为无，单击"截面填充图案"下所框选的位置，弹出"填充样式"选择"砌体-加气砼"，并在"填充图案类型"下勾选"绘图（R）"

图 4-27　设置表面填充颜色

后,单击确定,如图 4-28 所示。

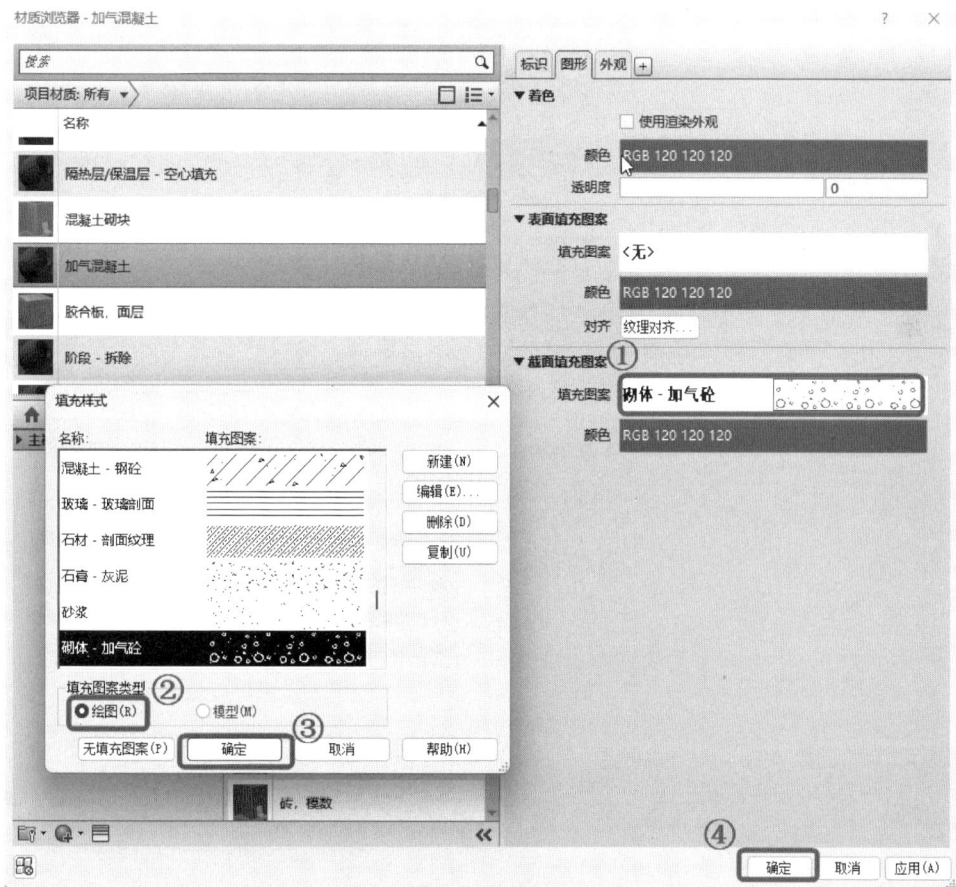

图 4-28　定义结构[1]材质

（7）单击"类型属性"—"预览"按钮，可以预览已经编辑好的墙体，如图 4-29 所示。

图 4-29　预览墙体结构

（8）单击"确定"按钮，完成墙体类型的属性定义，如图 4-30 所示。

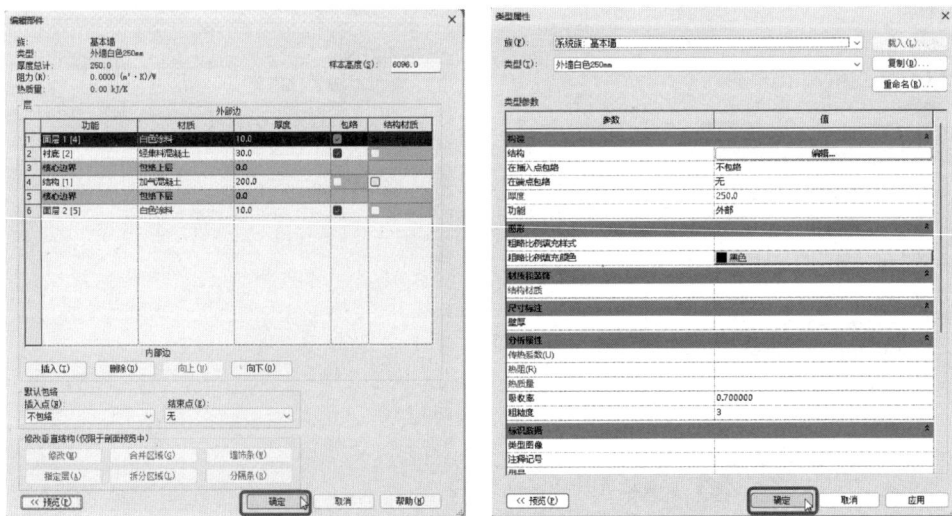

(a)　　　　　　　　　　　(b)

图 4-30　完成墙体属性设置

（a）编辑部件；（b）确认完成

按照上述方法分别设置墙参数,详见表 3-1。

3．设置一层墙高

(1) 单击功能区的"建筑"选项卡—"工作平面"面板—"参照平面"工具,单击"拾取线"命令,绘制参照平面,如图 4-31 所示(详见前文图 4-20 设置偏移量中的操作步骤)。

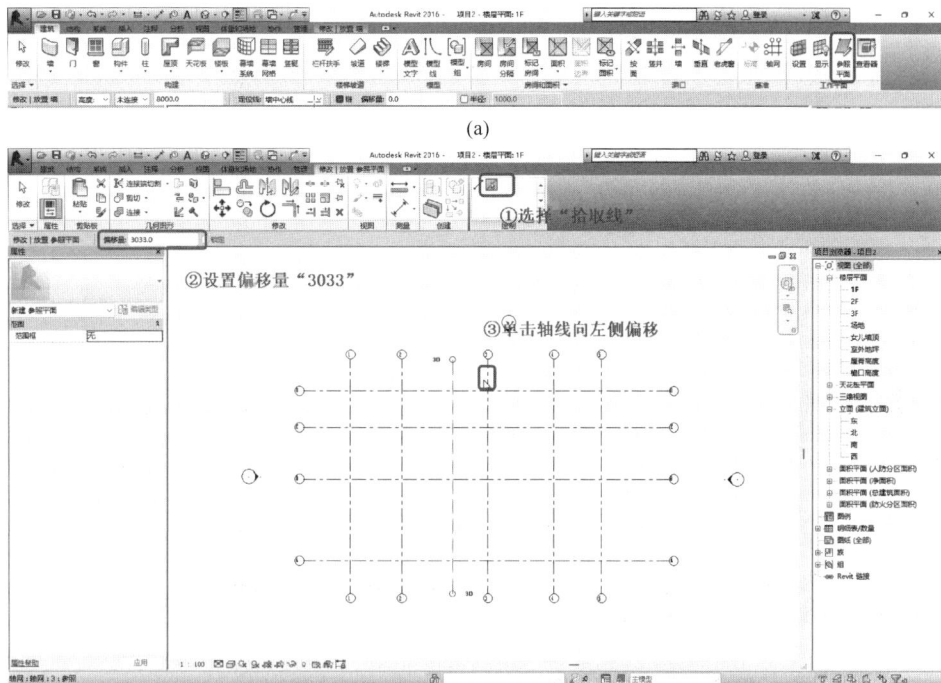

图 4-31　绘制参照平面

(a) 单击"参照平面";(b) 绘制参照平面;(c) 完成绘制

（2）单击功能区的"建筑"选项卡—"墙"工具—"墙：建筑"按钮，选择"外墙白色250mm"墙体，在"修改|放置墙"选项栏中选择"高度""2F"，用于设定绘制墙的里面是从1层到2层，设置定位线："核心层中心线"，勾选"链"，使用绘制工具沿顺时针方向在1F楼层平面绘制墙体，如图4-32～图4-36所示。

图 4-32　设置绘制墙命令

注意：

① 勾选"链"的作用是当绘制完成一段墙后，可以连续绘制其他墙，使其首尾相连。

② 绘制时，Revit 将墙绘制方向的左侧设置为"外部"。因此，在绘制外墙时，如果采用"顺时针"方向绘制，即可保证绘制的墙体有正确的"内外"方向。单击选中墙体可按空格键改变方向。

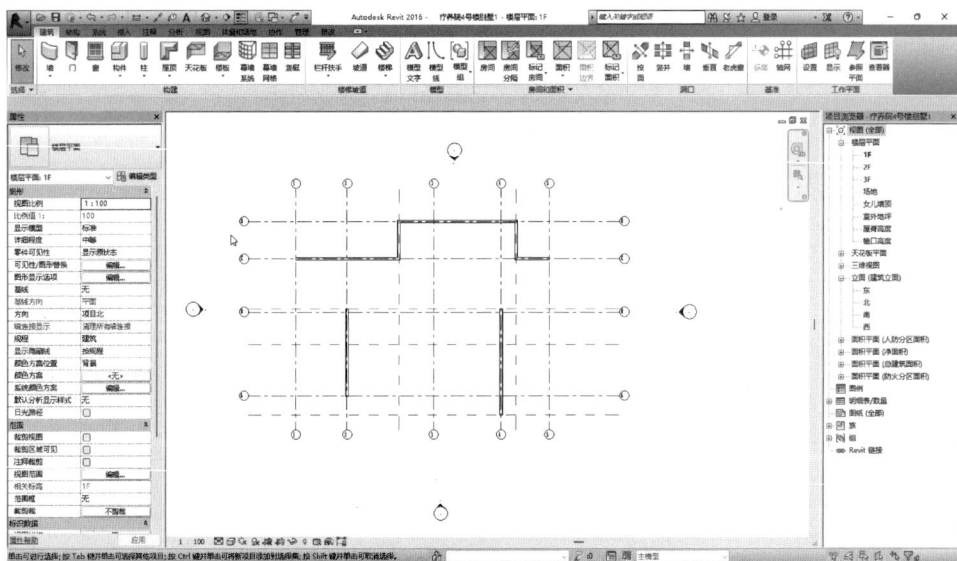

图 4-33　绘制"外墙白色 250mm"墙体

图 4-34　绘制"外墙木条纹 250mm"墙体

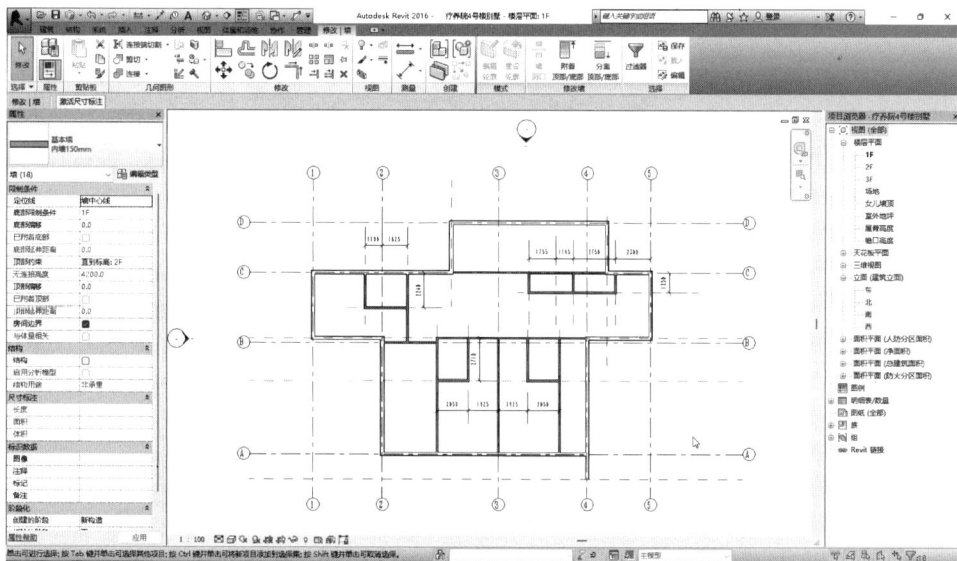

图 4-35　绘制"内墙 150mm"墙体

（3）单击"项目浏览器"—"三维"按钮，将显示项目的三维效果，如图 4-37 所示。

注意：如果显示不出设置的墙体颜色和填充图案，可单击试图控制栏中的"视觉样式"，使用"着色""一致的颜色"。

4. 绘制二层墙体

具体墙体尺寸及选用的墙体参照图 3-3 及图 3-1。

（1）在 1F 楼层平面中，按住 Ctrl 键将图中所示的墙体全部加选后，单击左侧面板"属性"—"顶部约束"—"直到标高：3F"，如图 4-38 所示。

图 4-36 绘制"内墙 100mm"墙体

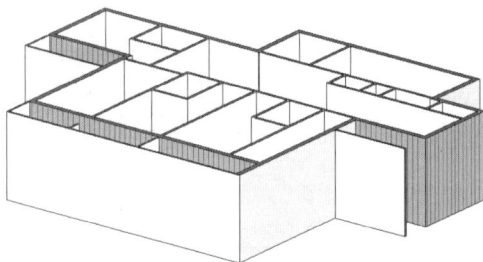

图 4-37 一层墙体三维图

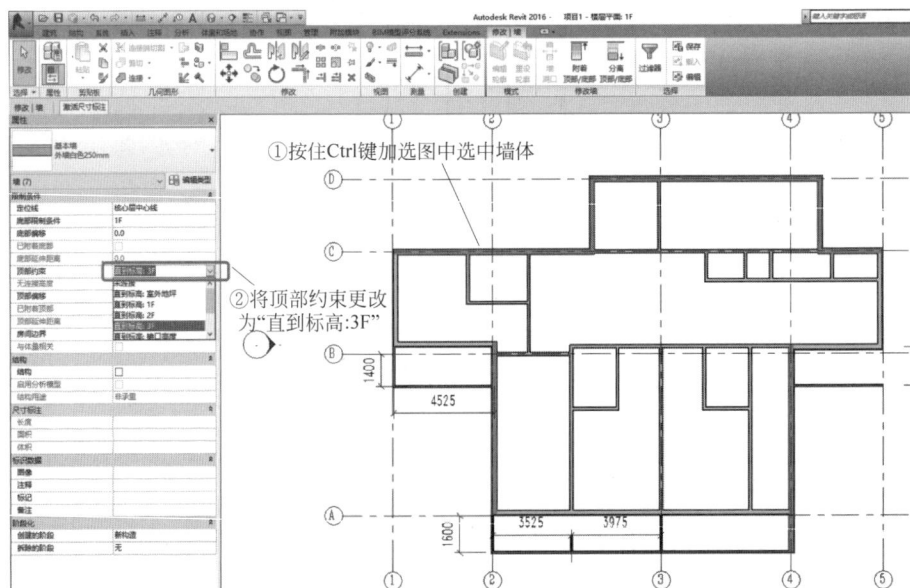

图 4-38 修改墙体标高

单击"外墙白色 250mm",在任务栏中单击"创建类似"选项卡,如图 4-39 所示。

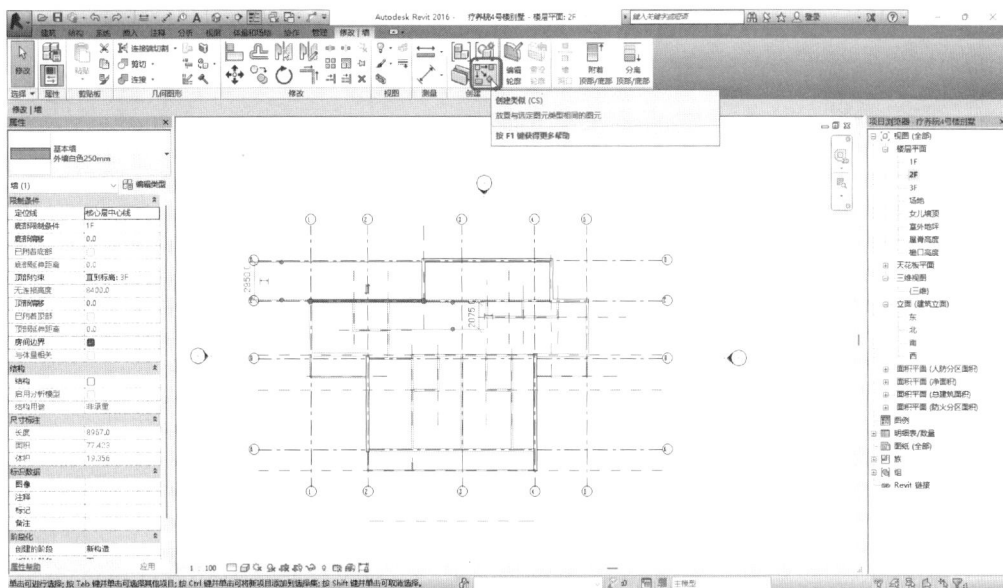

图 4-39　创建类似墙体

(2)单击右侧面板"项目浏览器"—"楼层平面"—"2F",切换到二层平面,选中要拆分的墙体,在"修改"选项卡中选中"用间隙拆分",将鼠标移动至要拆分的墙体上,进行拆分,如图 4-40 所示。

图 4-40　用间隙拆分墙体

(3)单击右侧面板"项目浏览器"—"楼层平面"—"1F",切换到一层平面将在三层同一位置出现一样类型墙体的"顶部约束"更改为"直到标高:3F",如图 4-41 所示。

(4)根据图 4-42 所给出的尺寸绘制"内墙 150mm"。

图 4-41　编辑墙体轮廓(1)

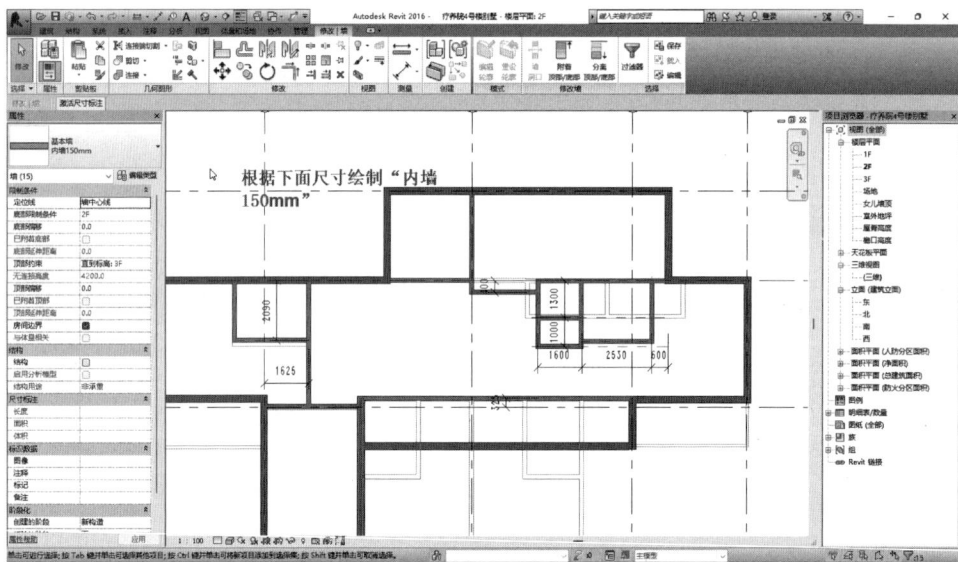

图 4-42　编辑墙体轮廓(2)

（5）根据图 4-43 所给出的尺寸绘制"内墙 100mm"。

（6）图 4-44 是一层、二层绘制完成后的三维视图。

5.绘制三层墙体

按照上述方法绘制三层墙体图,详图如图 4-45 所示(具体墙体尺寸及选用的墙体参照图 3-4 及图 3-1)。

图 4-43　编辑墙体轮廓(3)

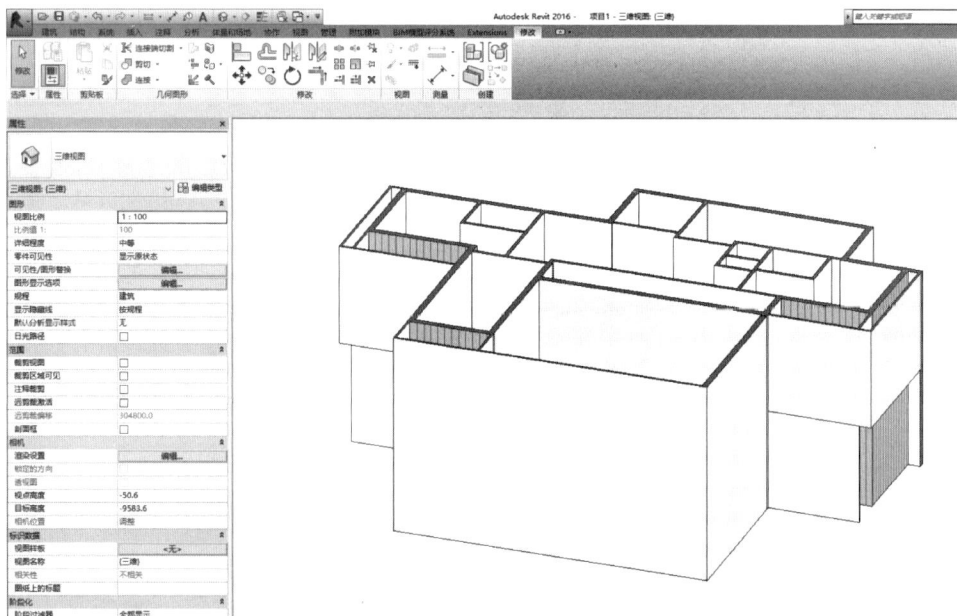

图 4-44　一层、二层三维立体图

4.2.2　编辑复杂墙

编辑轮廓

(1) 一层墙体绘制完毕后,单击右侧面板"项目浏览器"—"立面(建筑立面)"—"南",选择②～④/Ⓐ～Ⓑ轴的墙体,单击"修改轮廓",如图 4-46 所示。

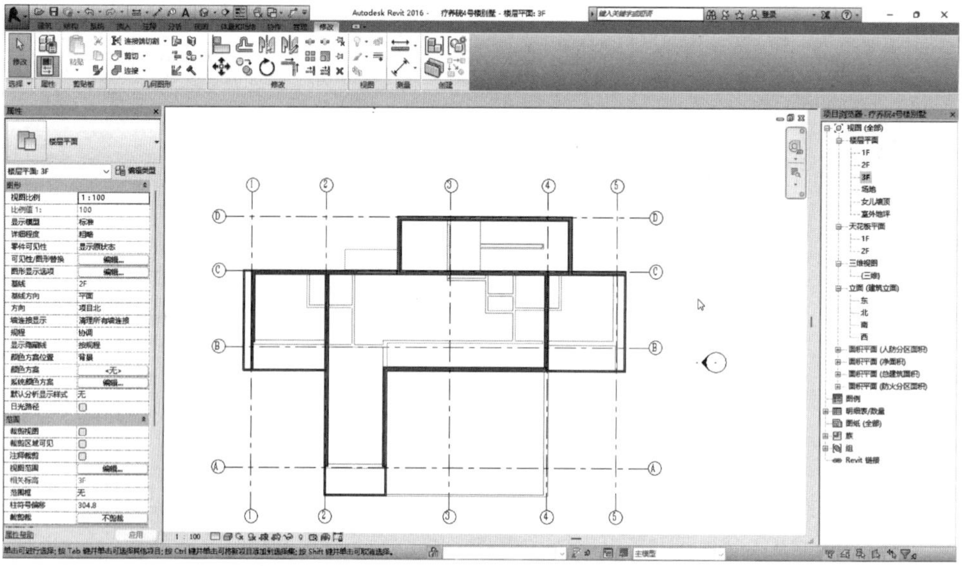

图 4-45　三层墙体详图

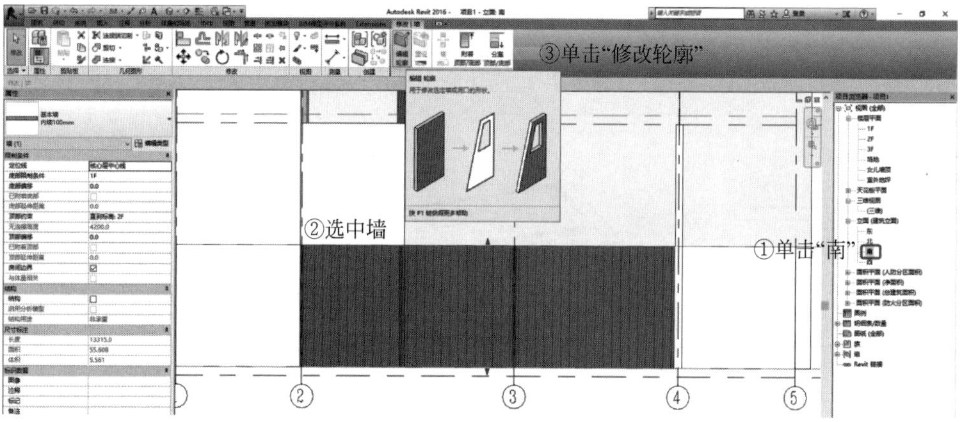

图 4-46　编辑墙体轮廓(4)

（2）按照下列尺寸依次修改墙体，如图 4-47 所示。

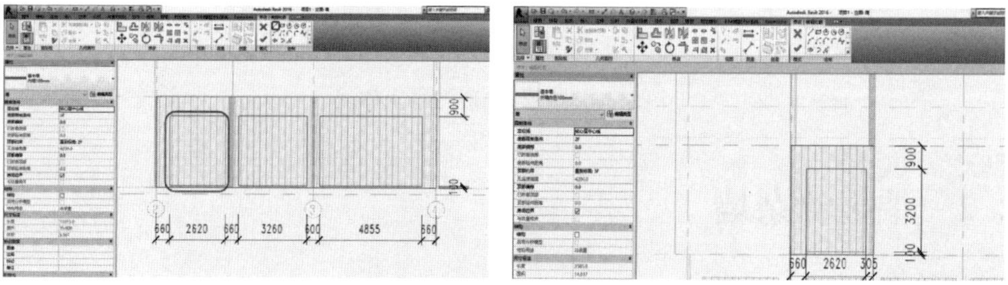

(a)　　　　　　　　　　　　　　　　(b)

图 4-47　疗养院 4 号别墅各墙体尺寸详图

(c)　　　　　　　　　　　　　　　　(d)

图 4-47(续)

（3）按照图纸编辑二层实体墙体轮廓之后，打开三层平面视图，绘制三层实体墙体，"疗养院 4 号别墅"三维效果图如图 4-48 所示。

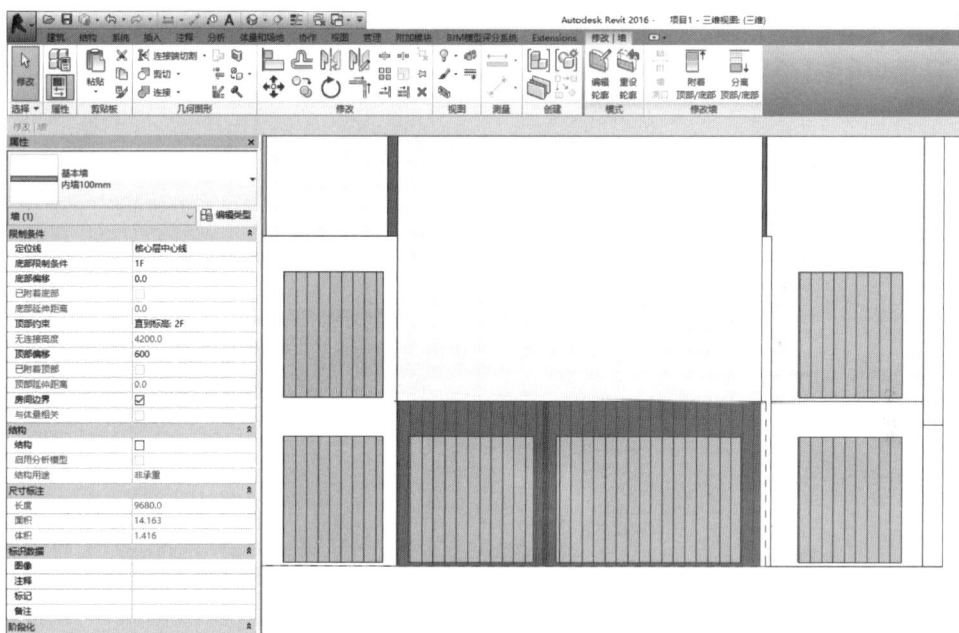

图 4-48　疗养院 4 号别墅墙体三维视图

（4）修改各个立面的墙体尺寸，如图 4-49~图 4-52 所示。

4.2.3　创建与编辑幕墙

（1）单击右侧面板"项目浏览器"—"楼层平面"—"1F"，切换到一层平面绘制幕墙。

（2）单击功能区的"建筑"—"墙"下拉框—墙：建筑—"属性"面板—"幕墙"按钮，单击"编辑类型"，弹出"类型属性"对话框，单击"复制（D）"按钮，并更改名称为"疗养院 4 号别墅——北立面幕墙"，如图 4-53 所示。

（3）勾选"构造"下 "自动嵌入"功能，在"幕墙嵌板"下拉框中选择"基本墙：外墙木条纹250mm"，如图 4-54 所示。

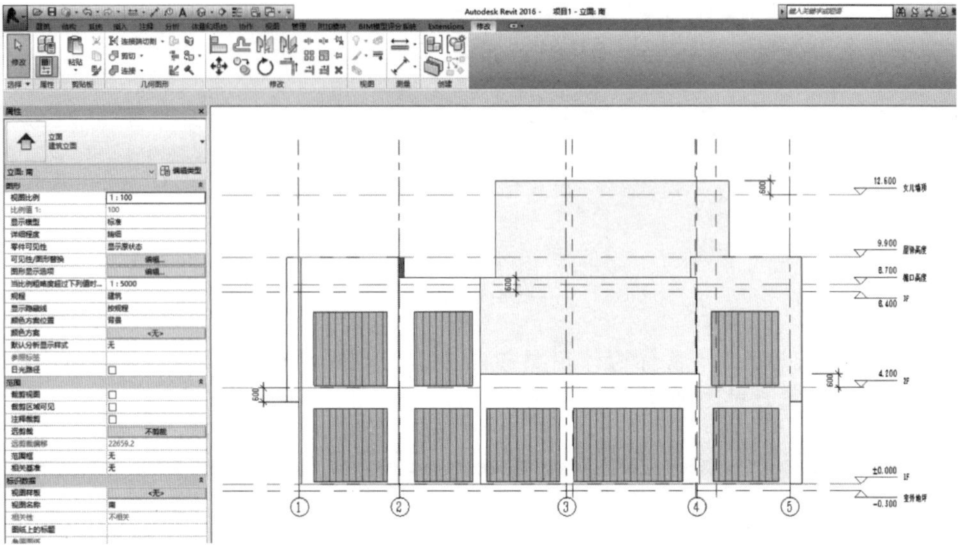

图 4-49　疗养院 4 号别墅——南立面

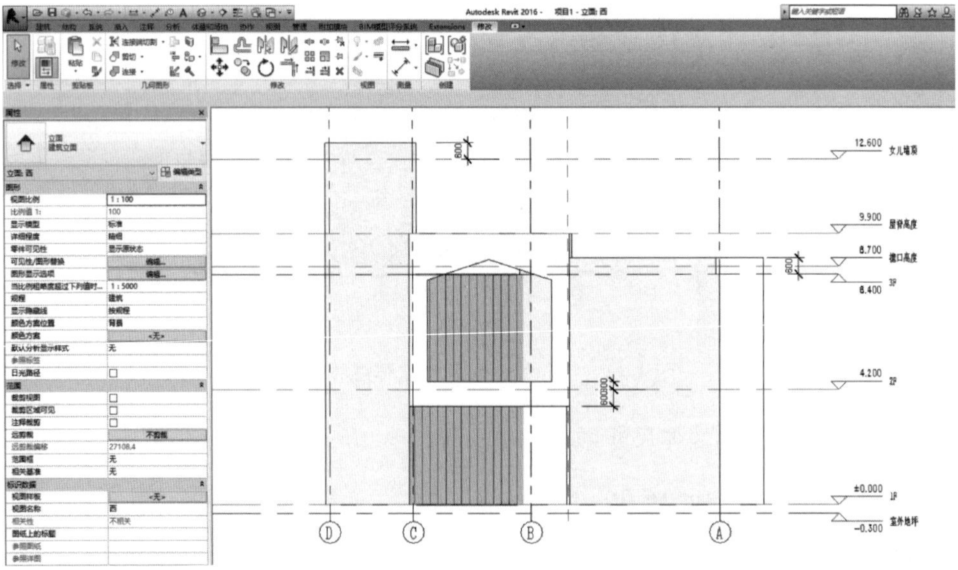

图 4-50　疗养院 4 号别墅——西立面

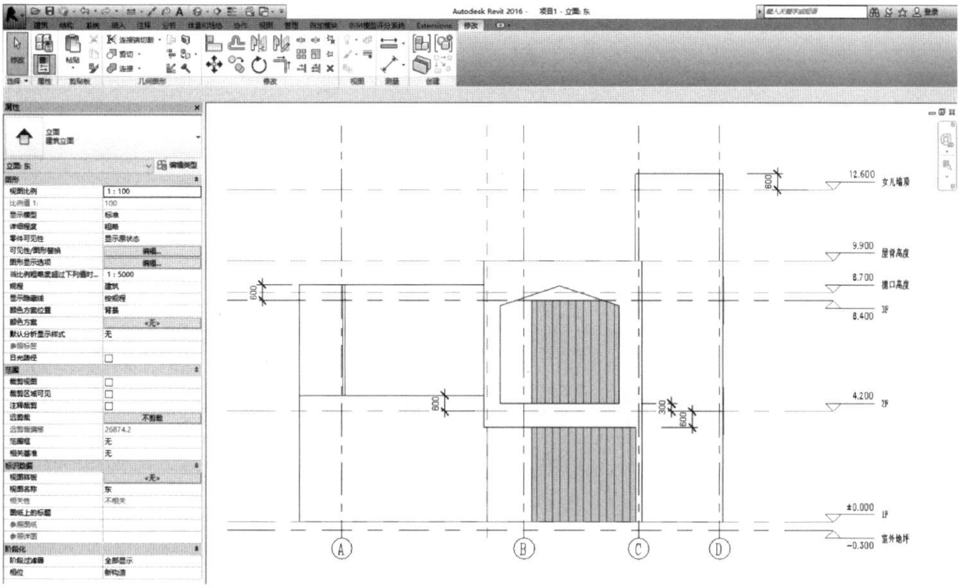

图 4-51　疗养院 4 号别墅——东立面

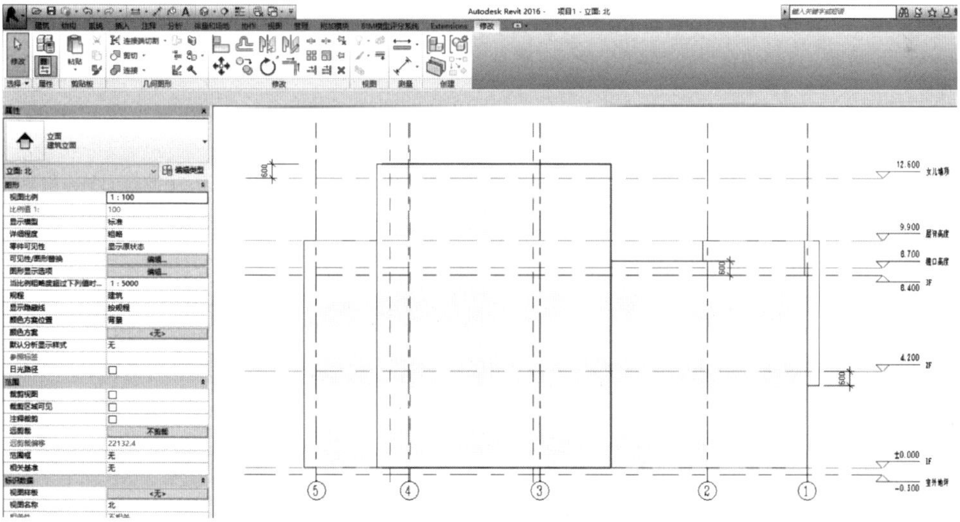

图 4-52　疗养院 4 号别墅——北立面

图 4-53 "复制"并更改幕墙

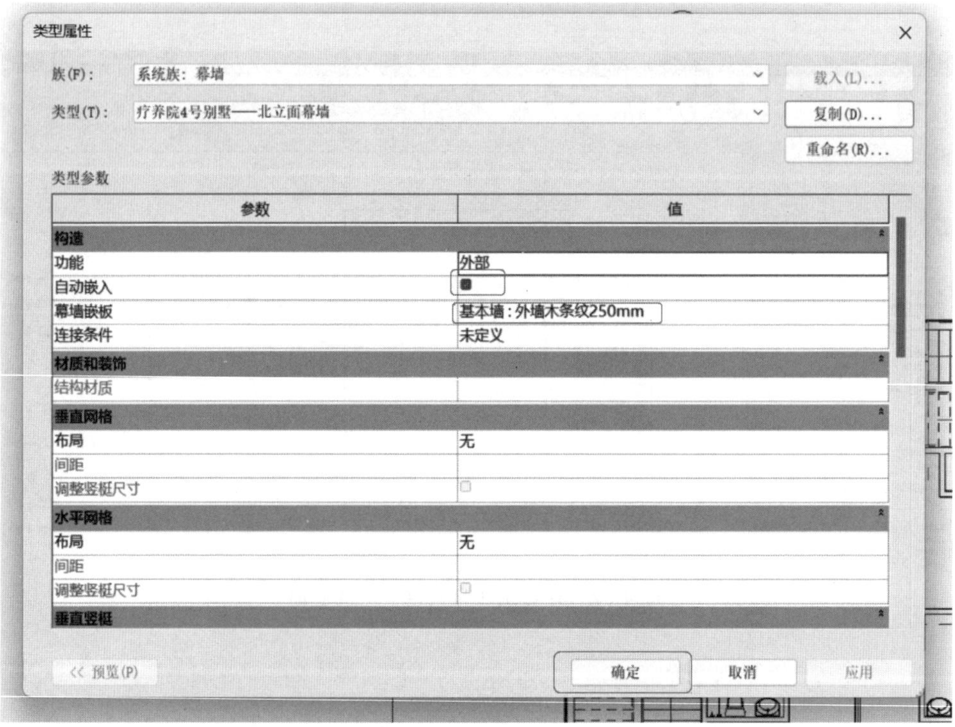

图 4-54 "疗养院 4 号别墅——北立面幕墙"属性定义

（4）将左侧面板"属性"面板的"底部约束"设为 2F、"底部偏移"改为"－900.0"；"顶部约束"设为"直到标高：3F""顶部偏移"改为"900"，如图 4-55 所示。

图 4-55　编辑幕墙标高

（5）参照图 3-3，定位幕墙位置，选择"绘制"面板中的"直线"工具，绘制幕墙，绘制完成的幕墙，如图 4-56 所示。

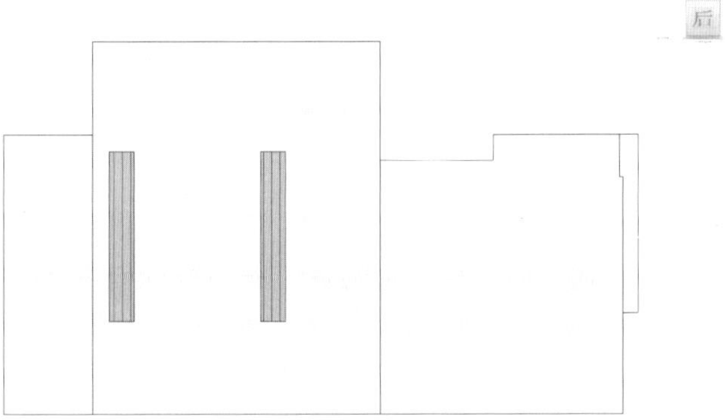

图 4-56　疗养院 4 号别墅——北幕墙

4.3　门窗和家具

4.3.1　编辑和放置门

1. 门的编辑

（1）打开楼层平面视图，单击功能区的"建筑"选项卡—"门"按钮，进入"修改|放置门"选项卡。单击"编辑类型"中的"载入族"，找到软件中自带的门窗族文件夹单击"MLC2733"门，如图 4-57 所示。

（2）载入族后单击面板左侧属性栏中的"编辑类型"按钮，在"类型属性"的"类型"中对标记类型进行修改，将其改成"MLC2733"，并进行参数设置，如图 4-58 所示。

(a)

(b)

图 4-57　载入"MLC2733"门族

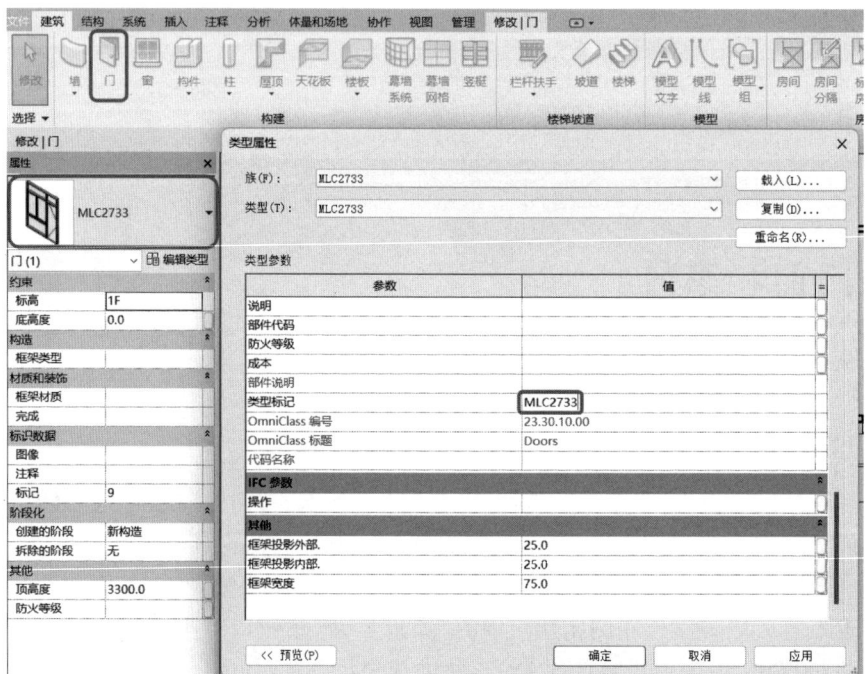

图 4-58　门类型参数设置

（3）按上述方法创建其他的门类型，如"FGM 甲 1322"门族，"FM 丙 1021"门族等。

2. 放置门

注意： 门放置的位置及类型详见第 3 章建筑楼层平面图与建筑立面图。

门类型属性设置完成后进行门的布置，门可以在平面、剖面、立面或三维视图中布置，本案例是在平面上放置门。

（1）切换"1F"楼层平面视图，可适当缩放视图至④～⑤轴线间⑧轴线外墙位置，在④～⑤号轴线间放置"MLC2733"门图元。单击功能区的"建筑"选项卡下的"门"，并确认激活"标记"面板—"在放置时进行标记"按钮，如图 4-59 所示。

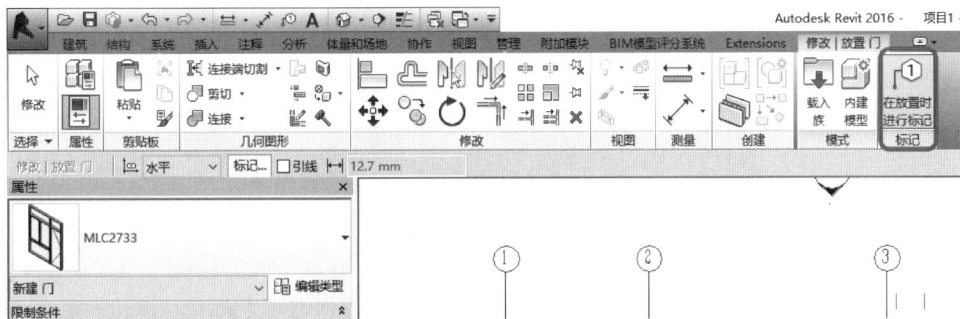

图 4-59　激活"标记"按钮

（2）将鼠标指针移动至靠墙内侧墙面时，显示门预览开门方向为内侧，左右移动鼠标指针，当临时尺寸标注线到左边墙柱边为 520mm 时，单击放置门图元，放置门时会自动在所选墙上剪切洞口，放置完成后按 Esc 键两次退出门工具。如图 4-60 所示。

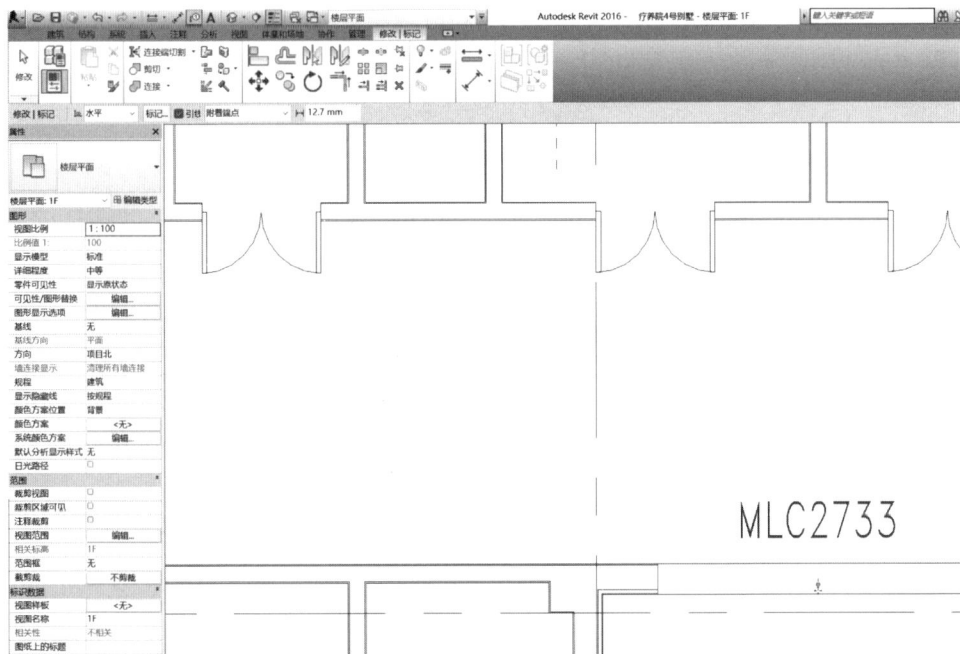

图 4-60　放置门

（3）布置后的"MLC2733"门三维图，如图 4-61 所示。

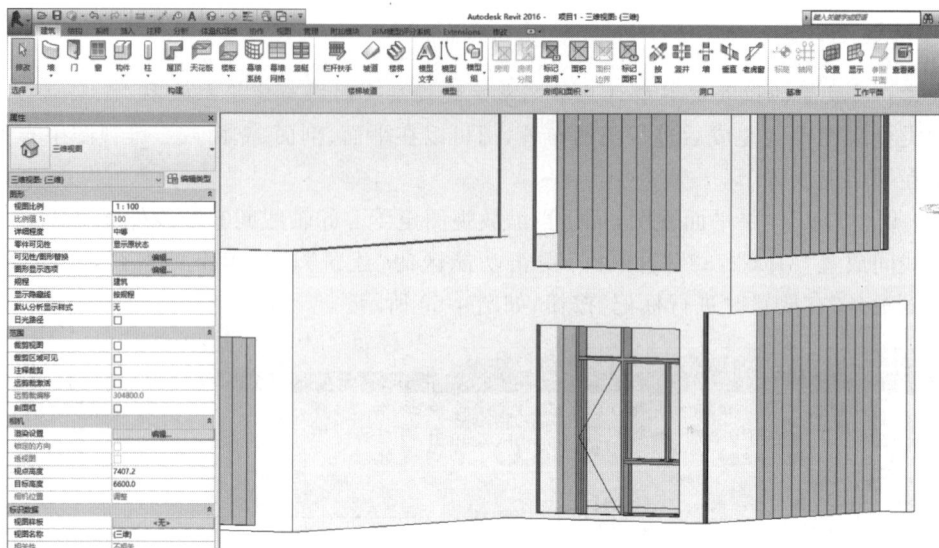

图 4-61 门放置三维图

（4）根据 CAD 图纸上对门的位置描述，按上述方法创建"F1""F2""F3"其他的门图元，方法同上面一致。所有的门族创建好之后的三维模型，如图 4-62 所示。

图 4-62 门布置完成

4.3.2 编辑和放置窗

1. 编辑窗

（1）打开楼层平面视图，单击功能区的"建筑"选项卡—"窗"，进入"修改｜放置窗"选项卡,同载入门族一样,向项目中载入合适的窗族,单击左侧属性栏中的"编辑类型"中的"载入族",找到软件中自带的门窗族文件夹并单击"C2724"窗族,如图 4-63 所示。

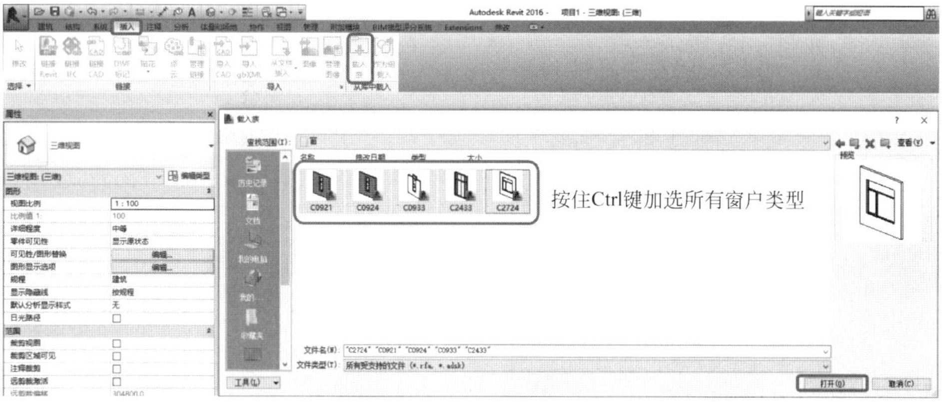

图 4-63　载入"C2724"窗族

(2) 单击左侧面板"属性"中的"编辑类型"按钮,单击"复制"按钮,命名为"C2724",单击确定载入"C2724"窗族,并更改其类型标记,如图 4-64 所示。

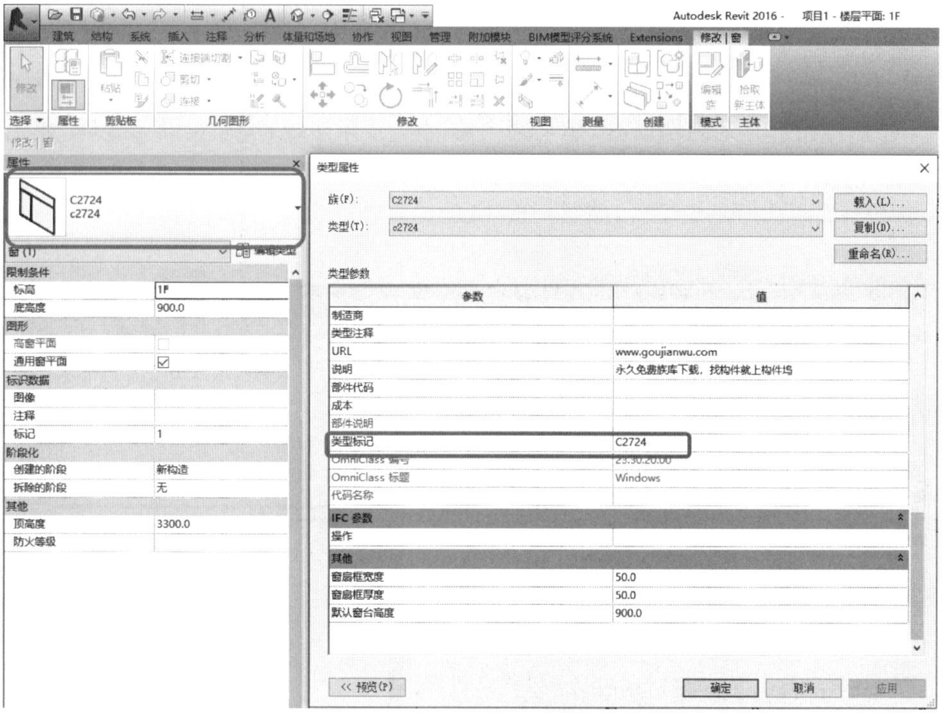

图 4-64　设置"类型标记"

(3) 按上述方法创建其他的窗类型,如窗"C2433"、窗"C0921"等其他类型的窗族。

2. 放置窗

注意:窗放置的位置及类型详见第 3 章建筑楼层平面图与建筑立面图。

（1）布置窗的方法与布置门的方法稍有不同，在布置窗时需要考虑窗台高度。切换至"F1"楼层平面，适当缩放视图，在Ⓒ～Ⓑ轴线间放置"C2724"窗图元。单击"建筑"—"修改｜放置窗"选项卡，激活"标记"面板—"在放置时进行标记"按钮，在左侧面板"属性"中设置"底高度"为"900"，如图4-65所示。

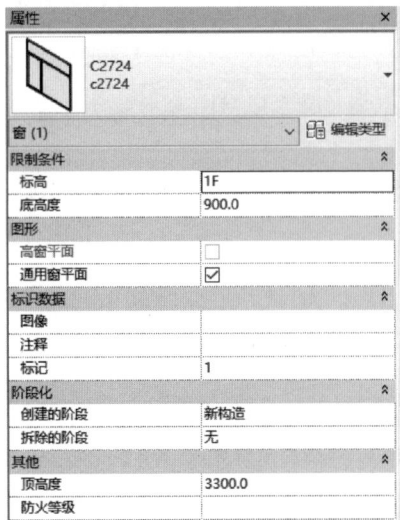

图4-65　调整窗底高度

（2）将鼠标指针移动到墙面时，显示两个临时尺寸标注线，接近正确位置时，单击放置窗图元，Revit会自动放置该窗的标记"C2724"，放置窗时会自动在所选墙上剪切洞口，放置完成后按Esc键两次退出窗工具，如图4-66所示。

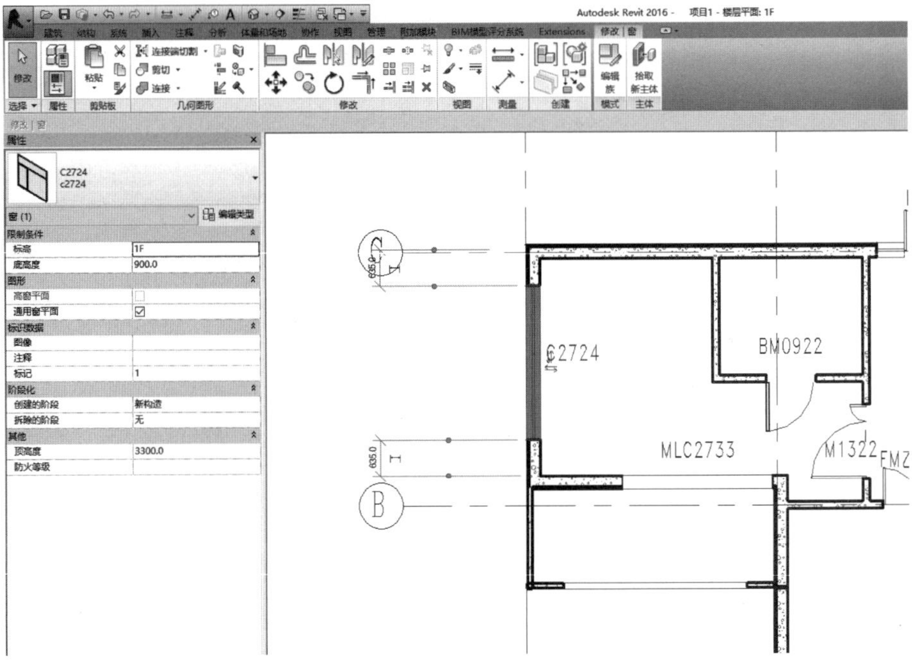

图4-66　放置窗

（3）布置后的"C2724"窗三维图如图 4-67 所示。

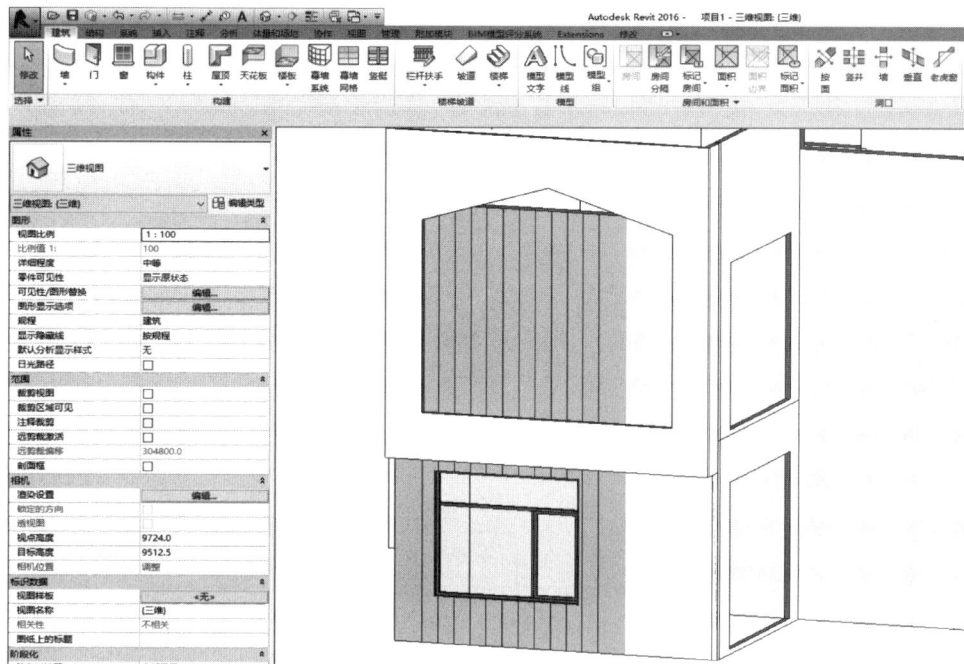

图 4-67　窗放置三维图

（4）按上述方法创建"F1""F2""F3"其他的窗图元，方法同上面一致。所有的门窗族创建好之后的三维模型如图 4-68 所示。

图 4-68　门窗族布置完成

4.3.3　编辑和放置家具

（1）打开前面操作的项目文件，"床族"载入方式与"门窗族"的方式一致，在功能区插入选项卡下单击"载入族"按钮，找到 Revit 中自带的"建筑—家具—3D—床"文件夹单击"双人床带床头柜"族，如图 4-69 和图 4-70 所示。

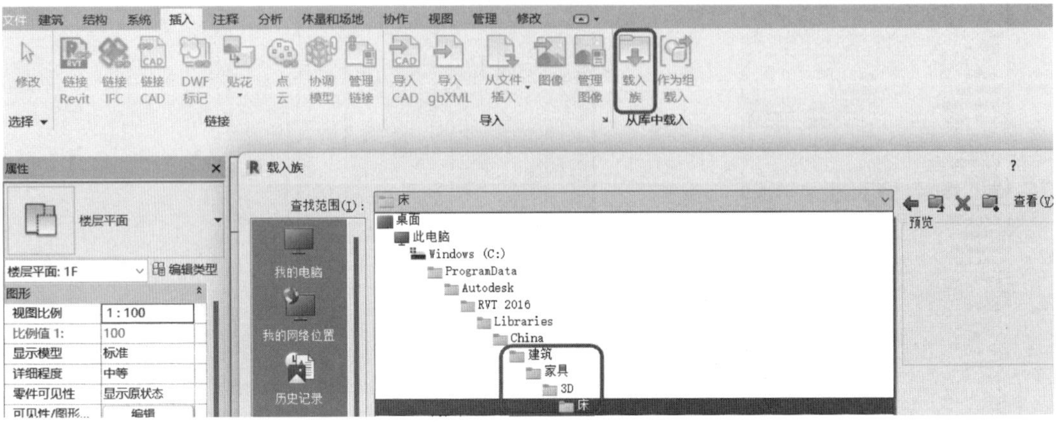

图 4-69　找到家具族库

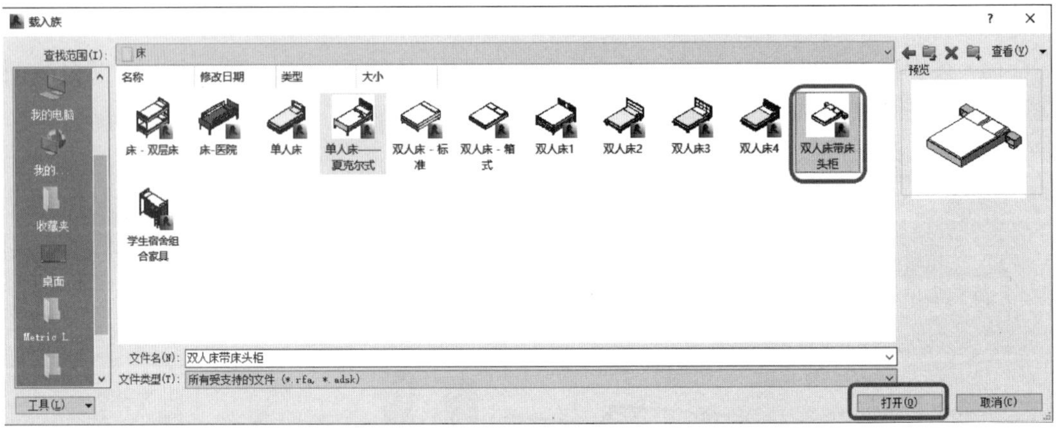

图 4-70　将家具族载入项目

（2）双击右侧面板"项目浏览器"中的"楼层平面"，双击"1F"，打开一层平面视图，单击功能区"建筑"选项卡—"构件"工具，在左侧面板"属性"中选择刚载入的床，将光标移到需要放置床的位置，按空格键调整床的摆设方向，单击放置单人床，如图 4-71 所示。

（3）按照同样的方法可布置卫浴装置（包括坐便器与洗手盆）和专用设备等其他的家具。切换至平面图中，查看 1F 室内所有的家具布置。颜色突出显示部分为 1F 家具及设备，如图 4-72 所示。

（4）用上述步骤创建其他层的家具及设备。

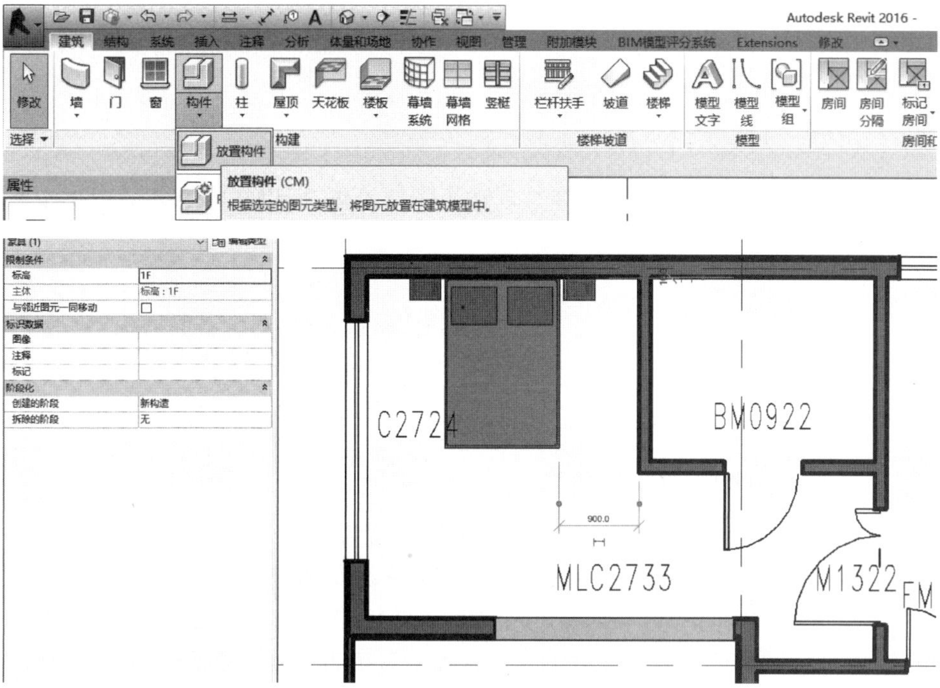

图 4-71　布置"床"家具

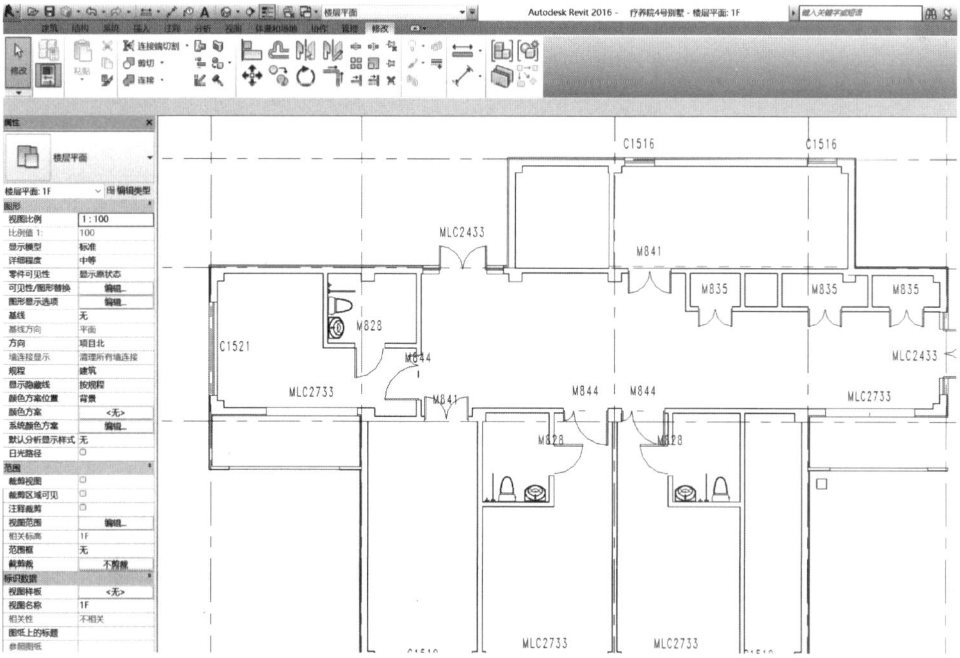

图 4-72　三维家具及设备布置

4.4　楼板和屋顶

4.4.1　创建与编辑楼板

"疗养院4号别墅"实例已经在第3节创建了实体墙体，所以在本章节的案例中采取的是"拾取墙"的方式创建楼板。

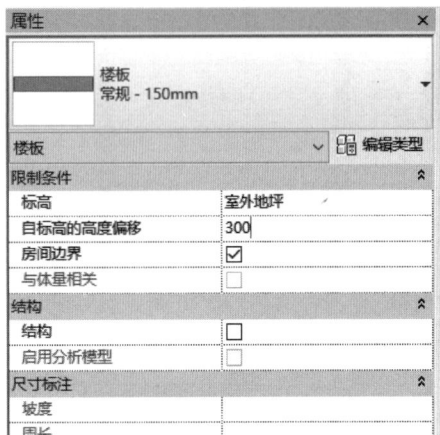

图 4-73　楼板编辑界面

（1）启动 Revit，打开前面操作过的"疗养院4号别墅"项目文件，双击右侧面板"项目浏览器"中的"楼层平面"，双击"1F"，打开一层平面视图。

（2）单击功能区"建筑"选项卡—"楼板"工具—选择"楼板：建筑"，修改左侧面板"属性"中的"标高"，将其设置为"室外地坪"，"自标高的高度偏移"设置为"300"，如图4-73所示。

（3）单击左侧"属性"面板中—"编辑类型"按钮—"复制"按钮，输入类型名称"疗养院4号别墅楼板"，单击"确定"按钮退出对话框。再单击"结构-编辑"按钮进入楼板结构编辑界面，如图4-74所示。

图 4-74　楼板类型属性窗口

（4）打开"编辑部件"，设置楼板的功能、材质、厚度，"疗养院 4 号别墅"设置了 2 个面层和 1 个结构层，单击材质中面层的"水泥砂浆"完成创建结构材质，其他结构层创建方式类似，此处和墙结构的设置方法相同，单击"确定"按钮退出"编辑部件"，单击"确定"按钮退出楼板"类型属性"，如图 4-75 所示。

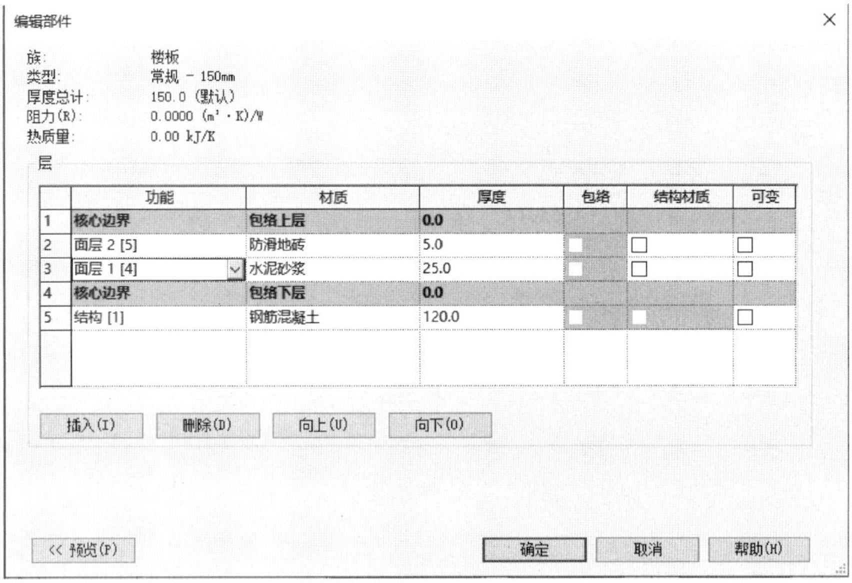

编辑部件

族：　　楼板
类型：　　常规 - 150mm
厚度总计：　150.0（默认）
阻力(R)：　0.0000 (m²·K)/W
热质量：　0.00 kJ/K

层

	功能	材质	厚度	包络	结构材质	可变
1	核心边界	包络上层	0.0			
2	面层 2 [5]	防滑地砖	5.0	☐	☐	☐
3	面层 1 [4]	水泥砂浆	25.0	☐	☐	☐
4	核心边界	包络下层	0.0			
5	结构 [1]	钢筋混凝土	120.0	☐	☐	☐

插入(I)　删除(D)　向上(U)　向下(0)

<< 预览(P)　　确定　取消　帮助(H)

(a)

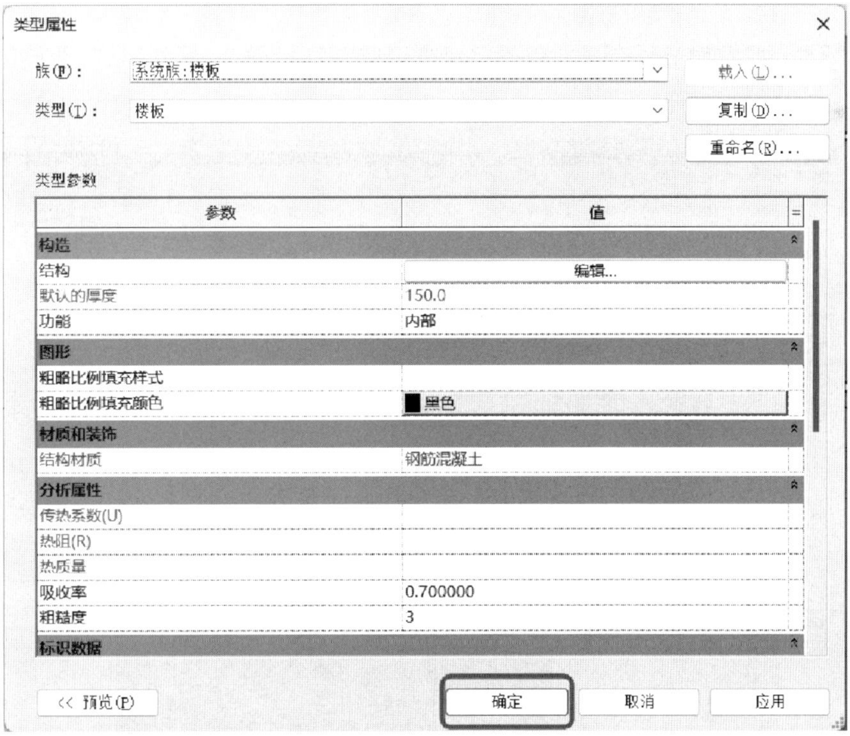

类型属性

族(R)：　系统族：楼板
类型(T)：　楼板

载入(L)...
复制(D)...
重命名(R)...

类型参数

参数	值	=
构造		
结构	编辑...	
默认的厚度	150.0	
功能	内部	
图形		
粗略比例填充样式		
粗略比例填充颜色	■黑色	
材质和装饰		
结构材质	钢筋混凝土	
分析属性		
传热系数(U)		
热阻(R)		
热质量		
吸收率	0.700000	
粗糙度	3	
标识数据		

<< 预览(P)　　确定　取消　应用

(b)

图 4-75　设置楼板结构及材质

（5）选择使用"直线"绘制工具，选项栏中的"链"自动激活，偏移值为"0"，移动鼠标指针至 1F 楼层的外墙边界绘制，将会沿建筑外墙表面生成楼板边界，如图 4-76 所示。

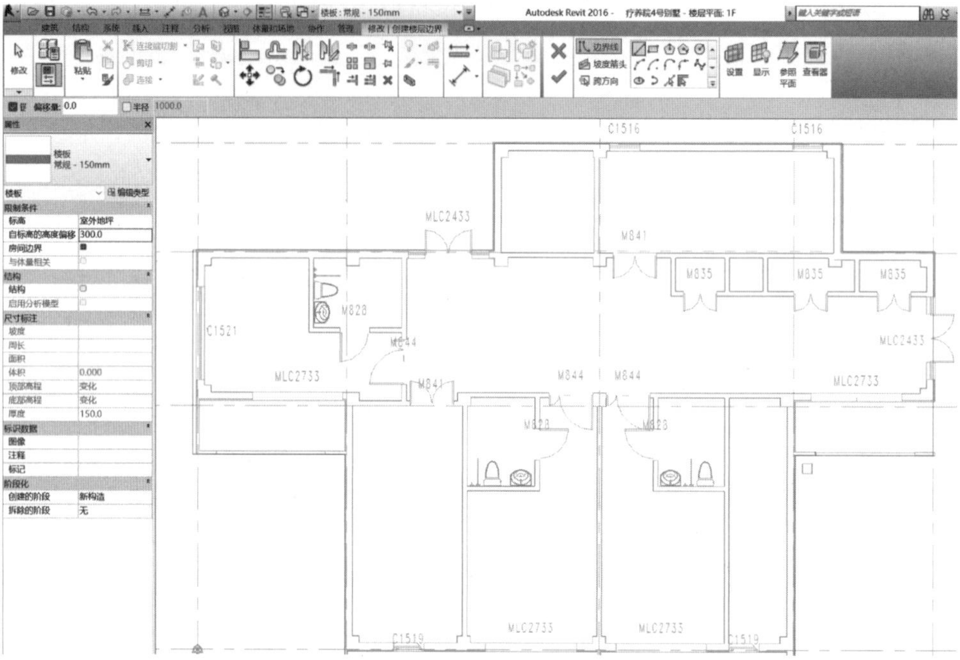

图 4-76　编辑楼板边界

（6）观察绘制的边界线为一个完整的闭合区间，单击"模式"面板中的"完成编辑模式"按钮，如图 4-77 所示。

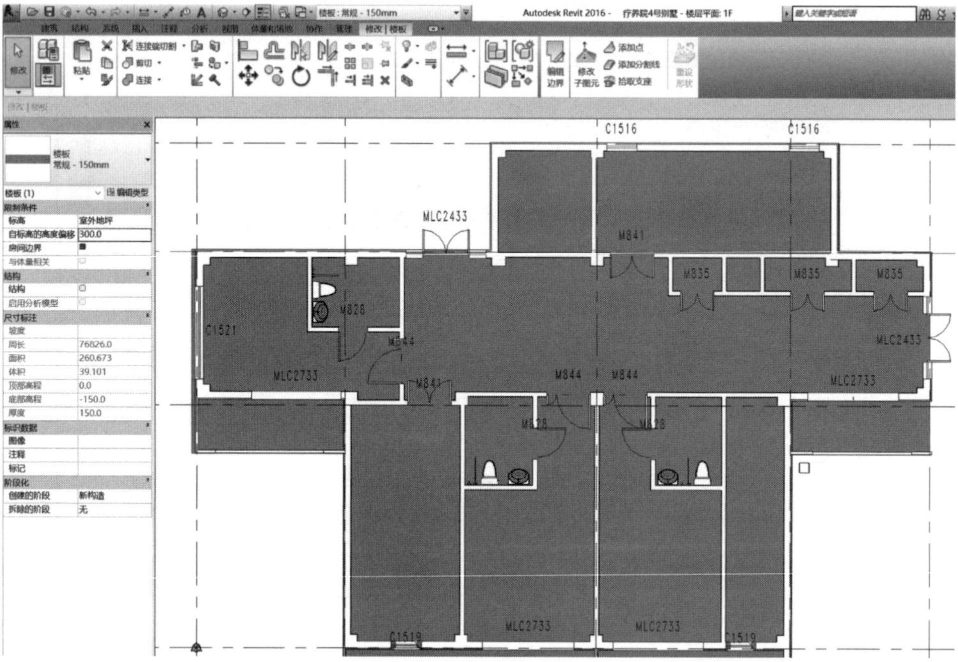

图 4-77　完成编辑模式

（7）参照疗养院 4 号别墅一层楼板绘制模式，创建其他层的楼板，如图 4-78 与图 4-79 所示，选中的颜色区域为楼板。

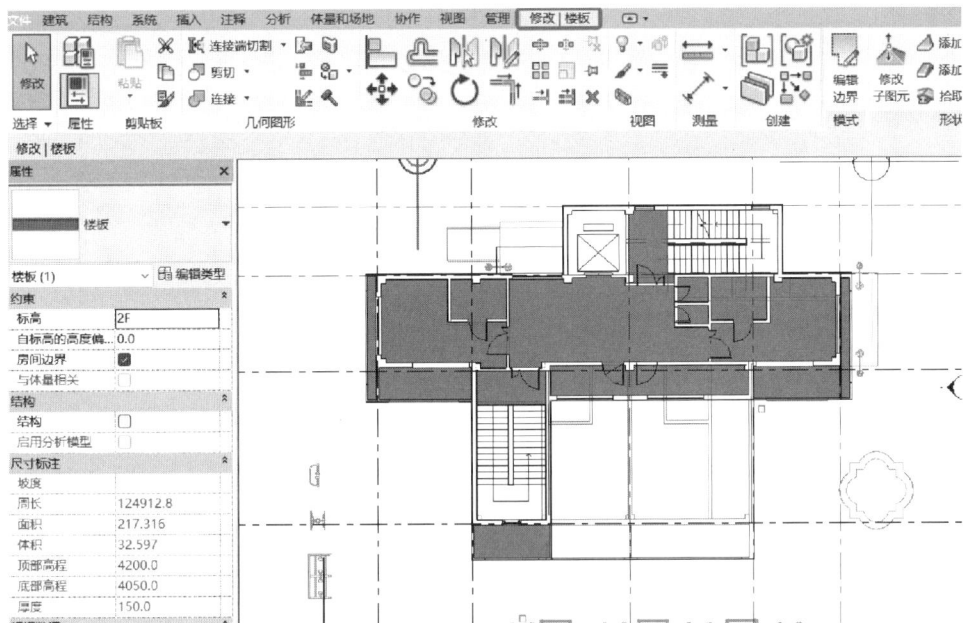

图 4-78　二层楼板

图 4-79　三层楼板

4.4.2　创建与编辑屋顶

（1）双击右侧面板"项目浏览器"中的"楼层平面"，双击"2F"，打开二层平面视图。单击功能区"建筑"选项卡—"屋顶"工具—"迹线屋顶"。

（2）单击左侧面板"属性"—"编辑类型"按钮—"复制"按钮，输入类型名称"疗养院 4 号别墅平屋顶"，单击"确定"按钮退出对话框。再单击"结构—编辑"按钮进入屋顶结构编辑界面，如图 4-80 所示。

图 4-80　平屋顶类型属性窗口

（3）打开"编辑部件"，设置屋顶的功能、材质、厚度，按照"疗养院 4 号别墅"的施工图纸创建平屋顶结构与材质，其操作步骤与设置墙结构的方法相同（详见"图 4-24～图 4-30"操作流程，在此不做赘述），最后单击"确定"按钮退出"编辑部件"，单击"确定"按钮退出楼板类型属性，如图 4-81 所示。

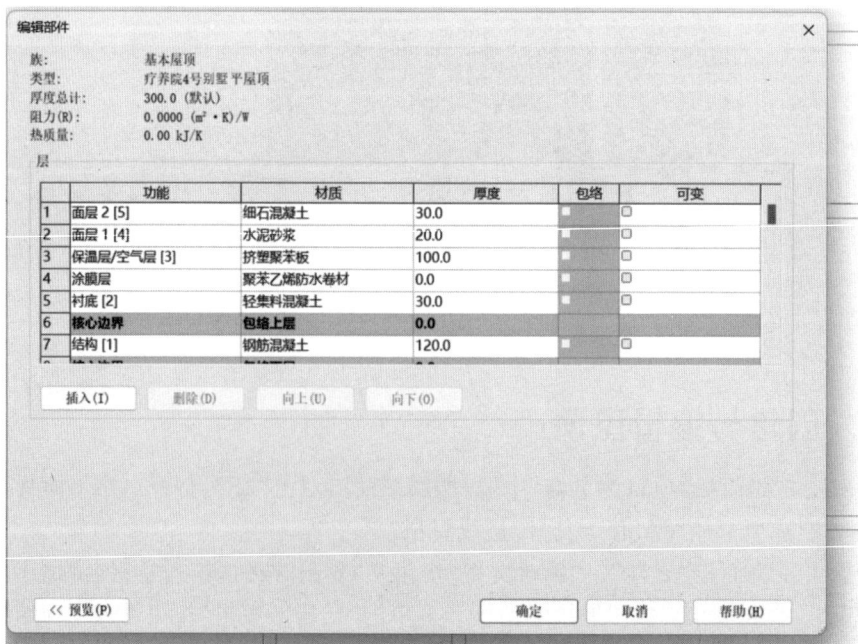

图 4-81　设置平屋顶结构及材质

（4）重复（2）、（3）步骤，完成坡屋顶的属性设置，坡屋顶的结构与材质如图 4-82 所示。

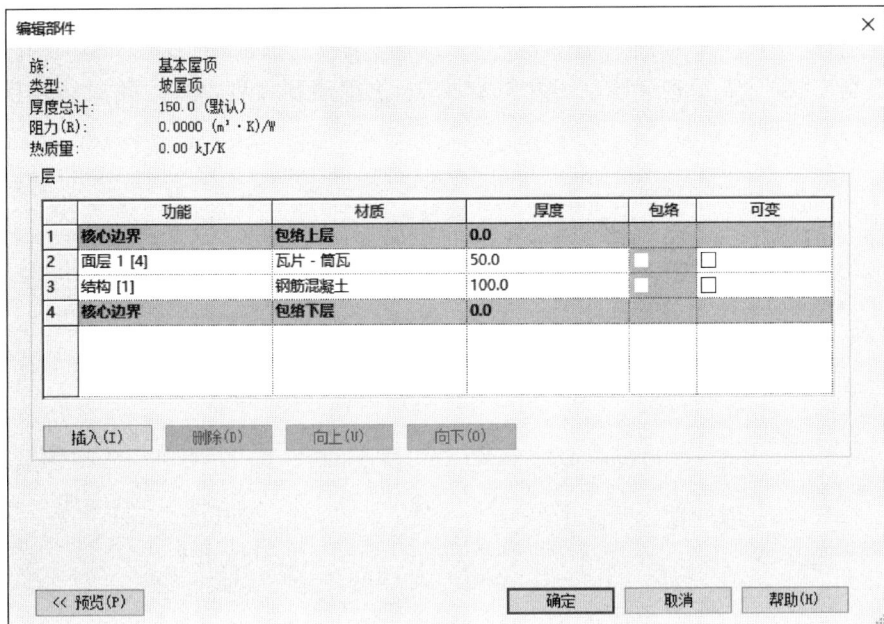

图 4-82　设置坡度顶结构与材质

（5）单击功能区"建筑"选项卡—"屋顶"工具—"迹线屋顶"。在左侧面板"属性"中选择"疗养院 4 号别墅平屋顶"，在"绘制"面板上选择"矩形"绘制工具，按照疗养院 4 号别墅图纸，绘制 1F 屋顶迹线，选中刚绘制完成的屋顶迹线草图，去除左侧"属性"面板上"定义屋顶坡度"按钮，单击"完成编辑模式"，完成 1F 屋顶的绘制，如图 4-83 所示。

图 4-83　绘制 1F 屋顶

（6）一层屋顶绘制完成后，双击右侧面板"项目浏览器"中的"楼层平面"，双击"3F"，打开三层平面视图。单击功能区"建筑"选项卡—"屋顶"工具—"迹线屋顶"。在左侧"属性"面板中同样选择"疗养院4号别墅平屋顶"，在"绘制"面板上选择"直线"工具，绘制2F平屋顶。将绘制完成的2F屋顶迹线草图参照步骤（5）去除屋顶坡度，单击"完成编辑模式"，完成2F平屋顶的绘制，如图4-84所示。

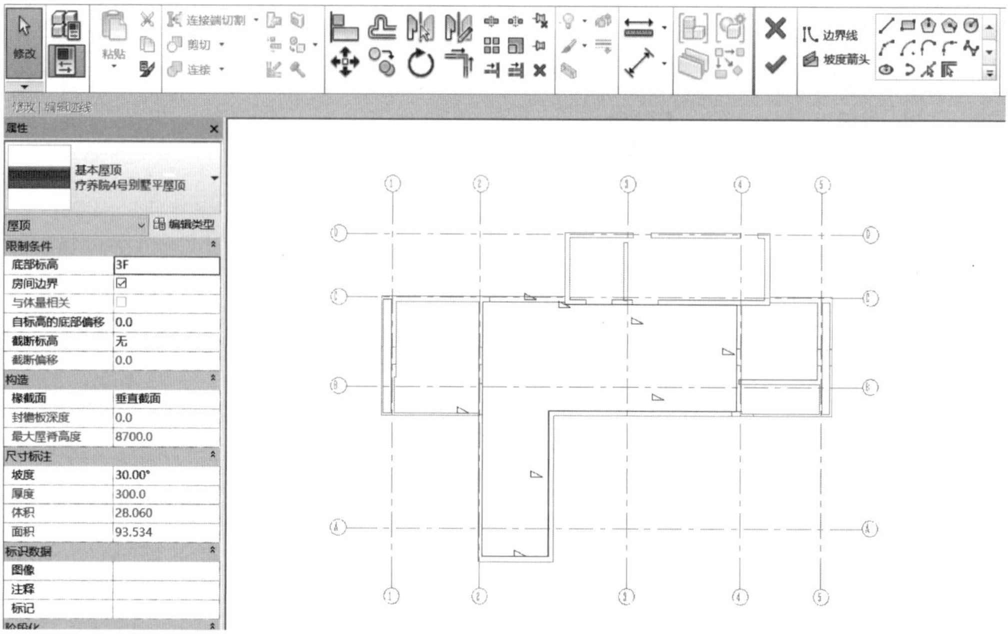

图4-84　绘制2F平屋顶

（7）在二层平屋顶绘制完成后，绘制2F坡屋顶。单击功能区"建筑"选项卡—"屋顶"工具—"迹线屋顶"。在左侧"属性"面板中选择"150坡"基本屋顶，并将底部标高约束为"3F"，"自标高的底部偏移"设置为"300"，在菜单栏"绘制"面板上选择"直线"工具，按照屋顶平面图更改选项栏中偏移量，绘制"疗养院4号别墅"西侧坡屋顶迹线草图，并按照图纸要求更改坡度，形成的坡屋顶如图4-85所示。

（8）重复步骤（7），设置东侧坡屋顶，如图4-86所示。

（9）双击右侧面板"项目浏览器"中的"楼层平面"，双击"屋顶"，打开屋顶平面视图绘制三层屋顶。单击功能区"建筑"选项卡—"屋顶"工具—"迹线屋顶"。在左侧面板"属性"面板中同样选择"疗养院4号别墅平屋顶"，并将"限制条件"设置为底部标高""屋顶"，"自标高的底部偏移"设置为"300"，在"绘制"面板上选择"矩形"工具，按照图纸绘制，如图4-87所示。

（10）"疗养院4号别墅"坡屋顶的檐口以"屋顶：封檐板"的方式创建。

① 坡屋顶绘制完成后，单击功能区"建筑"选项卡—"构建"面板—"屋顶"工具—"屋顶：封檐板"，"修改|放置封檐板"被激活。

② 单击右侧"属性"面板中—"编辑类型"按钮—"复制"按钮，输入类型名称"檐口"，单击确定，关闭类型属性窗口，如图4-88所示。

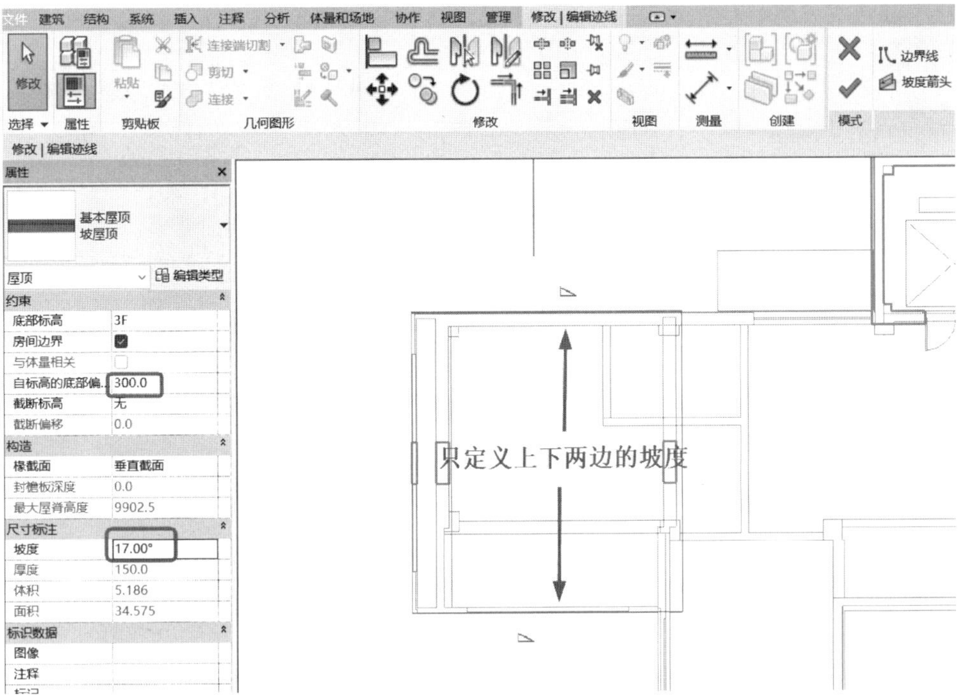

图 4-85　西侧坡屋顶

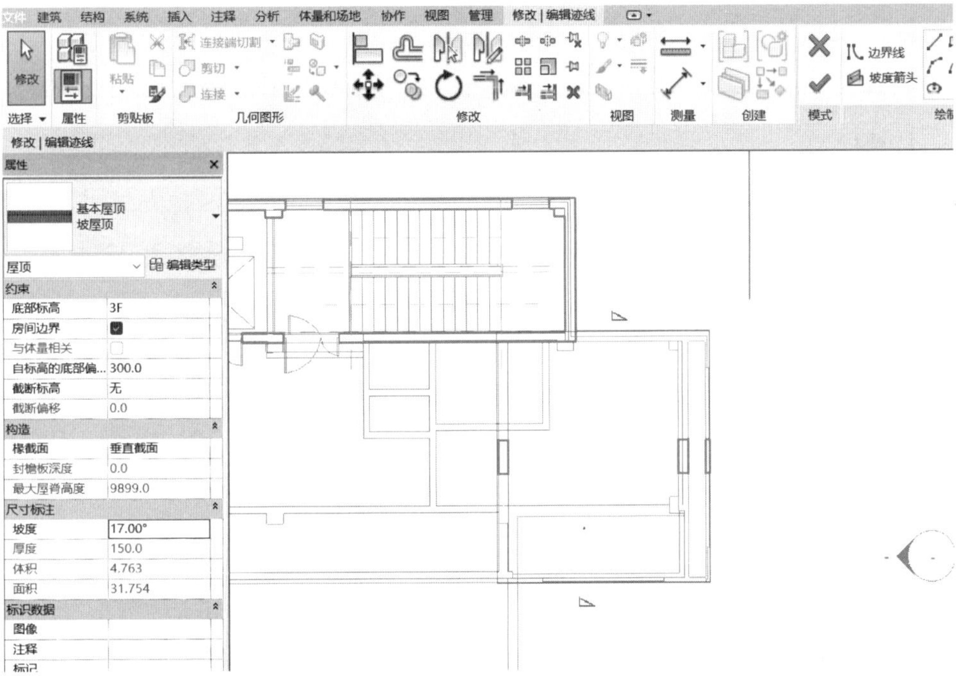

图 4-86　东侧坡屋顶

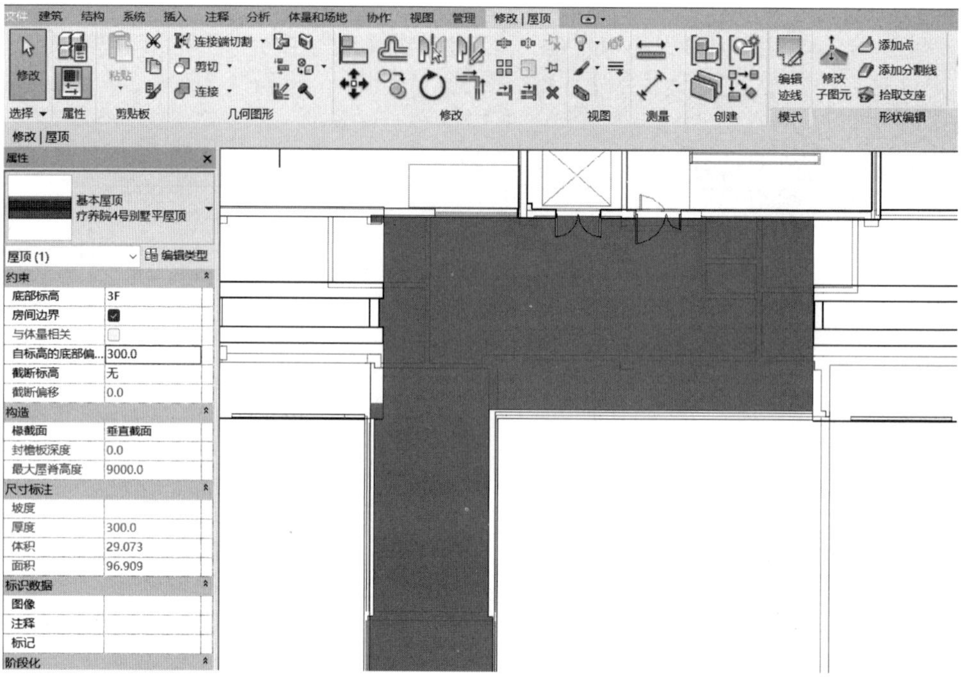

图 4-87　绘制三层屋顶

图 4-88　檐口类型属性窗口

③ 参照立面图纸，单击坡屋顶边缘，即形成屋顶檐口。图4-89为"疗养院4号别墅"东侧坡屋顶部分檐口。

图4-89 坡屋顶檐口

4.4.3 创建与编辑天花板

（1）单击功能区"视图"选项卡，单击"创建"面板中的"平面视图"，选择"天花板投影平面"，选择1F～3F标高，单击"确定"按钮，为该项目1F～3F标高创建天花板投影平面图，如图4-90所示。

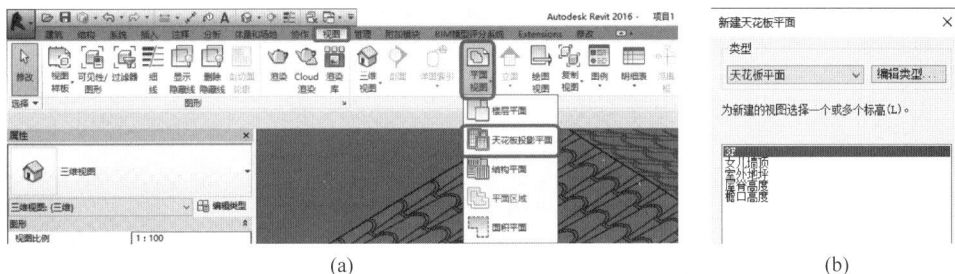

(a)　　　　　　　　　　　　　(b)

图4-90 创建天花板平面

（2）单击右侧面板"项目浏览器"—"天花板平面"—"1F"，单击功能区"建筑"选项卡—"天花板"。修改左侧"属性"面板中"标高"为"1F"，"自标高的高度偏移"设置为"3000"，选择绘制面板中的"直线"命令绘制天花板，天花板迹线草图绘制完成后，单击"完成编辑模式"，完成绘制，如图4-91所示。

（3）参照上述步骤，绘制二层、三层天花板，绘制完成的天花板如图4-92所示。

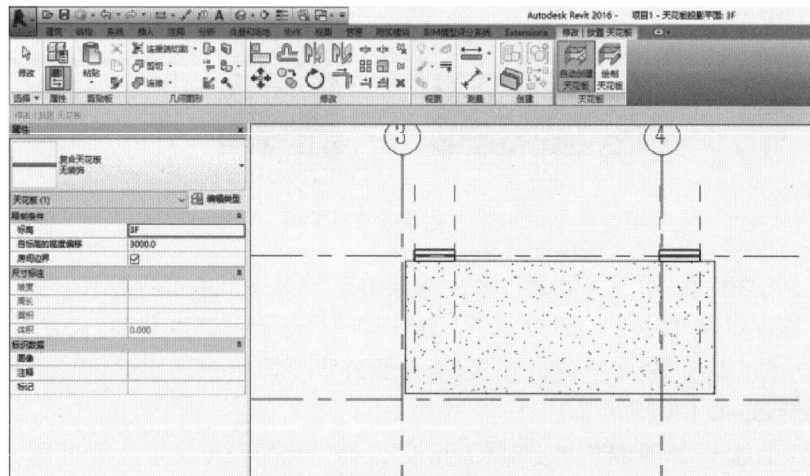

图 4-91　一层天花板

(a)

(b)

图 4-92　二层、三层天花板

（a）二层天花板；（b）三层天花板

4.4.4 放置洞口

1. 绘制电梯、楼梯间井口

（1）双击右侧面板"项目浏览器"中的"楼层平面"，双击"1F"，打开一层平面视图。

（2）单击功能区"建筑"选项卡—"洞口"面板，选择"竖井"绘制方式。

（3）在左侧"属性"面板上更改"底部限制条件"为"1F"，"底部偏移"设为"300"，"顶部约束"设为"直到标高：3F"，"顶部偏移"设为"900"。

（4）在"绘制"面板上选择"矩形"工具，按照"疗养院 4 号别墅"图纸在电梯井口处绘制，单击"完成编辑模式"，完成电梯井口的绘制，如图 4-93 所示。

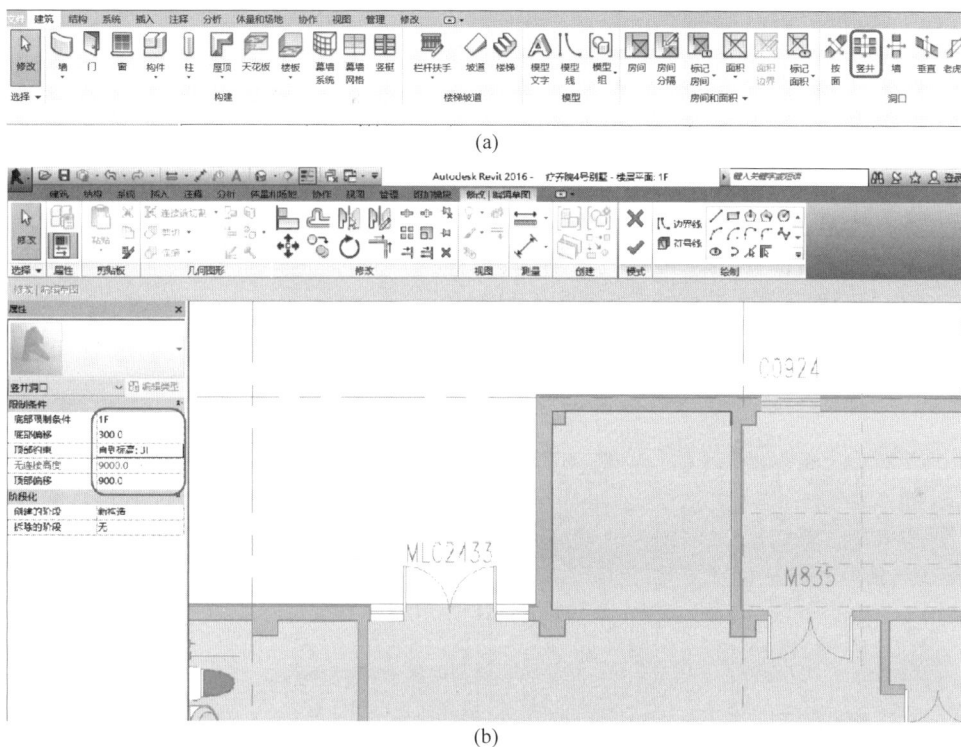

(a)

(b)

图 4-93 绘制电梯井口

(a) 选择"竖井"；(b) 绘制并设置井口

同理完成两个楼梯间井口的设置，如图 4-94 所示。

2. 绘制坡屋顶

在绘制东侧坡屋顶时，出现墙体与屋顶重合现象，此时同样可以按照创建竖井洞口的方式对屋顶进行开洞并修改屋顶形状。

（1）双击右侧"项目浏览器"，选择"3F"，进入三层平面视图。

（2）单击功能区"建筑"选项卡—"洞口"面板，选择"竖井"绘制方式。

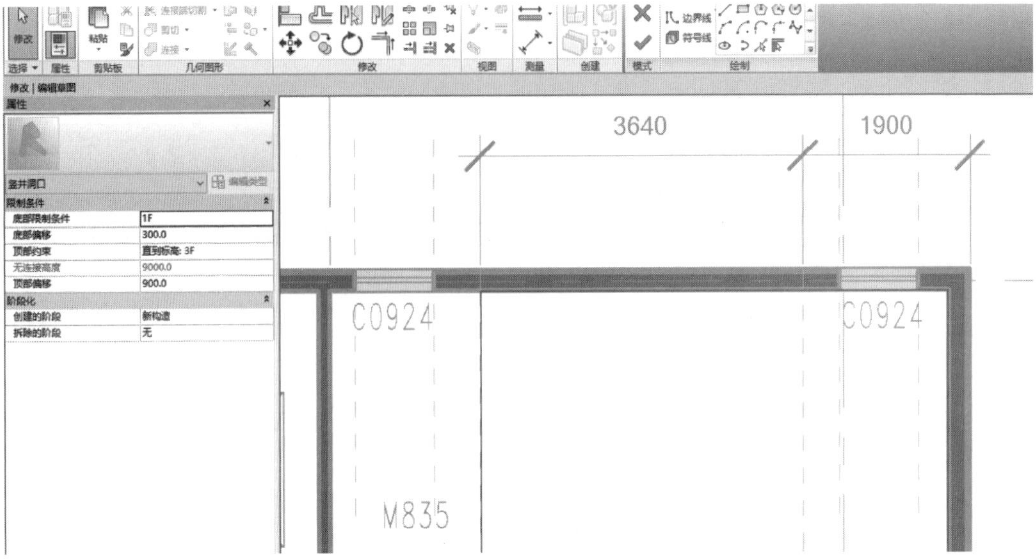

图 4-94　绘制楼梯间井口

（3）在左侧"属性"面板上更改"底部限制条件"为"3F"，"底部偏移"设为"300"，"顶部约束"设为"直到标高：3F"，"顶部偏移"设为"900"。

（4）在"绘制"面板上选择"矩形"工具，在多余的屋顶部分绘制洞口草图，如图 4-95 所示。

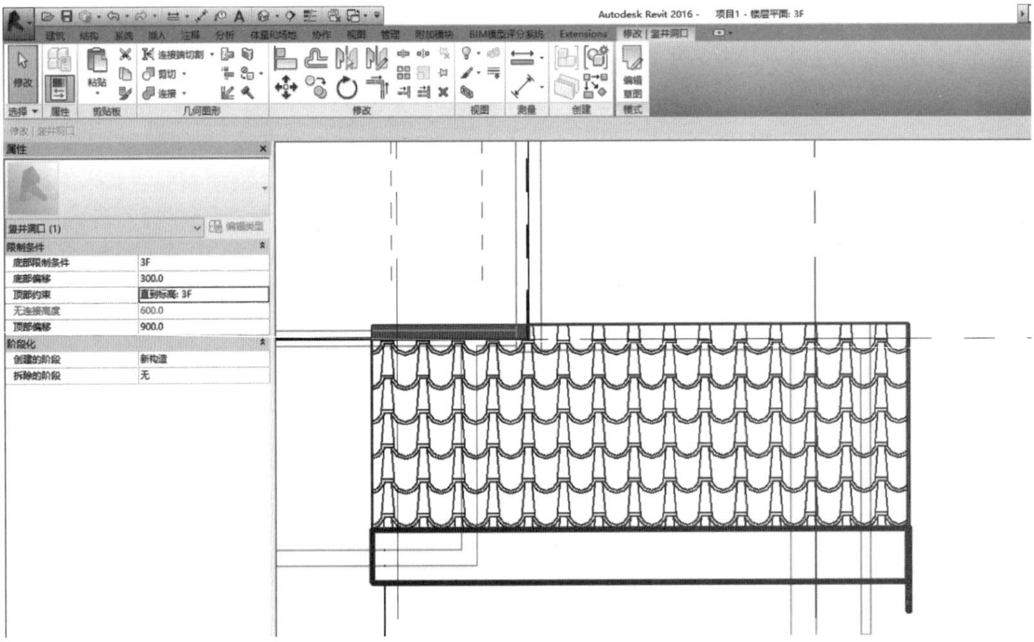

图 4-95　屋顶洞口草图

（5）菜单栏中单击"完成编辑模式"，完成对坡屋顶的形状修改，如图 4-96 所示。

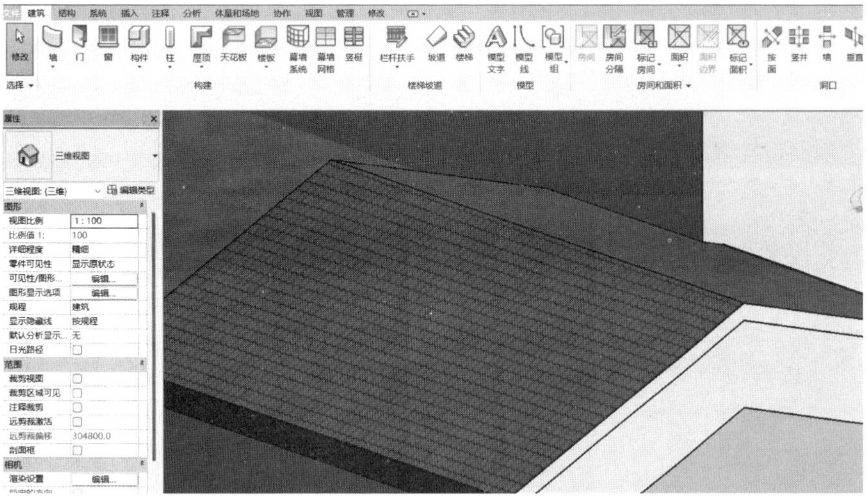

图 4-96　修改屋顶形状

4.5　楼梯和坡道

4.5.1　创建楼梯

（1）启动 Revit，打开前面操作过的"疗养院 4 号别墅"项目文件，双击右侧面板"项目浏览器"中的"楼层平面"。为使图面清晰，可以选择隐藏楼板以及家具等构件。以隐藏楼板为例，双击"1F"，打开一层平面视图，使用"过滤器"选中所有楼板，右击弹出快捷菜单，选择"在视图中隐藏（H）"命令，如图 4-97 所示。

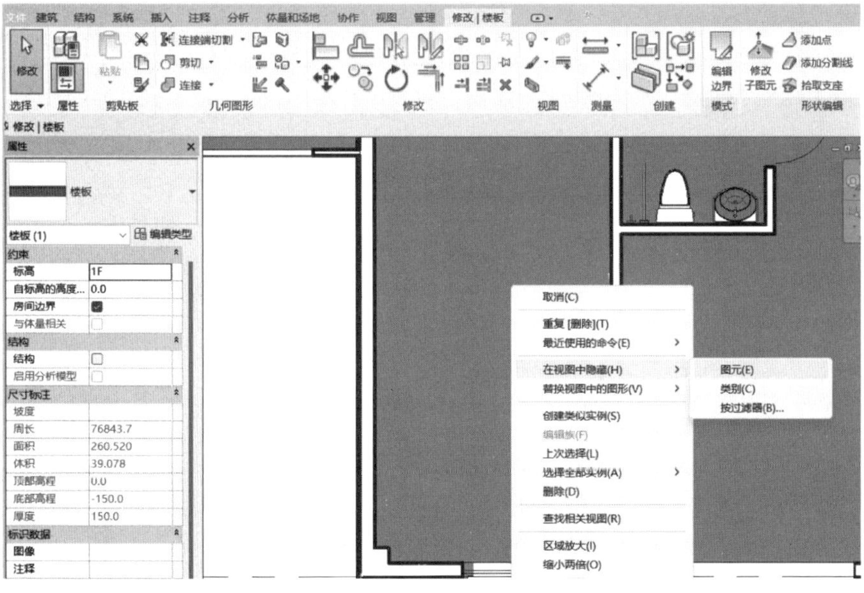

图 4-97　隐藏楼板

（2）以疗养院 4 号别墅北偏西侧楼梯为例，单击功能区"建筑"—"工作平面"—"参照平面"，使用"修改|放置参照平面"上下文选项中的绘制工具在②～③轴与Ⓐ～Ⓑ轴的相交处绘制参照平面，如图 4-98 所示。

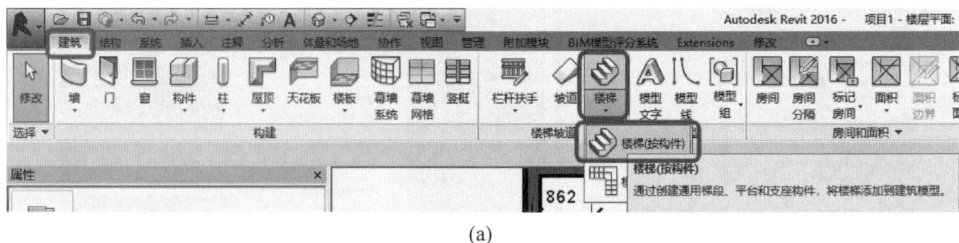

图 4-98　绘制参照平面

（3）单击功能区"建筑"选项卡—"楼梯坡道"—"楼梯"—"楼梯（按构件）"，在左侧"属性"面板中单击"编辑类型"，弹出"类型属性"窗口，在"类型属性"对话框中单击"复制（D）..."，按输入类型名称为"楼梯 A"。设"最大踢面高度"为 155.2mm，"最小踏板深度"为 280mm，"最小梯段宽度"为 1525mm。"梯段类型"为"150mm 结构深度"，"平台类型"为"300mm 厚度"，"功能"为"内部"。单击"确定"按钮退出楼梯类型属性，如图 4-99 所示。

(a)

图 4-99　复制并定义楼梯类型

（a）选择"楼梯（按构件）"；（b）定义楼梯类型

(b)

图 4-99(续)

(4) 单击功能区"修改|创建楼梯"选项中"构件"面板中选择"梯段"中的"直梯"工具，在选项栏中"实际梯段宽度"设为"1525"，定位线设置为"梯段：右"，更改"属性"面板中"底部标高"为"1F"，"底部偏移"为"0"，设"顶部标高"为"2F"，"顶部偏移"为"0"，"所需踢面数"为"28"，移动鼠标指针全相应参照平面交点位置进行绘制，如图 4-100 和图 4-101所示。

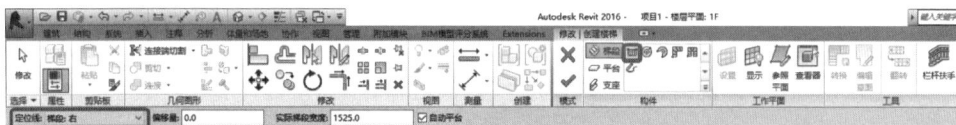

图 4-100　选择直梯绘制工具

(5) 转到三维视图，将三维视图"属性"面板中的"剖面框"打钩，调整方位和三维剖面效果，找到相应位置的楼梯，如图 4-102 所示，选择靠墙侧的扶手，按 Delete 键删除。

(6) 单击选中楼梯栏杆，选择"重设栏杆扶手"，在"属性"面板中可选择其他型号的栏杆扶手，如图 4-103 所示。

(7) 如需复制楼梯，以疗养院 4 号别墅北侧楼梯为例，选中"楼梯"使用菜单栏中的"复制"工具复制楼梯，如图 4-104 所示。

图 4-101　绘制楼梯

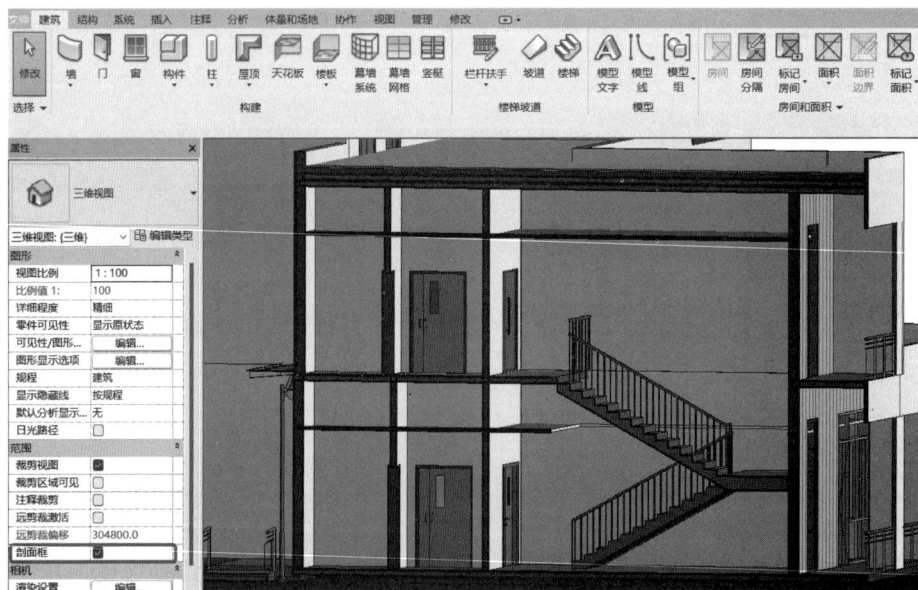

图 4-102　楼梯三维效果

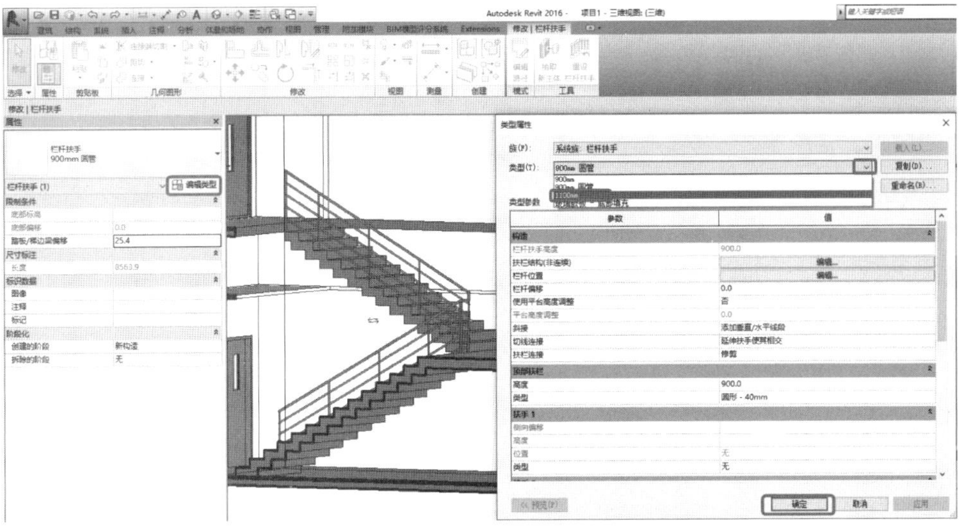

图 4-103　重设楼梯栏杆扶手

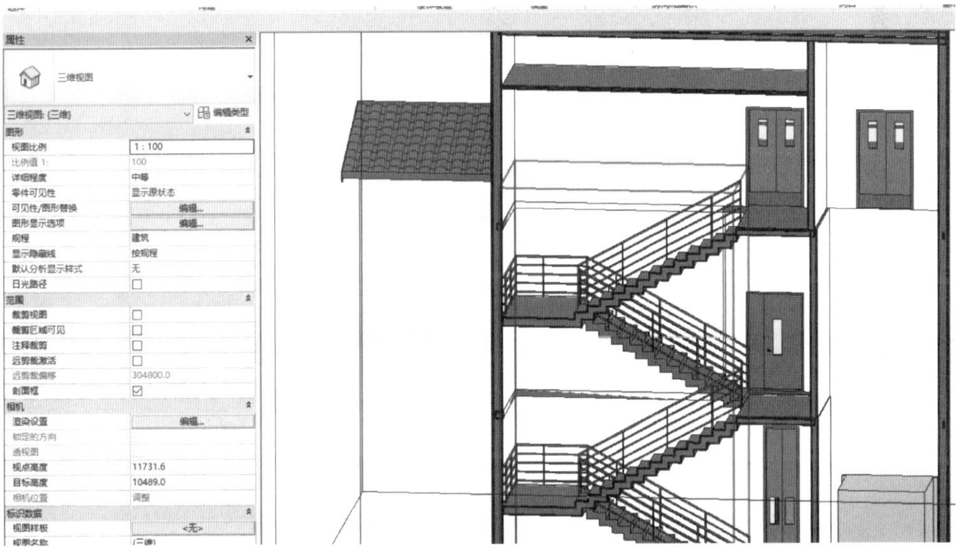

图 4-104　绘制多层楼梯

4.5.2　绘制栏杆

（1）启动 Revit，打开前面操作的"疗养院 4 号别墅"项目文件，单击功能区的"插入"选项卡"载入族"工具，可从程序族库中选择各种形式的栏杆、扶手和嵌板载入项目中，如图 4-105 所示。

（2）单击功能区"建筑"—"楼梯坡道"—"栏杆扶手"—"绘制在路径上"，单击左侧面板"属性"—"编辑类型"，选择"系统族：栏杆扶手"，在"类型属性"对话框中单击"复制"按钮，输入类型名称为"室外栏杆"，设置参数，如图 4-106 所示。

图 4-105　载入族

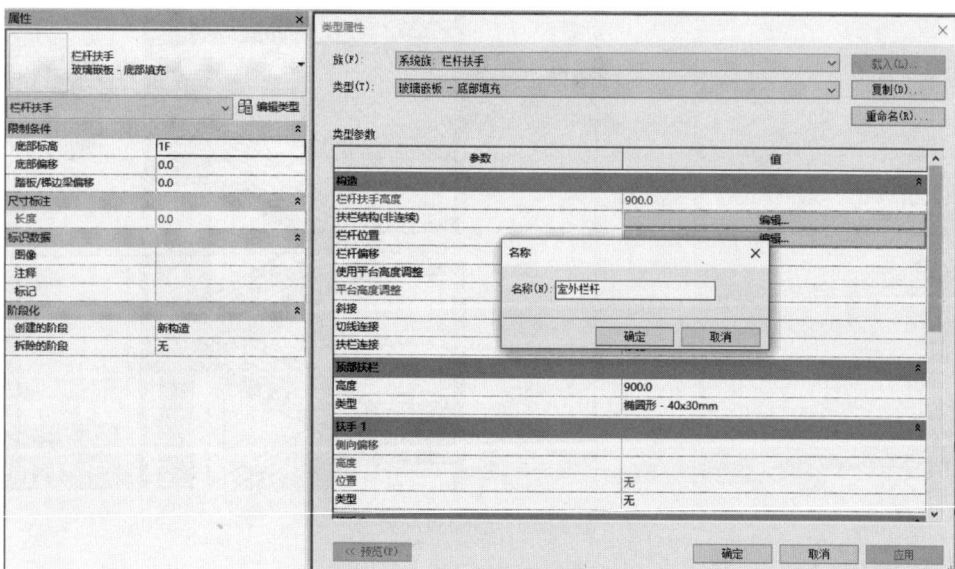

图 4-106　复制和定义栏杆扶手

（3）单击"类型属性"对话框中的"扶栏结构（非连续）"后面的"编辑"，进入"编辑扶手（非连续）"对话框，分别在高度 800、700 处创建 2 根扶手，设置参数，如图 4-107 所示。

（4）设置栏杆、玻璃嵌板、起点支柱、转角支柱、终点支柱的栏杆族和底部顶部等位置信息，如图 4-108 所示。

（5）设置"属性"面板中栏杆约束底部标高为 1F，底部偏移为 0，使用"修改|栏杆扶手>绘制路径"—"直线"工具沿楼南面室外楼板边缘绘制，单击菜单栏中的对号，完成绘制，如图 4-109 所示。

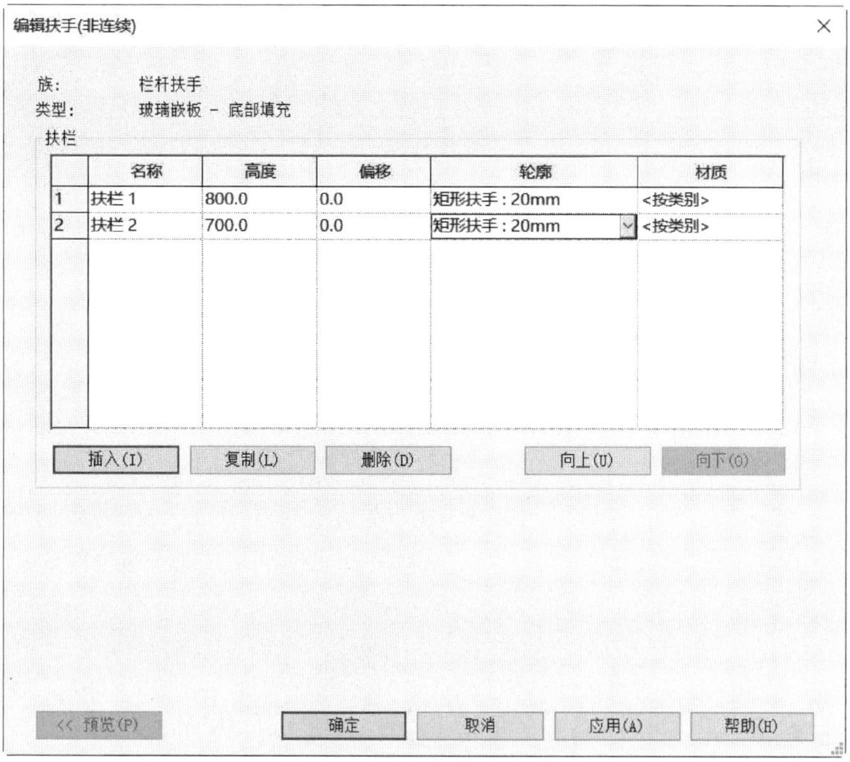

图 4-107　编辑扶手结构

	名称	高度	偏移	轮廓	材质
1	扶栏 1	800.0	0.0	矩形扶手 : 20mm	<按类别>
2	扶栏 2	700.0	0.0	矩形扶手 : 20mm	<按类别>

编辑扶手(非连续)

族：　栏杆扶手
类型：　玻璃嵌板 - 底部填充
扶栏

插入(I)　　复制(L)　　删除(D)　　　　向上(U)　　向下(O)

<< 预览(P)　　　　确定　　取消　　应用(A)　　帮助(H)

图 4-107　编辑扶手结构

编辑栏杆位置

族：　栏杆扶手　　　　　类型：　室外栏杆
主样式(M)

	名称	栏杆族	底部	底部偏移	顶部	顶部偏移	相对前一栏杆的距离	偏移
1	填充图案	N/A	N/A	N/A	N/A	N/A	N/A	N/A
2	常规栏杆	栏杆 - 扁钢立杆 : 50 x 12mm	主体	0.0	顶部	0.0	0.0	0.0
3	常规栏杆	嵌板 - 玻璃 : 800mm	主体	100.0	扶栏 1	-100.0	400.0	0.0
4	填充图案	N/A	N/A	N/A	N/A	N/A	400.0	N/A

删除(D)
复制(L)
向上(U)
向下(O)

截断样式位置(B)：　每段扶手末端　　　角度(N)：0.000°　　　样式长度：800.0
对齐(T)：　中心　　　超出长度填充(E)：　无　　　间距(I)：0.0

□ 楼梯上每个踏板都使用栏杆(T)　　每踏板的栏杆数(R)：2　　　栏杆族(F)：无

支柱(S)

	名称	栏杆族	底部	底部偏移	顶部	顶部偏移	空间	偏移
1	起点支柱	栏杆 - 扁钢立杆 :	主体	0.0	顶部扶	0.0	2.0	0.0
2	转角支柱	栏杆 - 扁钢立杆 :	主体	0.0	顶部扶	0.0	0.0	0.0
3	终点支柱	栏杆 - 扁钢立杆 :	主体	0.0	顶部扶	0.0	-2.0	0.0

转角支柱位置(C)：　每段扶手末端　　　角度(G)：0.000°

<< 预览(P)　　　　确定　　取消　　应用(A)　　帮助(H)

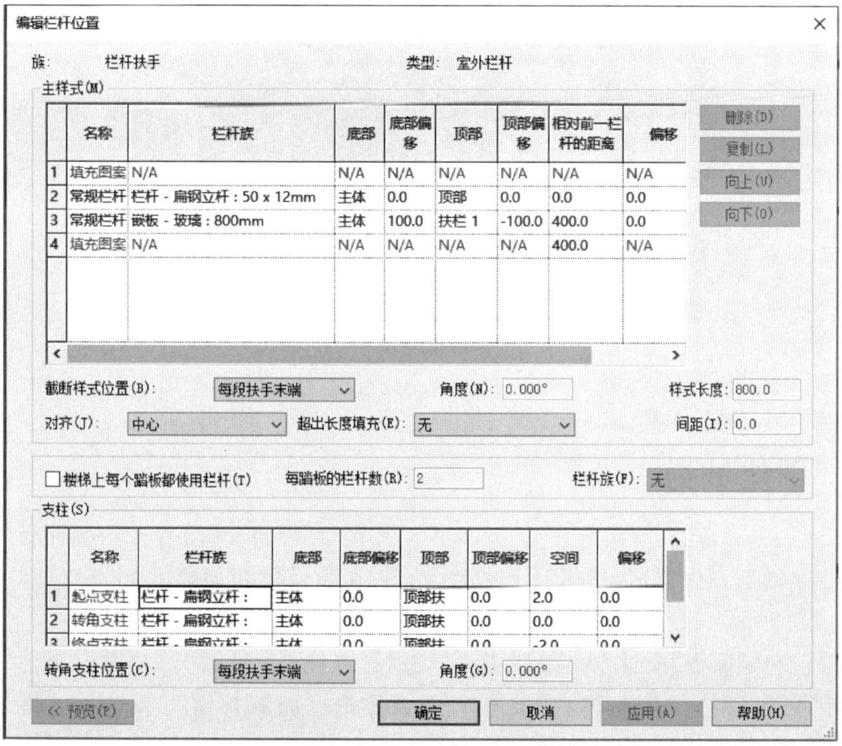

图 4-108　编辑栏杆位置

图 4-109　绘制栏杆路径

（6）转到三维视图，找到相应位置的扶手栏杆，如图 4-110 所示。

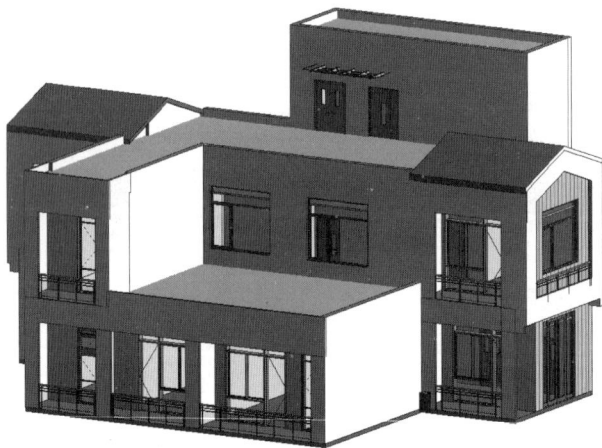

图 4-110　三维栏杆效果

4.5.3　创建坡道

（1）启动 Revit，打开前面操作的"疗养院 4 号别墅"项目文件，双击右侧面板"项目浏览器"—"楼层平面"，双击"1F"，打开一层平面视图，在建筑的西面靠北侧入口处绘制参照平面，如图 4-111 所示。

（2）单击左侧面板"属性"—"编辑类型"，选择"系统族：坡道"，在"类型属性"对话框中单击"复制"按钮，输入类型名称为"坡道 1"。设置最大斜坡长度：12000；坡道最大坡度：12。单击"确定"按钮退出坡道类型属性，如图 4-112 所示。

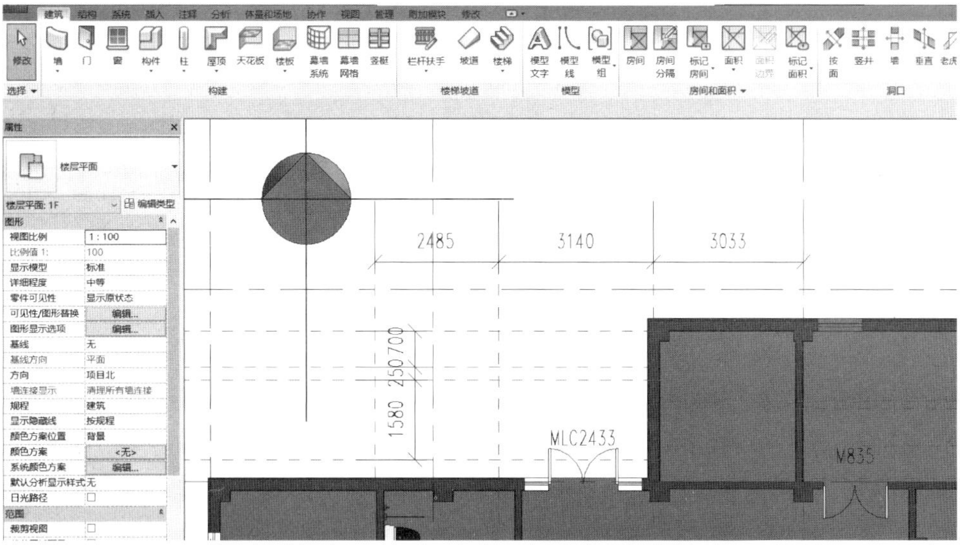

图 4-111　绘制参照平面

图 4-112　复制并定义坡道类型

（3）选择功能区"修改 1 创建坡道草图"—"绘制"—"梯段"中的"直线"工具。修改属性面板参数：底部标高为 1F，底部偏移为 0，顶部标高为 1F，顶部偏移为 0。移动鼠标指针至相应参照平面交点位置单击，依次确定坡道的起点和终点，单击"完成编辑模式"按钮完成坡道的绘制，如图 4-113 和图 4-114 所示。

图 4-113　选择直线工具绘制坡道

图 4-114　坡道草图绘制

（4）转到三维视图，找到相应位置坡道，如图 4-115 所示。

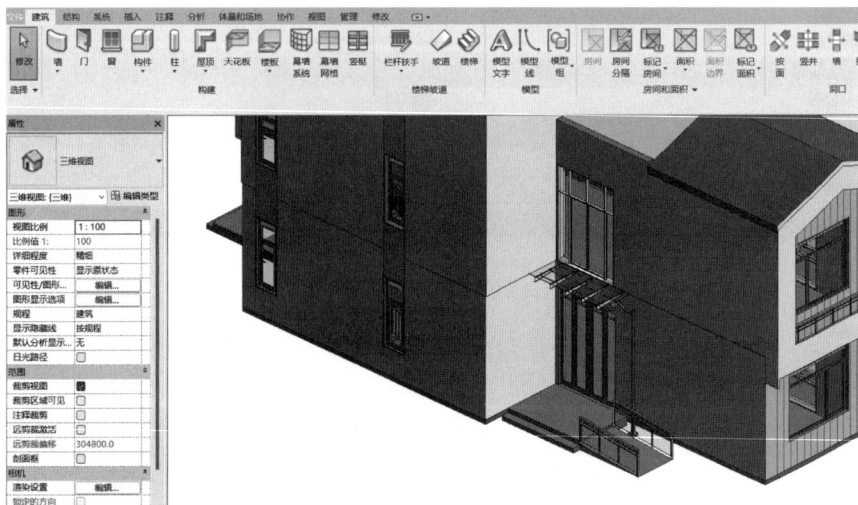

图 4-115　坡道三维效果

4.6　场地设计与设计表现

4.6.1　场地布置

4.6

地形表面是场地设置的基础。使用"地形表面"工具,可以为项目创建地形表面模型。Revit 提供两种创建地形表面的方式:放置高程点和导入测量文件。放置高程点可以手动添加地形点并指定点高程。Revit 将数据已指定的高程点生成"三维地形表面"。导入测量文件的方式有导入 DWG 文件或测量数据文本,Revit 将自动根据测量数据生成真实场地地形表面。

建筑地坪与场地道路可以用"建筑地坪"工具完成。建筑地坪可以定义结构和深度;在绘制地坪时,可以指定一个值来控制其标高的高度,还可以指定其他属性。可以通过在建筑地坪的边界之内绘制闭合环来定义地坪中的洞口,还可以为该建筑地坪定义坡度。

场地:场地构建,可以用于在场地中添加特定的构件,如树木、花草、室外照明、停车场、篮球场等。在 Revit 中,通过载入族方式载入各种类型供用户使用。

1. 创建地形表面

(1) 启动 Revit 软件,打开之前操作的"疗养院 4 号别墅"项目文件,双击右侧面板"项目浏览器"中"场地"进入场地平面视图,单击左侧面板"属性"框—"视图范围"—"编辑"按钮,打开"视图范围"弹出框设置视图范围参数,如图 4-116 所示。

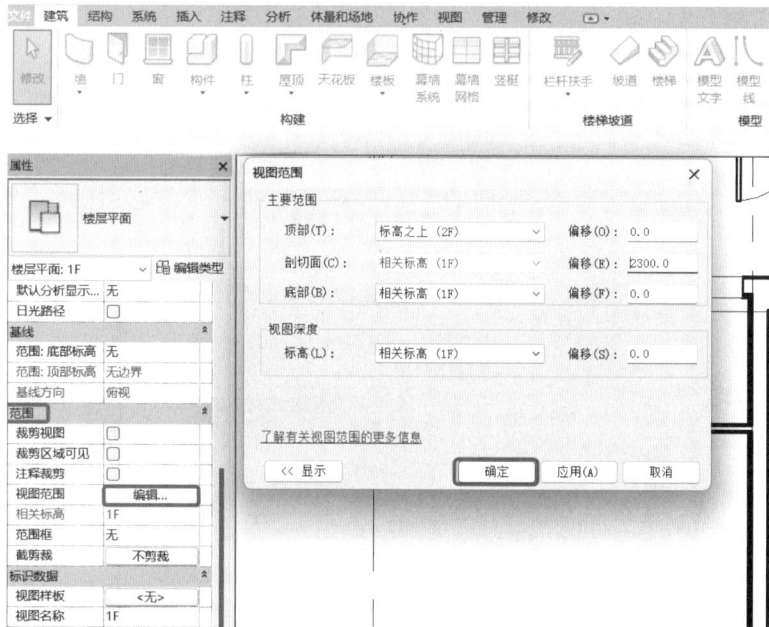

图 4-116　视图范围设置

(2) 单击功能区"体量和场地"—"场地建模"面板—"地形表面",如图 4-117 所示。

(3) 单击功能区"修改|编辑表面"—"工具"—"放置点",将选项栏中的"高程"修改为

"－500"后单击随机放置 4 个高程点，单击左侧"属性"面板—"材质和装饰"—"材质"—"按类别"右侧的小矩形按钮来添加材质，完成地形表面的创建，如图 4-118～图 4-120 所示。

图 4-117　地形表面工具

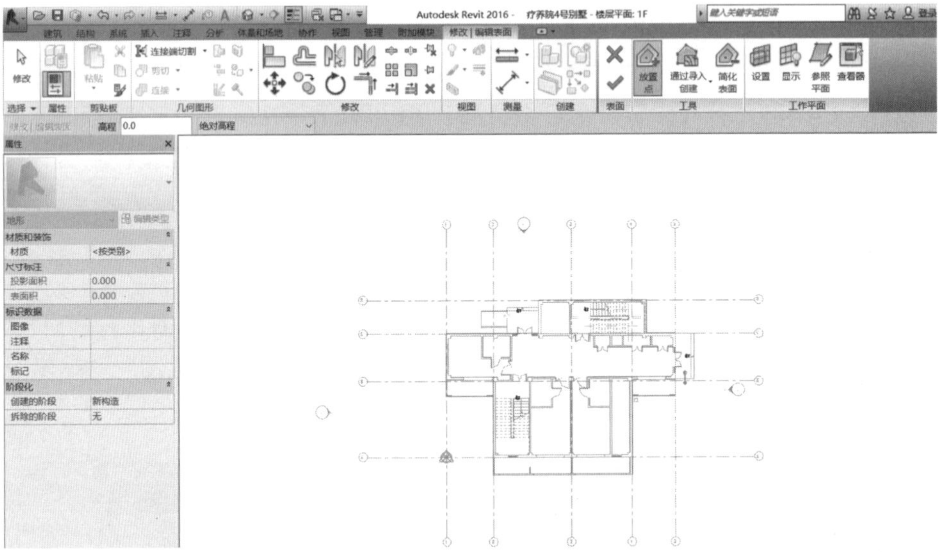

图 4-118　放置高程点

图 4-119　添加材质

图 4-120　地形表面完成

2. 创建建筑地坪与场地道路

1) 创建建筑地坪

切换至"场地"平面,单击功能区"体量和场地"—"场地建模"—"建筑地坪"按钮,在左侧属性框中设置相应建筑地坪数据,单击"修改|创建建筑地坪边界"—"绘制"—"边界线"按钮右侧的相应工具完成地坪边界的绘制,高程点设置为-300mm,如图 4-121~图 4-124 所示。

(a)

(b)

图 4-121　建筑地坪工具

（a）单击"建筑地坪"；（b）设置高程

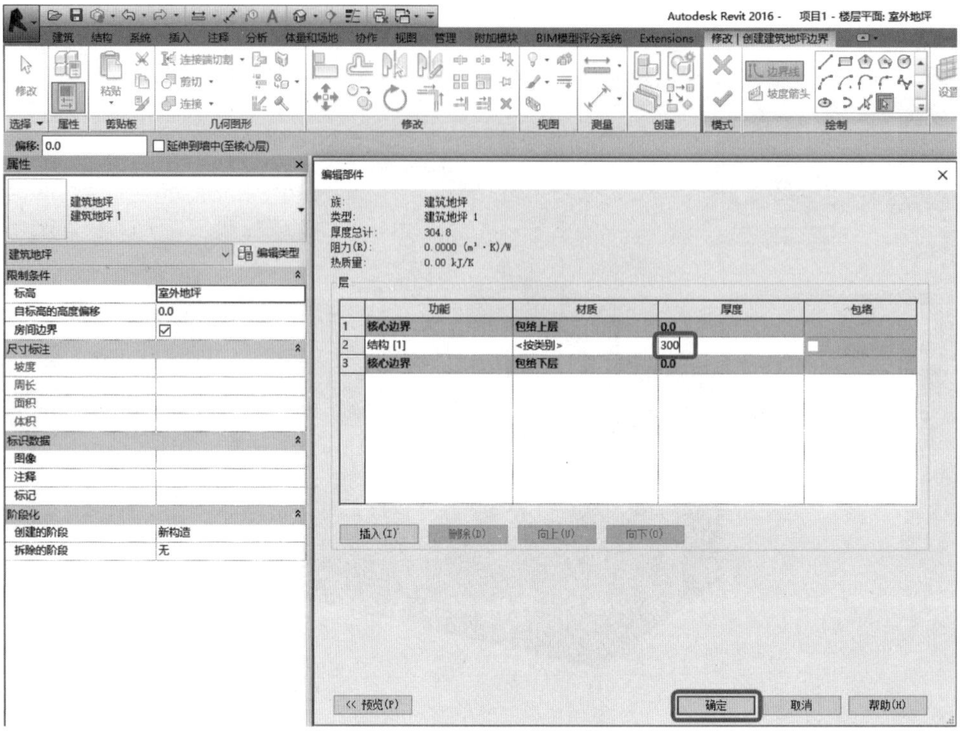

图 4-122　建筑地坪设置

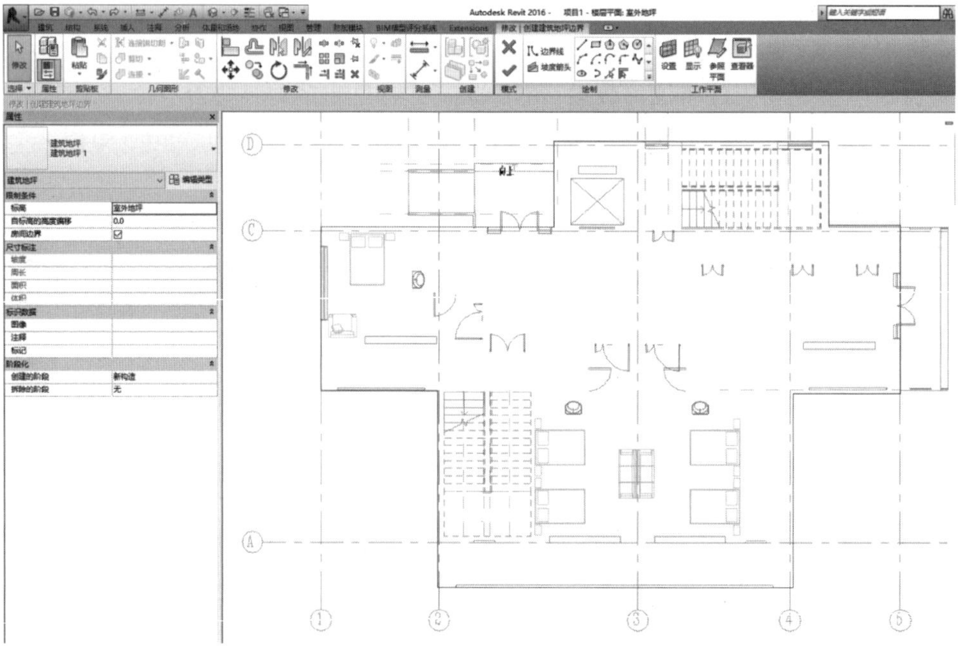

图 4-123　建筑地坪绘制

图 4-124   地坪完成

2）创建场地道路

切换至"场地"平面视图，单击功能区"体量和场地"—"场地建模"—"建筑地坪"按钮，先在左侧属性框中进行参数设置，材质设为"场地-碎石"，单击"资源浏览器"，搜索"碎石"，替换材质。单击功能区"修改|创建建筑地坪边界"—"绘制"—"边界线"—右侧的"起点-终点-半径弧"工具绘制道路边界，单击完成编辑模式按钮完成道路的创建，如图 4-125 ～图 4-128 所示。

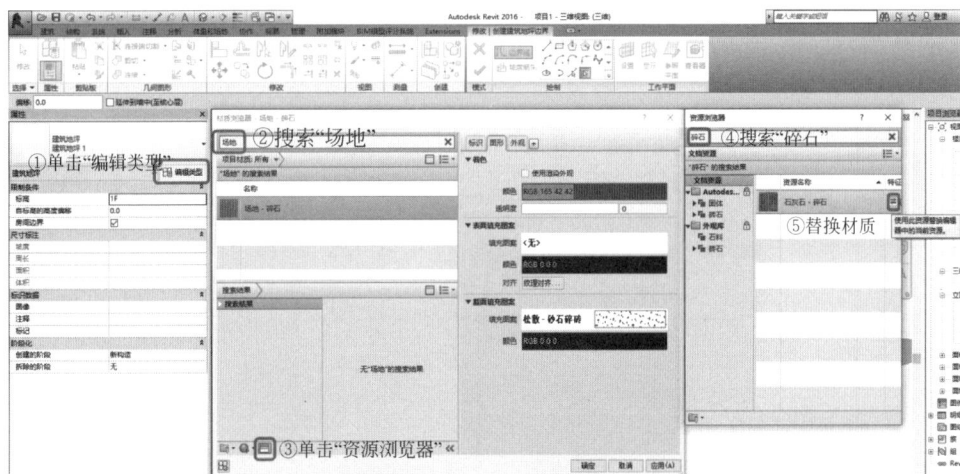

图 4-125   道路参数设置

3．创建场地

（1）切换至"场地"平面视图，单击功能区"体量和场地"—"场地建模"—"场地构件"。

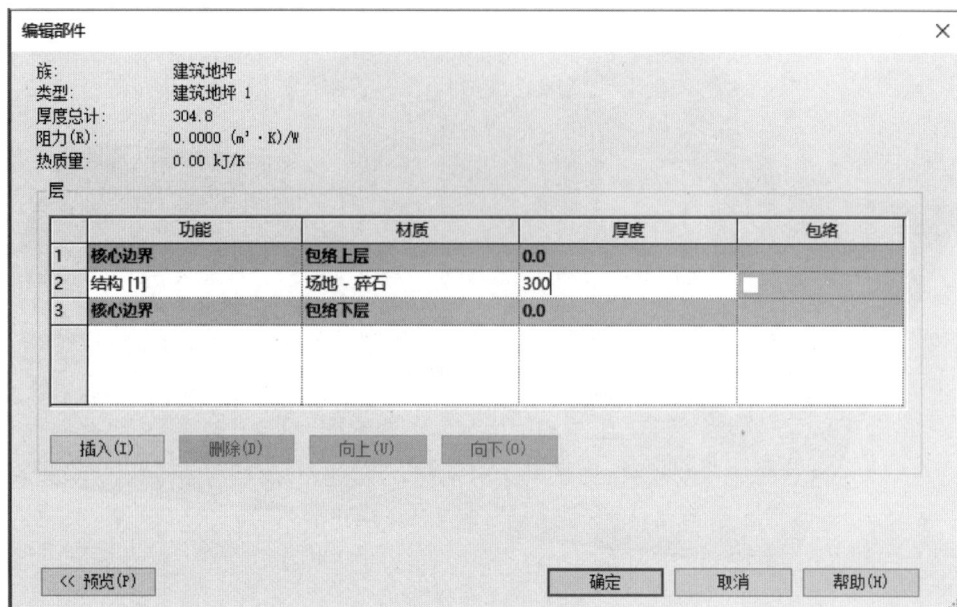

图 4-126　道路材质

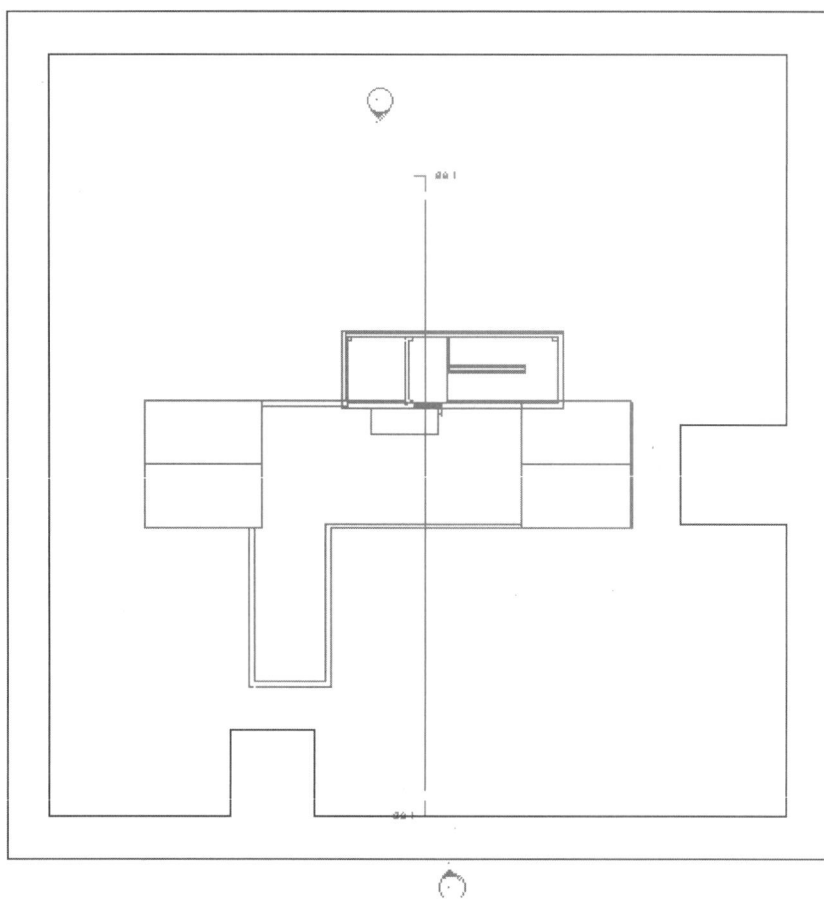

图 4-127　绘制编辑道路

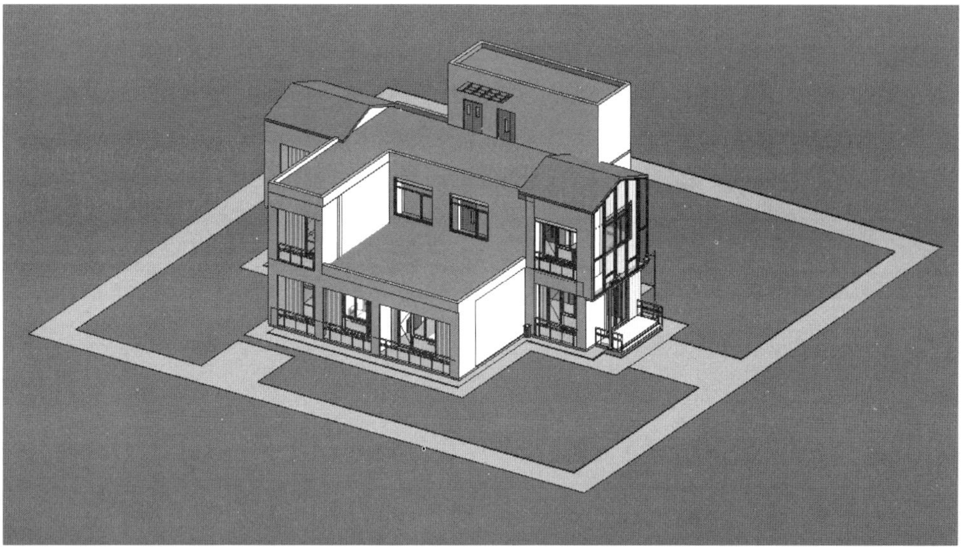

图 4-128　道路三维图

（2）单击"修改|场地构件"—"模式"面板—"载入族"按钮,弹出"载入族"弹出框,双击路径"建筑"—"植物"—"3D"—"草本"—"草 4 3D. rfa"按钮,把所需要的族载入项目,放置合适位置。

（3）同理双击路径"建筑"—"植物"—"3D"—"灌木"—"灌木 3 3D. rfa"按钮,载入项目,放置合适位置。

（4）依次双击路径"建筑"—"配景"—"RPC 甲虫""RPC 男性""RPC 女性"三个按钮,将族载入项目,放置合适位置,如图 4-129 所示。

图 4-129　载入配景

注意：放置停车位及其他停车构件时,按空格键可改变停车位的方向。

（5）进入三维视图，设置视图控制栏的视觉效果为"真实"，视觉效果如图4-130所示。

图4-130　场地构建完成

注意：由于真实效果对计算机内存和CPU的配置要求较高，会影响软件操作速度，所以在设置完成后，可回到"着色"效果，以方便后面操作。

4.6.2　日光与阴影

1. 概述

在Revit中，可以对项目进行日照分析，以反映自然光和阴影对室内外空间与场地的影响，日光的显示可以为真实模拟，也可以将动态输出为视频文件。进行日光分析的主要步骤是项目位置的设定、阴影及日光路径开启、分析（包含静态和动态）、输出成果。

2. 设置项目方位

假设此项目在广州市，建筑朝向为南偏西15°，以下为设置步骤。

（1）单击功能区"管理"—"项目位置"—"地点"按钮打开"位置、气候和场地"弹出框，在"位置"选项卡—"项目地址（P）"中输入"广州"后单击右侧"搜索（S）"按钮进行搜索，找到正确的地址后即确定了本项目的地理位置，如图4-131和图4-132所示。

图4-131　打开"位置、气候和场地"弹出框

图4-132　项目位置设置

（2）地理位置确定后项目的方向即"正北"。在"位置、气候和场地"对话框中切换至"场地"选项卡，默认情况下项目北与正北方向一致，如图4-133所示。

图 4-133　设置项目方向

（3）在右侧面板项目浏览器中切换至"场地"平面视图，当前视图的默认显示方向是"项目北"，要让项目在地理位置上旋转 15°，需要把工作视图的显示方向改为"正北"。单击左侧面板"属性"框—"图形"—"方向"—"项目北"右侧的下拉菜单按钮，找到并单击"正北"按钮，如图 4-134 所示。

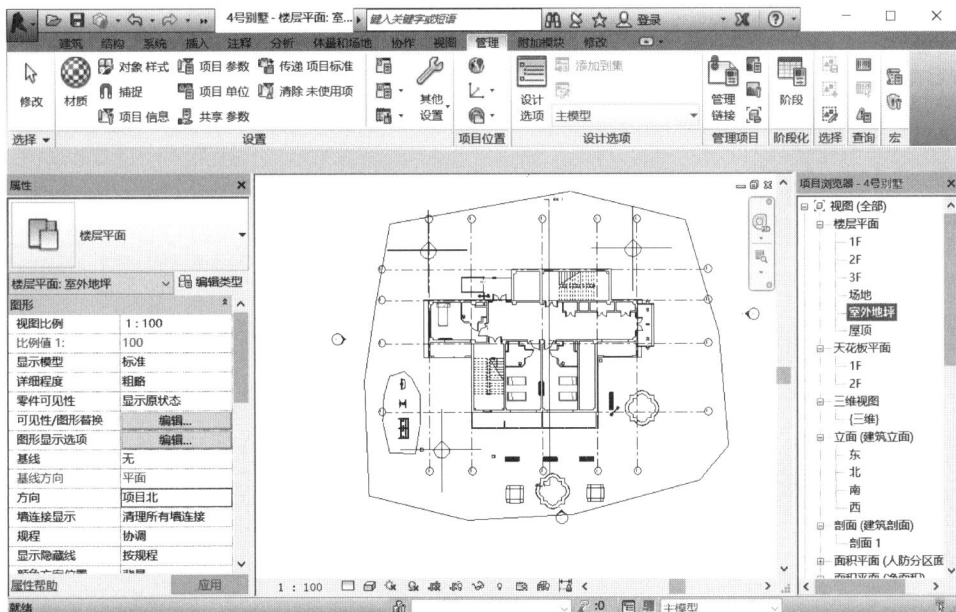

图 4-134　正北方向设置

（4）单击功能区"管理"—"项目位置"面板—"位置"右侧倒三角按钮—"旋转正北"按钮，若弹出"无法旋转正北"弹出框，可选择继续并指定项目旋转角度为 15°，如图 4-135 所示。

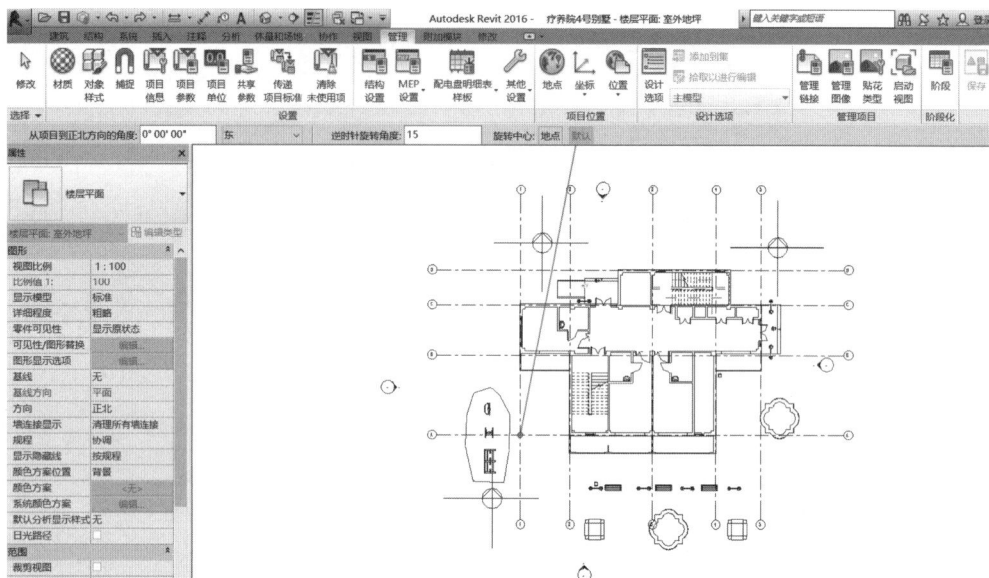

图 4-135　旋转正北

（5）设置完成后建筑的地理方位已经发生了变化。设置正北后，为方便绘图可以再将视图显示方向修改为"正北"，此时建筑物在绘图窗口的显示将变为"正北"的方向，如图 4-136 所示。

图 4-136　修改后

3.设置日光与阴影

设置了建筑的正北方向后即可打开阴影和设置太阳的方位，为日光分析做进一步准备。日照分析一共有 4 种模式，分别为：静态分析、一天内动态分析、多天动态分析和照明。基于这几种模式,Revit 可以分别模拟具体时刻或者一天、多天中动态的日照和阴影情况。

(1) 打开三维视图,单击视图底部控制栏中"视觉样式"—"图形显示选项",打开"图形显示选项"弹出框后勾选"投射阴影(C)"按钮来打开阴影显示,单击"确定"按钮完成阴影的开启,如图 4-137 所示。

图 4-137　阴影设置

注意:当阴影状态不显示时,可单击视图底部控制栏中的"打开/关闭阴影"按钮。

(2) 切换至三维视图,单击视图底部控制栏中"日光路径"按钮,选择"日光设置"选项打开"日光设置"弹出框,在弹出框内的"日光研究"下勾选"静止"选项,设置地点、日期和时间后单击"确定"按钮返回三维视图,Revit 将按设置的日光位置和之前设定的"正北"方向投射阴影,完成时建筑物在绘图窗口的显示将变为"项目北"的方向,如图 4-138 和图 4-139 所示。

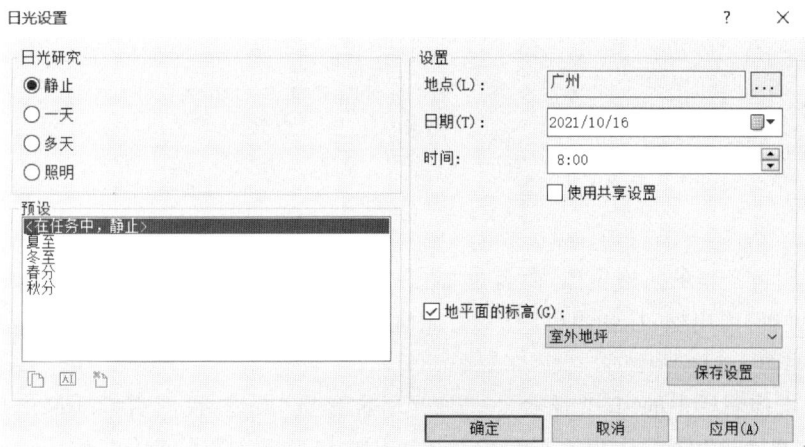

图 4-138　日光设置

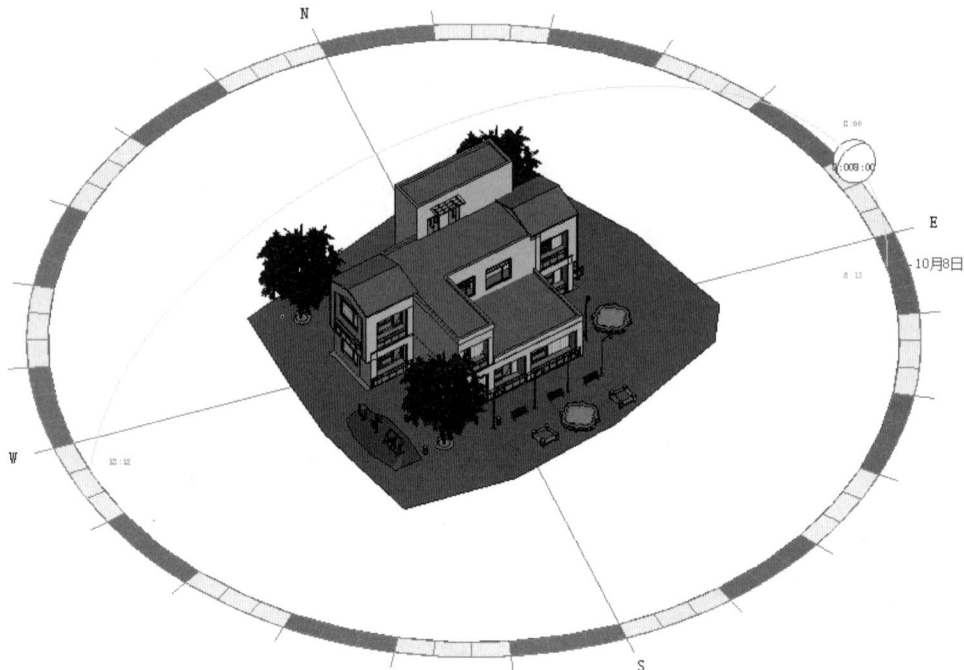

图 4-139　日光路径

（3）右击打开项目浏览器下的日照分析结果视图，在弹出框"作为图像保存到项目中"中输入名称，进行分辨率设置后保存，可以将已经完成的日照分析图形保存在项目浏览器的"渲染"节点下，找到并打开项目浏览器"渲染"节点可看到刚刚保存的图片，如图 4-140 所示。

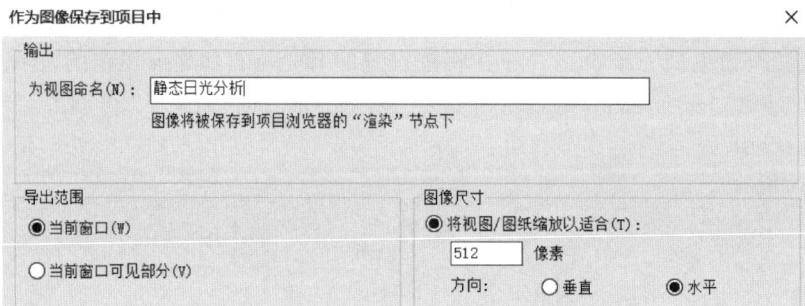

图 4-140　保存分析图像

（4）复制一个新的三维视图，命名为"动态日光"。单击视图控制栏中"日光路径"按钮打开"日光设置"弹出框，在弹出框内的"日光研究"下勾选"一天"选项，单击"确定"按钮返回三维视图，如图 4-141 所示。

（5）单击控制栏中的"日光路径"—"日光研究预览"按钮，视图窗口顶部出现预览播放控制条，单击"播放"按钮，可以在视图中播放一天内各时刻阴影的变化。

（6）单击左上角"文件"—"导出"—"图像和动画"—"日光研究"按钮弹出设置框，设置导出视频文件的大小和格式，确定保存的路径。当提示选择压缩格式时，默认为"全部帧"，

图 4-141　日光设置"一天"

选择压缩模式为"Microsoft Video 1"后保存文件,如图 4-142～图 4-144 所示。

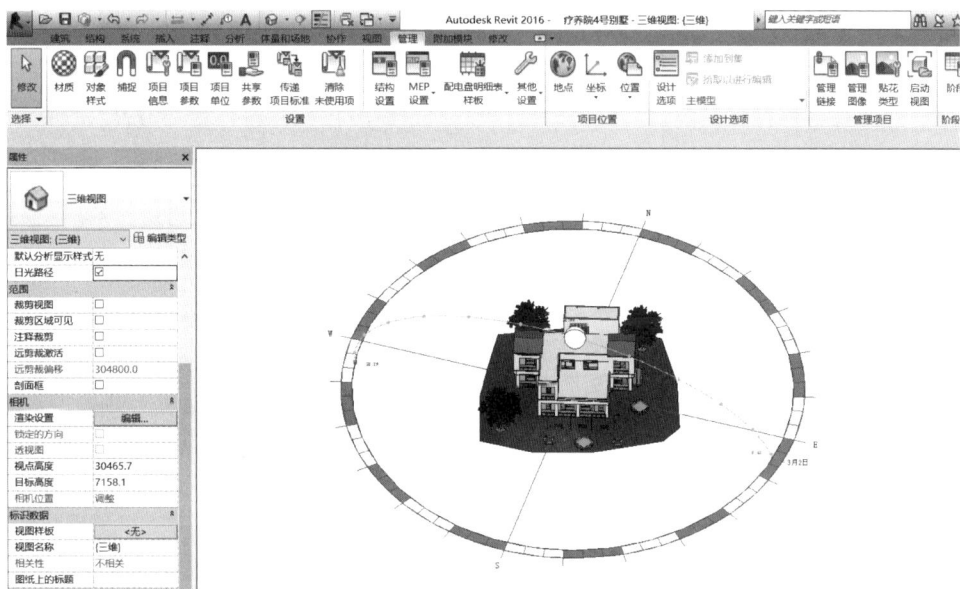

图 4-142　动态分析

4.6.3　视角、渲染和漫游

1. 建筑表现简介

建筑表现就是建筑设计的成果表达,分为静态和动态两种。静态包括正交三维视图、透视图和立面图等,动态主要是漫游动画。渲染可用于创建建筑模型的照片级真实感图像,并可导出 JPG 格式的图像文件供设计师与业主进行交流。Revit 集成了 Mental Ray 渲染引擎,无须使用其他软件就可以生成建筑模型的照片级真实渲染图片。

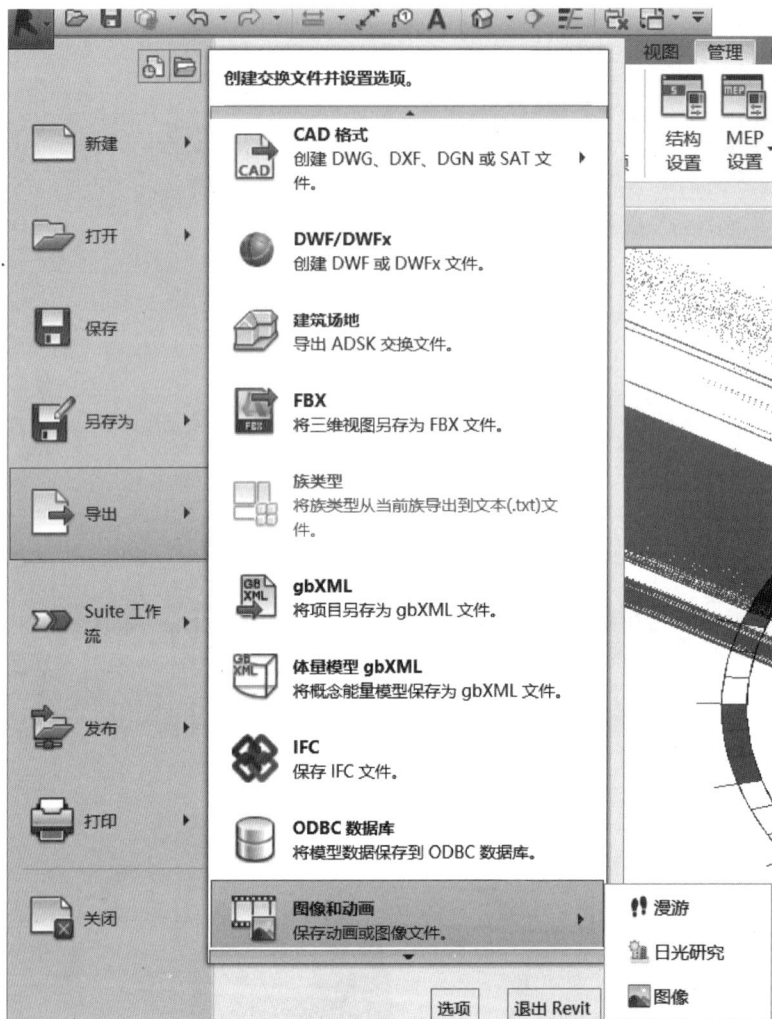

图 4-143　导出动态分析

图 4-144　导出设置

2. 设置视角

（1）正交三维视图用于显示三维视图中的建筑模型，在正交三维视图中，不管相机距离的远近，所有构件的大小均相同。单击功能区"视图"—"创建"面板—"三维视图"下拉菜单中—"默认三维视图"按钮，软件自动将相机放置在模型的东南角之上，同时目标定位在第一层的中心，如图 4-145 所示。

图 4-145　三维视图

（2）切换至 1F 楼层平面视图，单击功能区"视图"—"创建"面板—"三维视图"下拉菜单中—"相机"按钮。在选项栏勾选"透视图"选项，单击绘图区域中需要放置相机的地方来放置相机，如图 4-146 和图 4-147 所示。

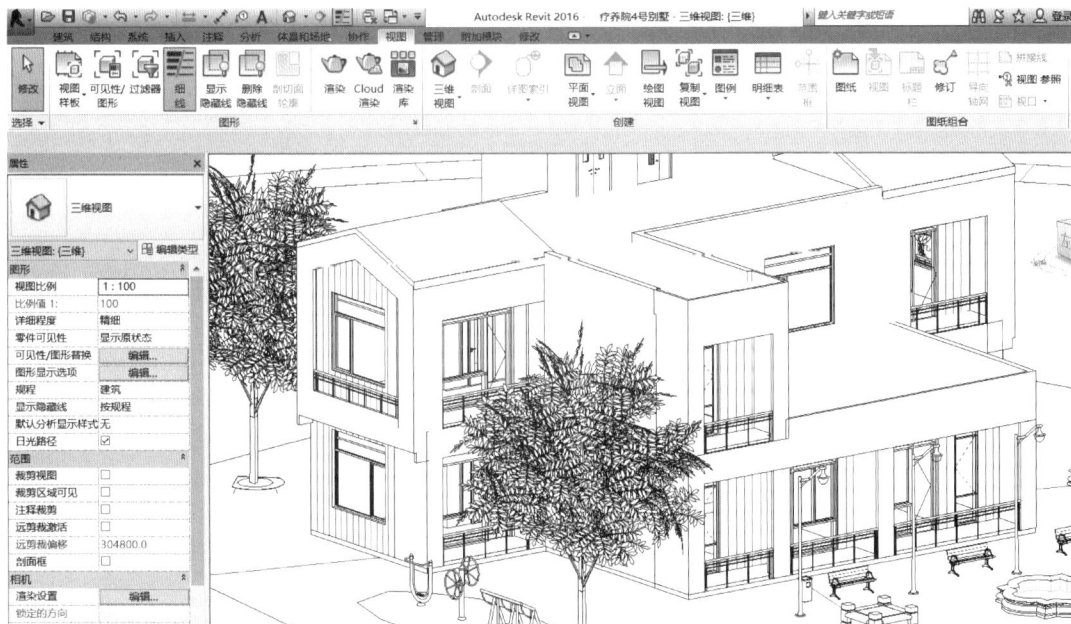

图 4-146　创建透视图

3. 设置渲染

（1）Revit 集成了简化版的 Mently Ray 渲染器。单击功能区"视图"—"图形"—"渲染"按钮弹出"渲染"框，在该弹出框中设置相应的渲染参数后单击"渲染（R）"按钮，对相机视图进行图像的渲染，如图 4-148 所示。

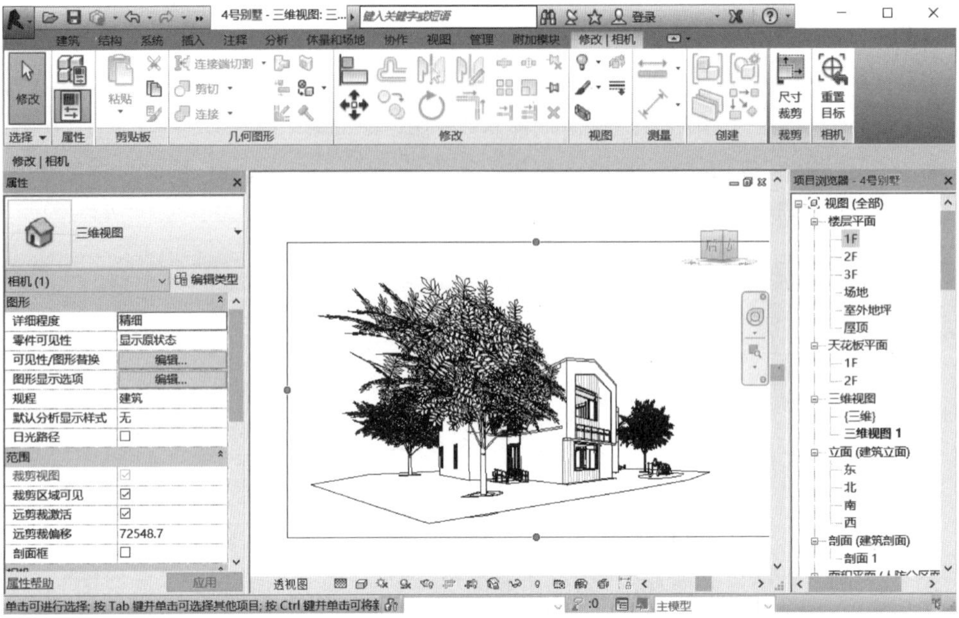

图 4-147　透视图的隐藏线效果

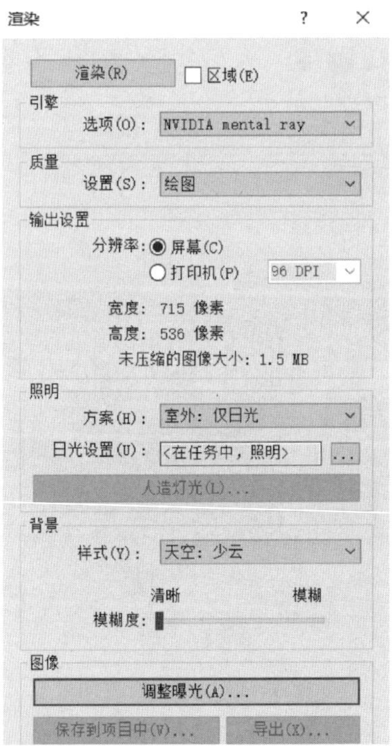

图 4-148　渲染参数设置

（2）渲染完成后，单击"渲染"弹出框中的"保存到项目中（V）"按钮，即可将渲染好的图像保存到此项目中。单击"导出（X）"按钮即可把渲染完成的图像导出到项目之外，以便后续进行查看渲染后的图像，如图 4-149 所示。

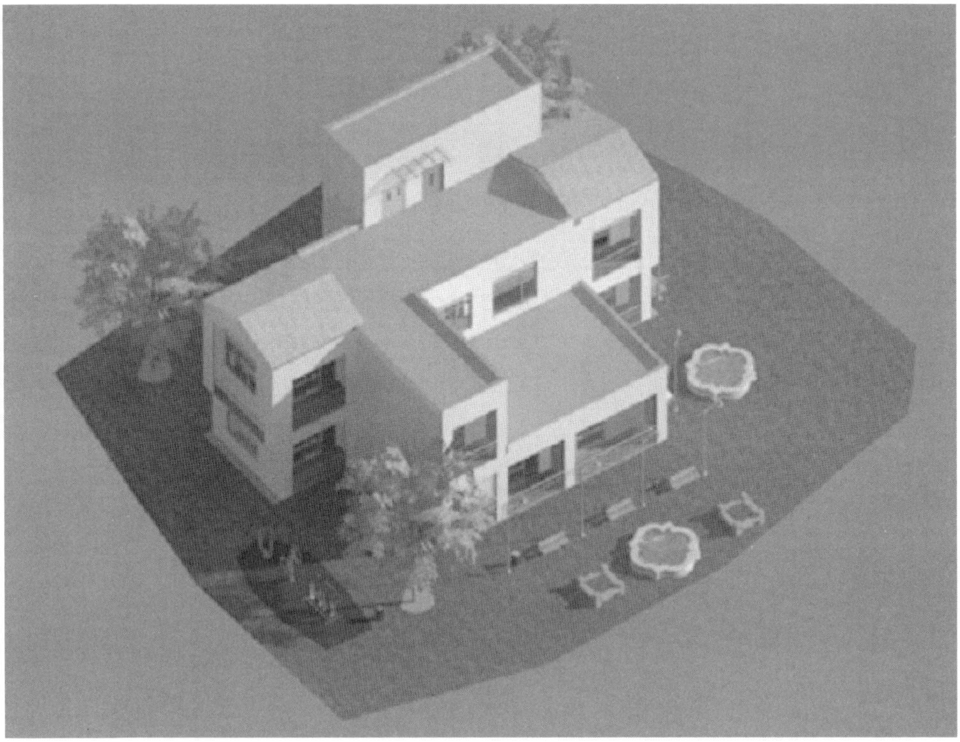

图 4-149 渲染效果

4. 设置漫游

漫游是在一条漫游路径上,创建多个活动相机,再将每个相机的视图连续播放。需要先创建一条路径,然后调节路径上每个相机的视图,Revit 漫游中会自动设置很多关键相机视图,即关键帧,通过调节这些关键帧视图来控制漫游动画。

(1)创建漫游路径。切换至 1F 楼层平面视图,单击功能区"视图"—"创建"面板—"三维视图"—"漫游"按钮,进入漫游路径绘制状态。

(2)设置漫游参数后,将鼠标指针放在车库入口处开始绘制漫游路径,单击插入一个关键点,隔一段距离再插入一个关键点,单击"完成漫游"按钮完成漫游路线编辑,如图 4-150 所示。

(3)编辑漫游。绘制完路径后单击功能区"修改|相机"面板—"编辑漫游"按钮,进入编辑关键帧界面状态。在平面视图中单击"上一关键帧"和"下一关键帧"依次调整相机的视线方向和焦距等。调整完成后单击"编辑漫游"面板—"打开漫游"按钮,进入三维视图调整视角和视图范围。编辑完所有"关键帧"后,单击左侧面板"属性"框—"其他"—"漫游帧"—"300"按钮,打开"漫游帧"弹出框,通过调节"总帧数"等数据来调节漫游速度的快慢,单击"确定"按钮完成设置,如图 4-151 所示。

(4)调整完成后,双击右侧面板"项目浏览器"—"视图"—"漫游"—"漫游 1"按钮,打开刚创建的"漫游 1"。用鼠标选定视图中的视图框,单击"修改|相机"面板—"漫游"—"编辑漫游"按钮,多次单击"修改|相机"面板—"漫游"—"上一关键帧"按钮,直至此按钮显示灰

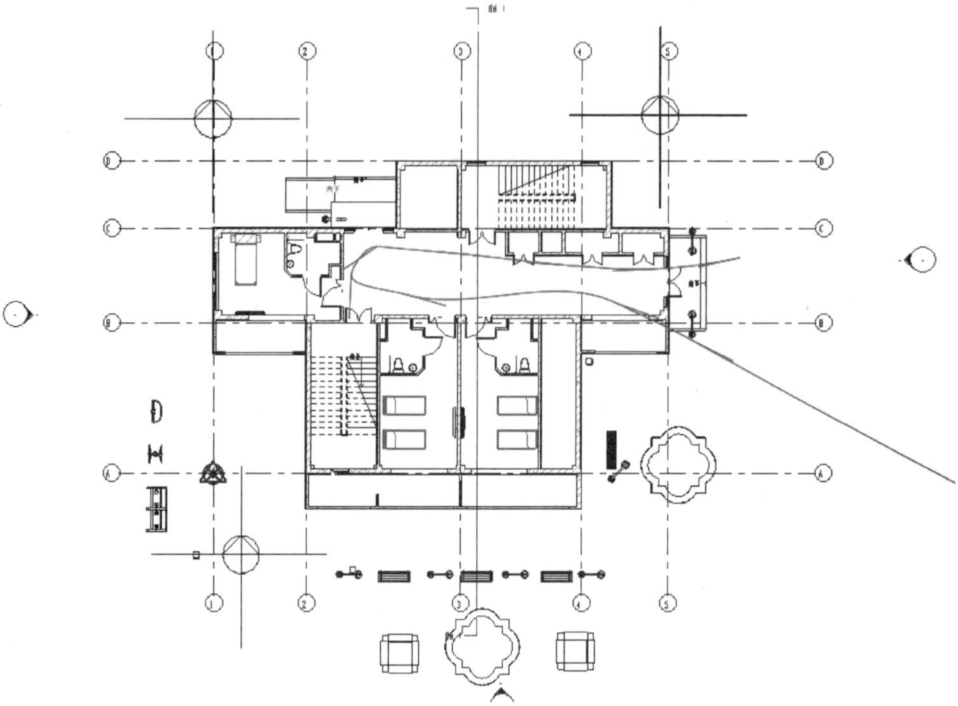

图 4-150 漫游路径设置

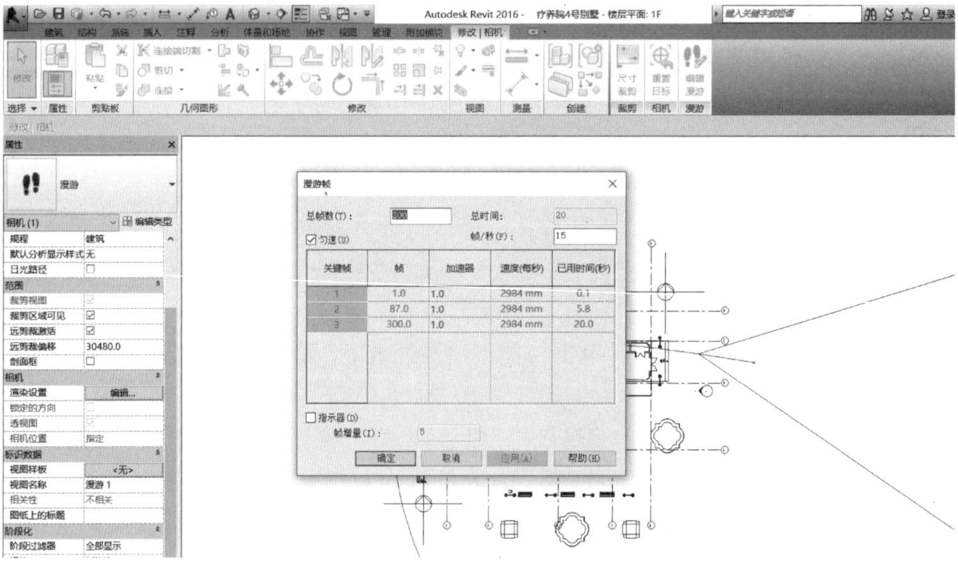

图 4-151 漫游帧数设置

色。再单击右侧播放按钮开始播放漫游动画,如图 4-152 所示。

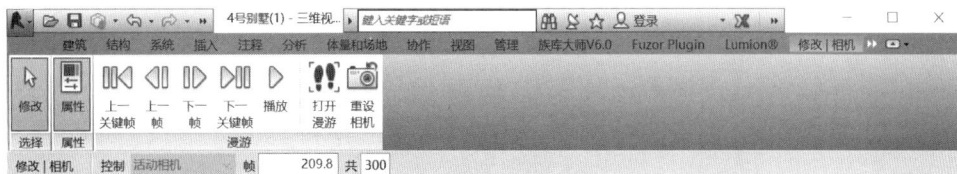

图 4-152　播放漫游动画

(5) 导出漫游。漫游创建完成后,单击左上角"文件"—"导出"—"图像和动画"—"漫游"按钮,弹出"长度/格式"框,在该弹出框中设置相应数据后单击"确定"按钮,弹出"导出漫游"框,输入文件名并选择路径,单击"保存"按钮,弹出"视频压缩"框,在该弹出框中选择压缩程序图为"Microsoft Video 1"后单击"确定"按钮,即可将漫游文件导出为外部 AVI 文件,如图 4-153 和图 4-154 所示。

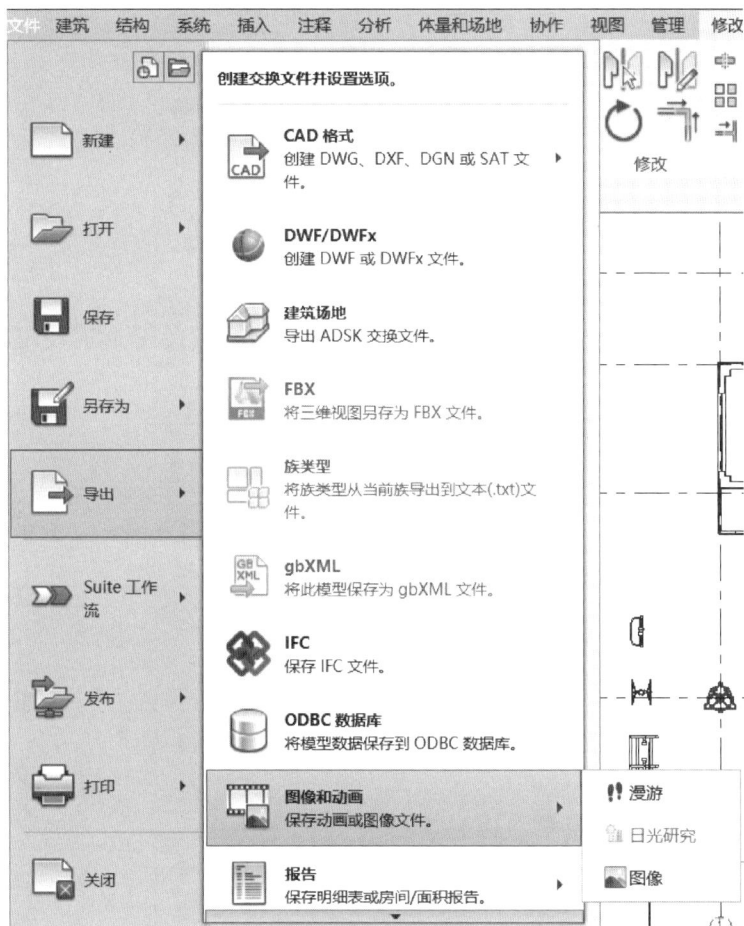

图 4-153　漫游导出工具

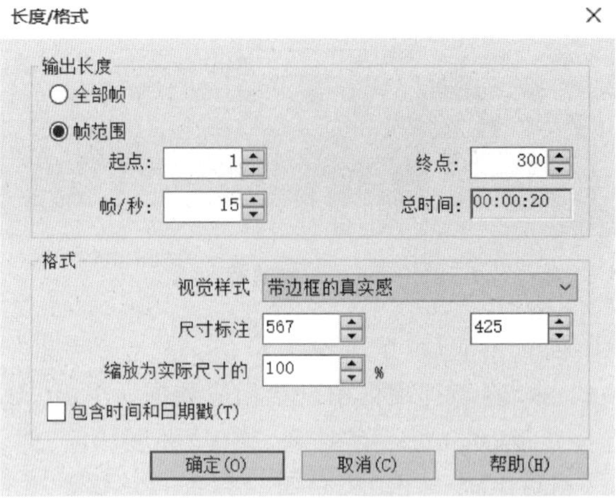

图 4-154　漫游格式

思考与练习题

1. 简述在 Revit 模型中首先建立标高和轴网的重要性。

2. 简述在 Revit 中放置门窗时需要考虑的因素。

3. 简述基本墙体、复杂墙体各自的绘制特点和适用范围。

4. 如何利用参数属性对构件形状和大小进行精确调整？

5. 简述迹线屋顶、拉伸屋顶和面屋顶分别是在绘制什么类型屋顶时使用。

第5章

Revit结构设计建模应用

本章要点

（1）三种常见结构基础；

（2）柱、墙和梁等结构构件；

（3）结构构件的配筋。

学习目标

了解结构基础创建的基本方法，包括选择合适的基础类型和尺寸调整；掌握结构柱的创建，包括对材料和形状的修改；掌握结构墙的建模，包括对结构墙的属性设置；掌握梁创建，包括对梁的布置、连接以及形状和厚度调整；掌握在 Revit 中进行结构构件的配筋设计方法，包括钢筋的选择、布置以及配筋图的绘制。

素质目标

本章主要讲解 Revit 结构设计建模应用，结合实际案例进行模型的训练，教学中激励学生综合考虑建筑和结构结合的建模应用，引导学生对软件操作的热情，培养工程思维与创新意识，鼓励共同协作，学生可以充分体会团队协作的重要性，感受在多领域、多层次、多场景的情况下，团队协作能力对项目的进度及质量的影响。

5.1　结构基础

Revit 里的基础分为三种：独立基础、条形基础、筏板基础，这三种基础分别适用于不同的地下结构。由于疗养院 4 号别墅项目的基础部分只涉及独立基础的创建，因此，此处我们详细介绍独立基础的创建，简单介绍条形基础和筏板基础的创建。

5.1.1　创建独立基础

独立基础又称单独基础，用于单柱或高耸构筑物并自成一体的基础，是我们平常项目中应用最多的基础之一。Revit 中将这一板块独立划分，归属于"结构"面板下的"基础"选项卡中。单击"独立"选项，即可进入放置界面，如图 5-1 所示。

图 5-1　独立基础

在选择独立基础类型时，根据项目的实际需要，可以从族库中载入，如图 5-2 和图 5-3 所示，若族库中的族构件不满足要求，则需要新建族以满足项目需要。

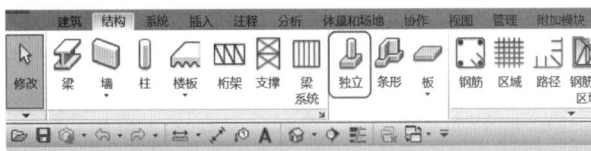

图 5-2　独立基础族的载入

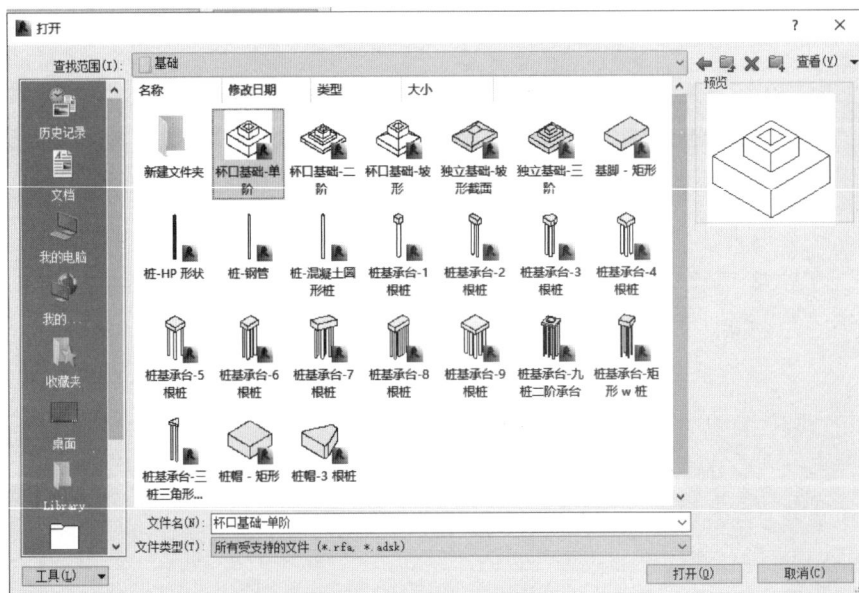

图 5-3　独立基础的载入

独立基础属于可载入族,因此可以自由编辑独立基础相关数据参数。放置时,应注意放置平面,需特别注意所用独立基础族是基础顶与标高齐还是基础底与标高齐。载入基础后,单击属性列表的"编辑类型"选项,根据基础详图,修改独立基础的相关参数,如图 5-4 所示。

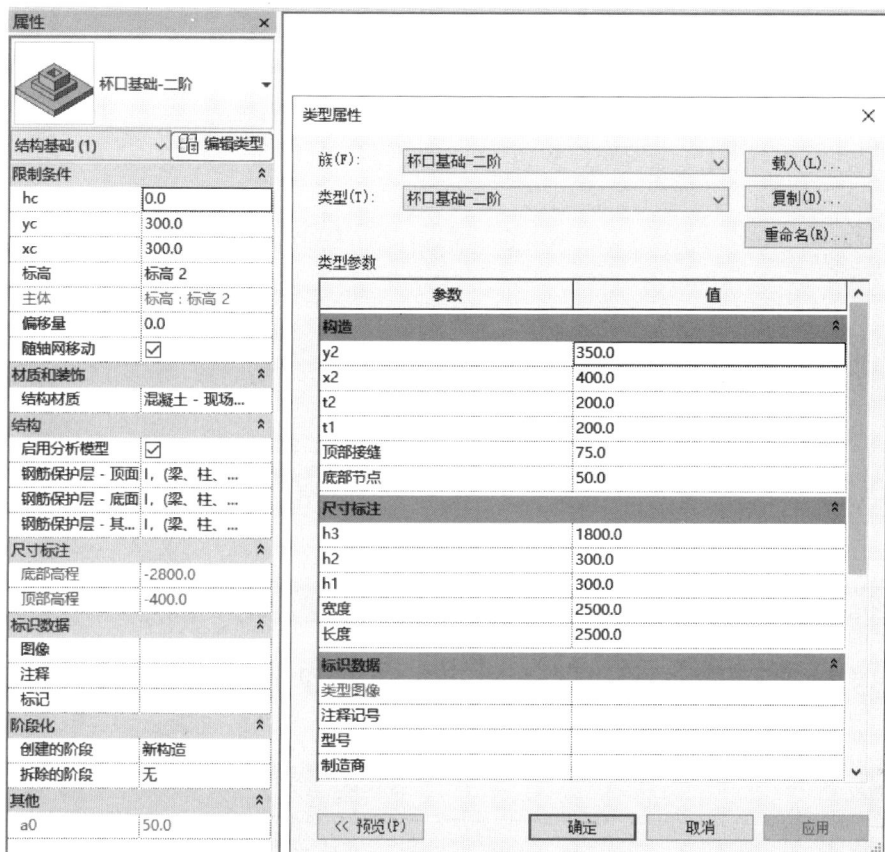

图 5-4　独立基础尺寸的修改

另外,独立基础的放置还可以选择在轴网处或柱处统一放置,如图 5-5 所示。

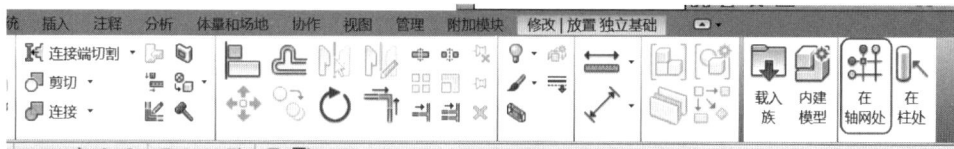

图 5-5　独立基础的放置

独立基础放置好后,若独立基础与柱连为整体,则会统一移动,因此,在绘制时需要确保数据的准确性,再进行相关图元放置,如图 5-6 所示。

5.1.2　创建条形基础

条形基础,一般指的是基础长度远大于宽度的一种基础形式,按上部结构分为:墙下条形基础和柱下条形基础,Revit 中特指墙下条形基础。此种基础须有墙体作为主体才能进行放置，单击结构面板中的"条形"选项，放置条形基础，如图 5-7 和图 5-8 所示。

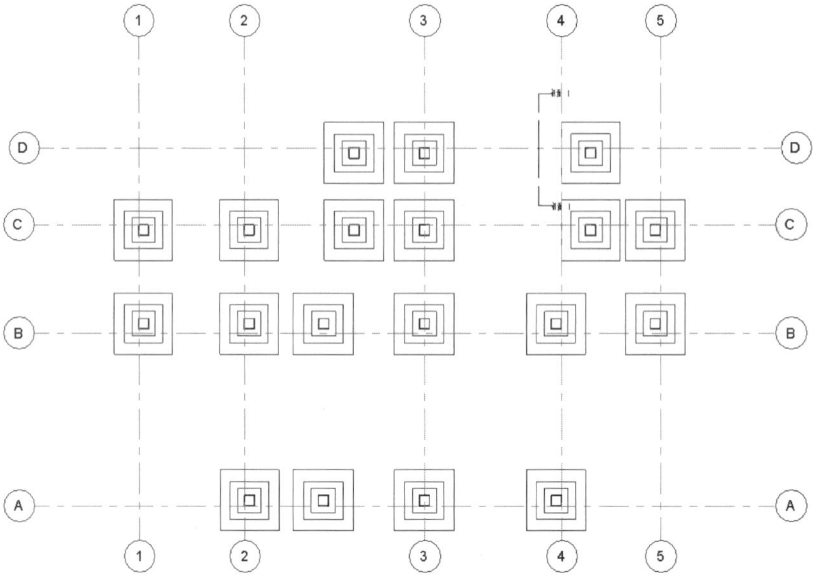

图 5-6 独立基础布置示意

图 5-7 条形基础的载入与放置

图 5-8 条形基础布置示意

条形基础与独立基础略有不同,属于系统族,因为类型较为固定,所以在绘制时直接修改尺寸参数即可;而且,条形基础的放置默认贴于墙底,无法修改纵向高度,所以这里我们只给大家介绍其绘制方法。

5.1.3　创建筏板基础

筏板基础又称板基础,筏板基础由底板、梁等构件组成。若建筑物荷载较大,地基承载力较弱,常采用混凝土底板筏板,使其承受建筑物荷载,形成筏基,其整体性能好,能很好地抵抗地基不均匀沉降。板基础绘制流程如下:单击结构面板中的“板”命令放置板基础,如图 5-9 所示。确定好筏板的形状、厚度及位置后,单击“板”命令即可绘制筏板基础的底板,如图 5-10 所示,绘制方法与楼板绘制相同,可在图纸标注集水坑的位置进行开洞处理。

图 5-9　筏板基础的放置

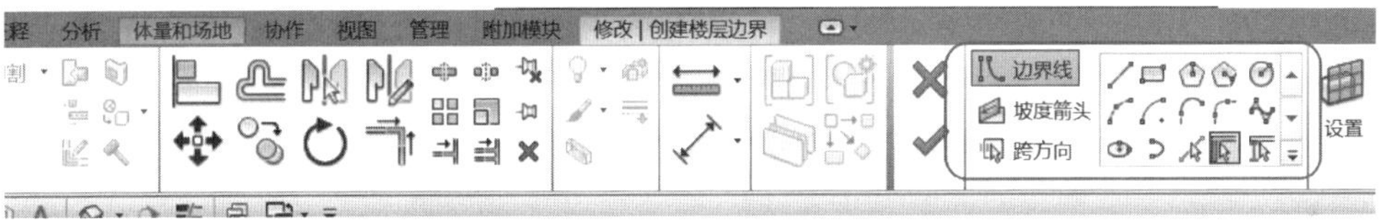

图 5-10　筏板基础的绘制

5.2　结构构件

5.2.1　创建与编辑结构柱

结构柱是在砌体房屋墙体的规定部位,按构造配筋,并按先砌墙后浇灌混凝土柱的施工顺序制成的混凝土柱,通常称为混凝土构造柱,其创建流程如下。

单击“项目浏览器”中的“视图”选项,单击“结构平面”,进入需要创建结构柱的平面,如图 5-11 所示。我们以“标高 2”平面为例,选择“结构”选项卡中的“柱”工具,在选择结构柱类型时,根据项目的实际需要,可以从族库中载入,若族库中的族构件不满足要求,需要新建族以满足项目需要。

需要注意的是,此处的“深度”是指结构柱由本层标高向下偏移,“高度”是指由本层标高向上偏移;“标高 2”是指结构柱的参照平面,如图 5-12 所示。实际建模过程中,根据项目实际情况,选择适合的参照平面和“深度”或者“高度”命令,单击“确定”即可,如图 5-13 所示。

图 5-11　柱放置及结构平面视图

图 5-12　结构柱的参照平面

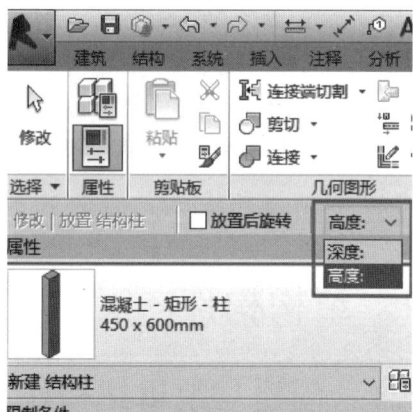

图 5-13　结构柱的"高度"及"深度"命令

　　绘制完成后，若要对其属性进行修改，单击"结构柱"，在左侧属性栏中选择"编辑类型"选项，修改其相应的尺寸和其他参数，单击"确定"即可，以便进行其他位置的模型绘制，如图 5-14 和图 5-15 所示。

　　选中柱后，可以通过属性栏中的"材质和装饰"选项对柱的材质及色彩进行调整，如图 5-16 所示。

　　第一个结构柱绘制结束后，重复以上方法，参照结构图纸，绘制出其他结构柱。

　　如要创建其他楼层的结构柱，单击"项目浏览器"中的"视图"选项，选择"三维视图"，单击"3D"进入三维视图，如图 5-17 所示。

　　单击框选需要复制的结构柱。单击"复制"选项卡，如图 5-18 所示。

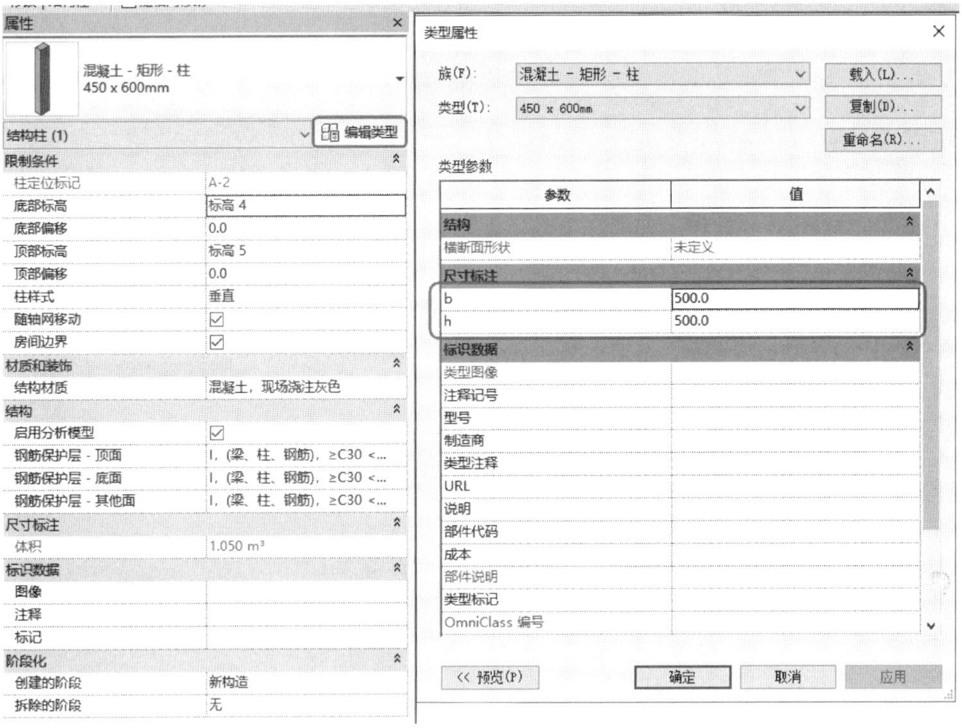

图 5-14　结构柱的尺寸编辑

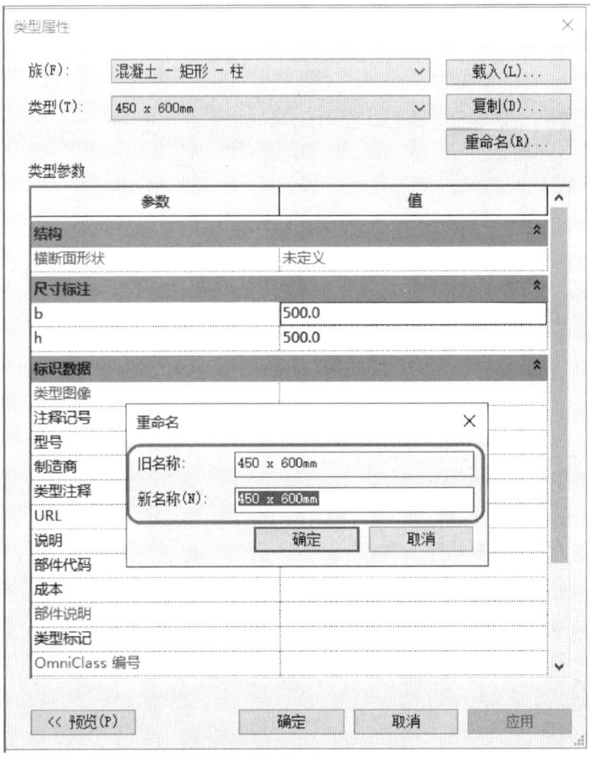

图 5-15　结构柱的重命名

图 5-16　结构柱的材质调整

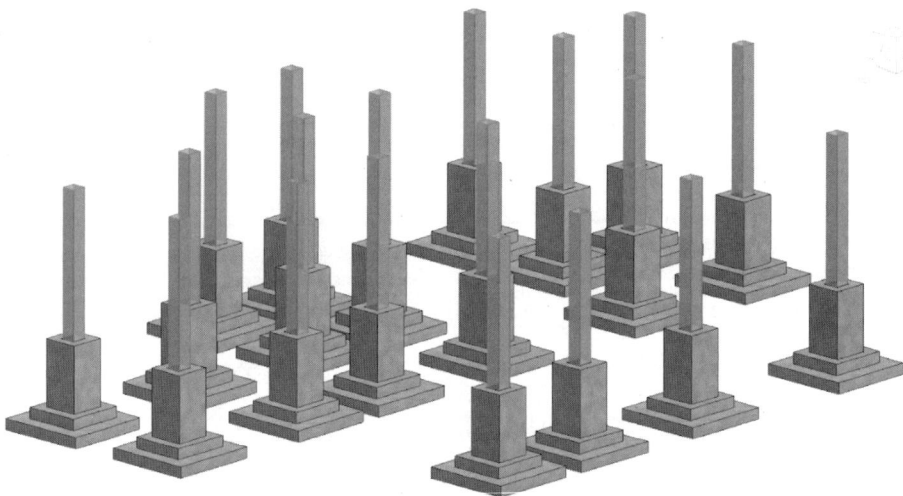

图 5-17　结构柱的三维视图

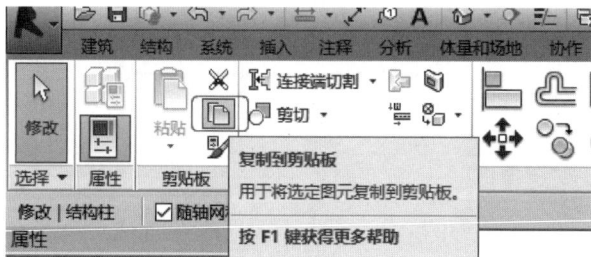

图 5-18　结构柱的复制

单击"粘贴"中"与选定的标高对齐"后,即可进行粘贴,如图 5-19 所示。

图 5-19　结构柱的粘贴

在弹出的窗口中选择合适的楼层标高,单击确定。

注意:此处不能选择结构柱原来所处的标高,否则粘贴后,新柱会与原有结构柱重叠,如图 5-20 所示。

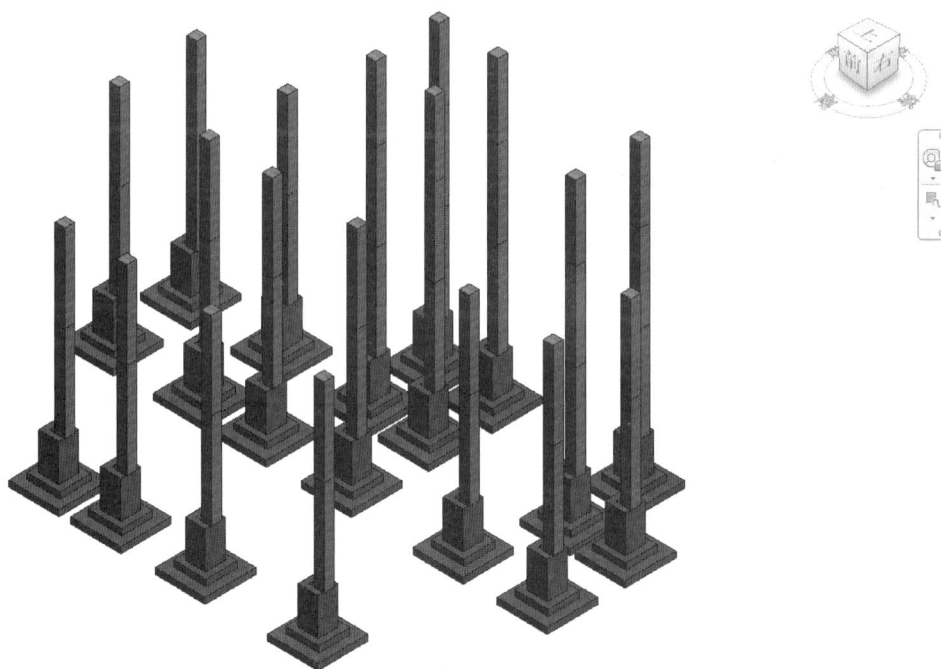

图 5-20　结构柱的三维视图(1)

将新复制的结构柱全部选中,在左侧属性栏中,找到"底部偏移"选项卡,将参数修改为"0.0",如图 5-21 所示。

调整后,结构柱摆放不再重叠,如图 5-22 所示。

图 5-21　结构柱的底部偏移

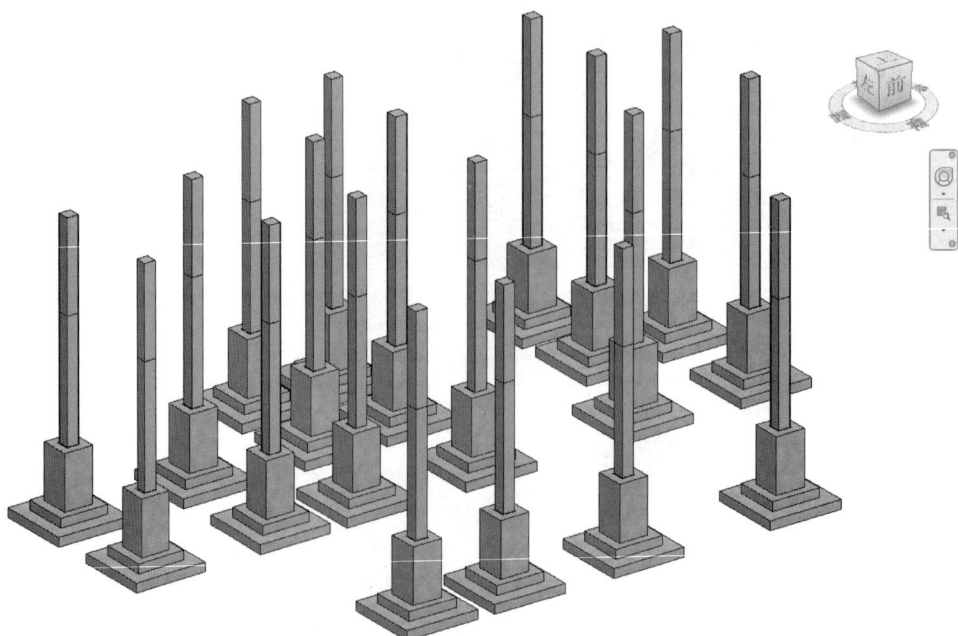

图 5-22　结构柱的三维视图（2）

5.2.2　创建与编辑结构墙

结构墙又称抗风墙、抗震墙或剪力墙,房屋或构筑物中主要承受风荷载或地震作用引起的水平荷载和竖向荷载(重力)的墙体,防止结构受切(受剪)破坏,一般用钢筋混凝土做成。结构墙创建流程如下。

单击"结构"选项卡,找到"结构"面板,单击"墙"选项,如图 5-23 所示。

图 5-23　结构墙的布置

在左侧属性栏中选择"编辑类型"选项,根据图纸要求,修改其相应的尺寸标注和参数大小,如图 5-24 所示。

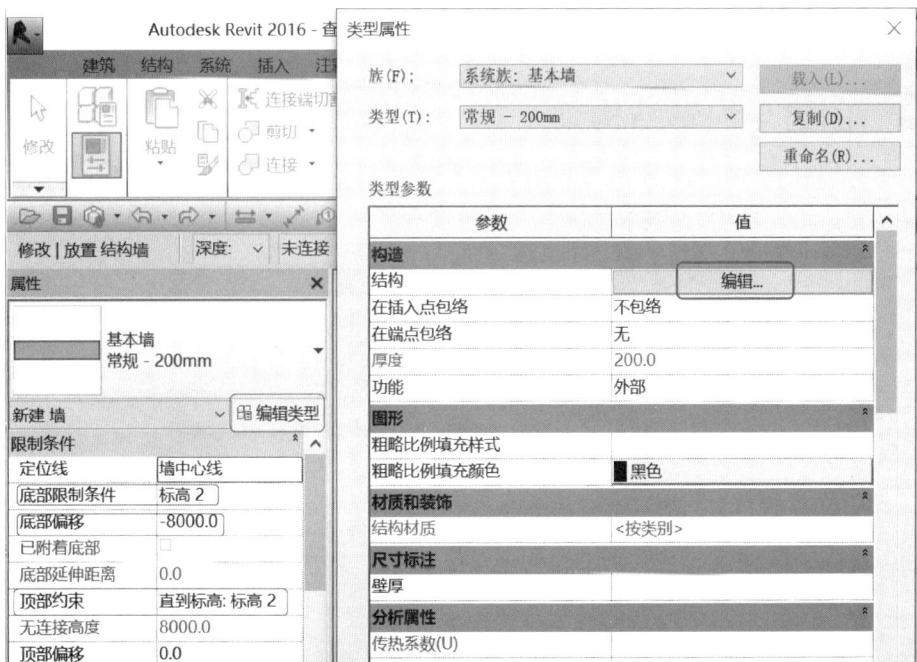

图 5-24　结构墙的位置编辑

如需设置墙体材质，单击属性类型面板中的"编辑"命令，如图 5-24 右侧框线所示，对结构墙的材质进行修改，如图 5-25 所示。

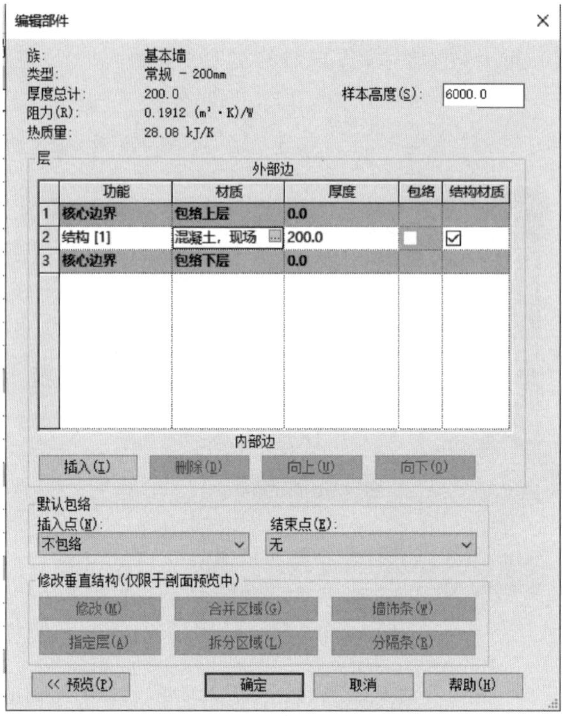

图 5-25　结构墙的材质修改

我们在平面图中选中结构墙的命令，进行结构墙的绘制。

5.2.3　创建与编辑结构梁

作为建筑物的主要承重部位，梁的存在为建筑的稳定性增添了一份保障。在 Revit 中，结构梁的命令位于"结构"面板下，如图 5-26 所示。

图 5-26　结构梁的放置

在选择梁类型时，根据项目的实际需要，可以从族库中载入，如图 5-27 所示。若族库中的族构件不满足要求，需要新建族以满足项目需要。

单击"梁"命令后，与结构柱的绘制步骤类似，可在属性栏里通过"编辑类型"选项载入新的族或对梁进行新类型的复制、命名及参数修改，如图 5-28 和图 5-29 所示。

在梁的绘制里，属性栏里有几个不同的参数需要注意：

Y 轴对正：用于控制梁的布置形式，如中心对齐、左对齐、右对齐等；

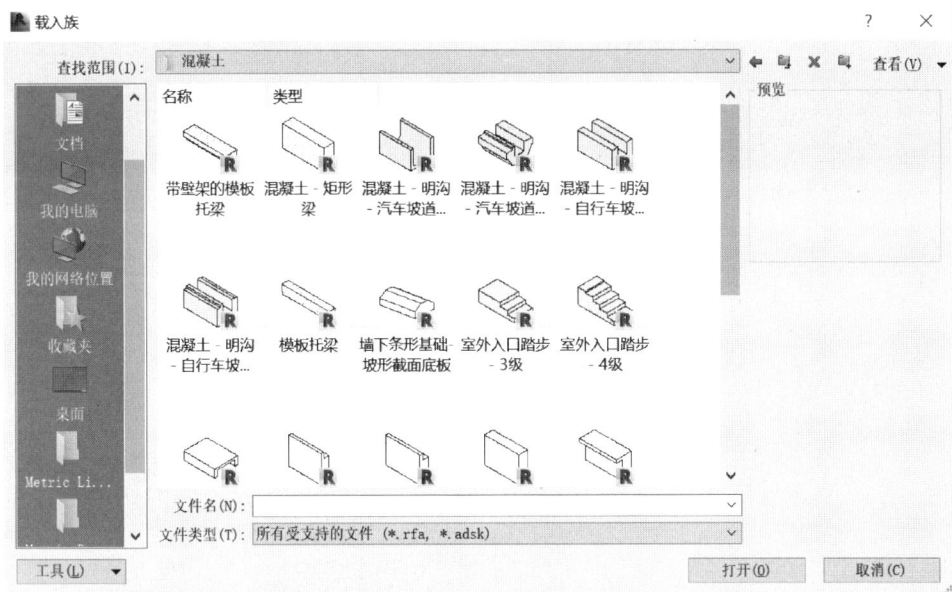

图 5-27　结构梁的载入

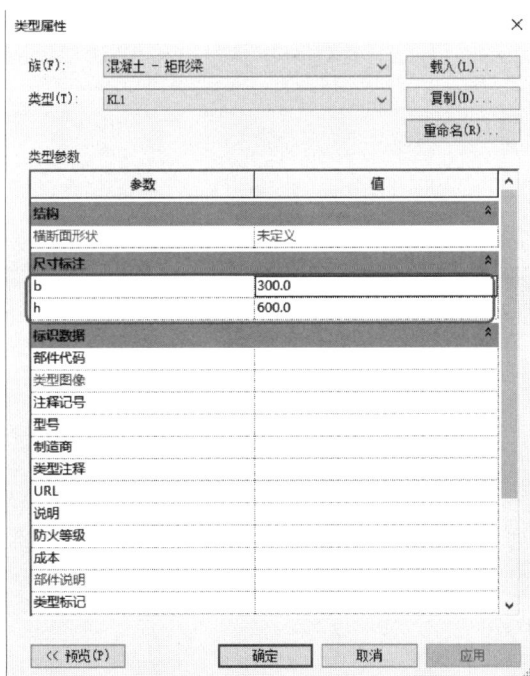

图 5-28　结构梁的尺寸编辑

Y 轴偏移值：在 Y 轴对正的基础上进行数值偏移；

Z 轴对正：用于控制梁的纵向对齐方式，如顶对齐、中心对齐、底对齐等；

Z 轴偏移值：控制梁的纵向位置。

具体如图 5-30 所示。

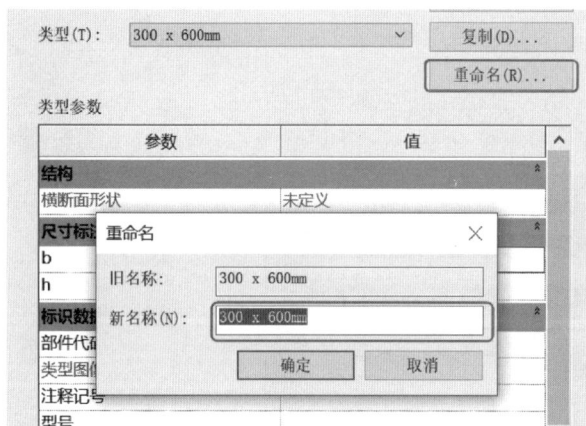

图 5-29　结构梁的重命名

图 5-30　结构梁的几何图形位置

　　另外，梁的默认绘制方式为当前所在平面，例如，在"标高 1—结构"平面直接绘制梁时，梁是以标高 1 为工作平面，放置在当前标高上，但根据我们的工程常识，一层的梁应该是与标高 2 平齐，所以我们想要在标高 1 绘制与二层标高平齐的梁时，需要将梁的放置平面切换为标高 2，如图 5-31 所示。

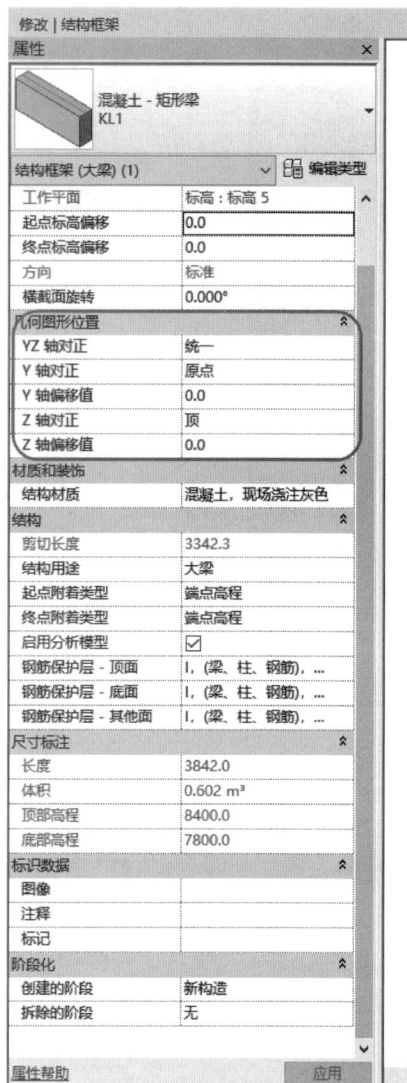

图 5-31　结构梁的放置平面

　　做好准备工作后即可正常绘制梁，梁的绘制方式有直线和曲线两种，与建筑墙体绘制类似，可以自行进行选择，如图 5-32 所示。

图 5-32　结构梁的绘制

如需调整梁的高度,有以下两种方法,一种为直接调整上方所述的 Z 轴偏移值,另一种可以调整起点标高偏移和终点标高偏移,如图 5-33 所示。需要注意的是,如果采用后者,二者需同时调整,这样才能保证一致,这也是我们在其他项目中绘制斜梁的方法之一。

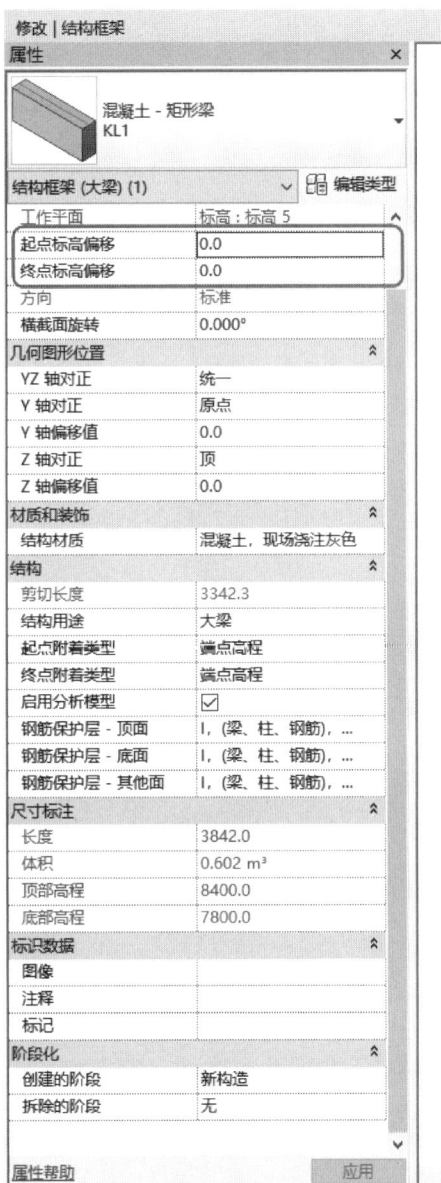

图 5-33　结构梁的位置限制

5.3　结构构件的配筋

5.3.1　布置钢筋

在 BIM 中，钢筋主要用于算量和钢筋节点展示，在 Revit 中，钢筋也同样是一个重点图元。钢筋命令位于"结构"面板下的"钢筋"选项卡中，如图 5-34 所示。

图 5-34　钢筋的放置

钢筋并不能凭空放置，需要放置对象才能进行操作，这里的放置对象特指结构构件中的柱、梁、板、墙及基础。

单击钢筋命令，系统会弹出对话框，单击确定即可显示钢筋浏览器，在钢筋浏览器中提供了多种常见的钢筋布置形式，大家可以根据图纸实际钢筋布置进行选择，如遇特殊钢筋可手动进行绘制，如图 5-35 所示。

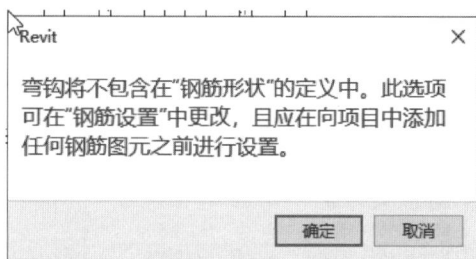

图 5-35　钢筋的放置

同时左侧属性栏会显示钢筋的相关参数，如钢筋的尺寸、等级等，单击下拉小三角即可选择符合条件的钢筋，如图 5-36 所示。

以 16 HRB400 钢筋举例，表示直径为 16 的 HRB400 钢筋，同理，18 HPB300 表示直径为 18 的 HPB300 钢筋，其中 HRB 和 HPB 分别为热轧带肋钢筋和热轧光圆钢筋。

事先在绘图区放置一根梁，当确定好钢筋相关参数后，将鼠标移动至绘图区时，显示为不可放置形式，这是因为放置钢筋需要提前设好放置平面及放置方向，具体方法如图 5-37 和图 5-38 所示。

不同的放置平面和放置方向，对应的钢筋位置也不同，需要切换三维进行实时查看对照，有时还需借助参照平面的定位。

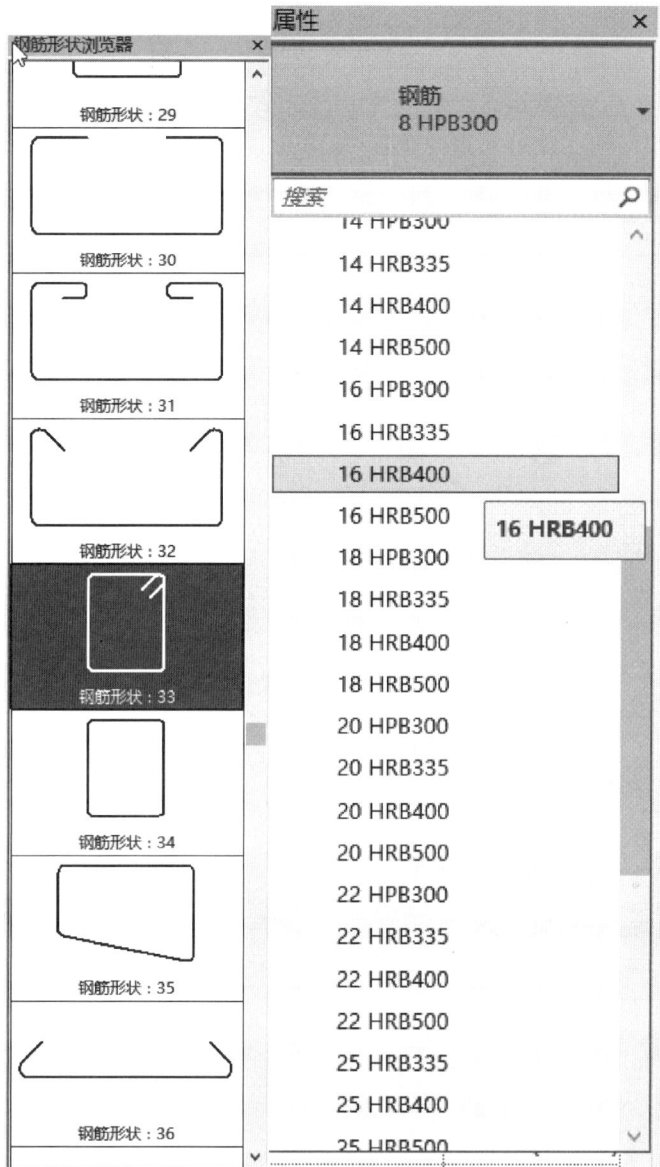

图 5-36　钢筋的尺寸选择

图 5-37　放置平面及放置方向的命令

以上介绍的属于单根钢筋的放置,若想要放置多根同种类型的钢筋或布置钢筋加密区及非加密区时,除了需要常用的修改命令如复制阵列等,还可以使用钢筋集进行统一处理,如图 5-39 所示。

选择好对应的布局方式后,需要合理利用下方的"布局""数量"及"间距"命令,通过修改三者的数值,可以很好地实现钢筋集的布置,如图 5-40 所示。

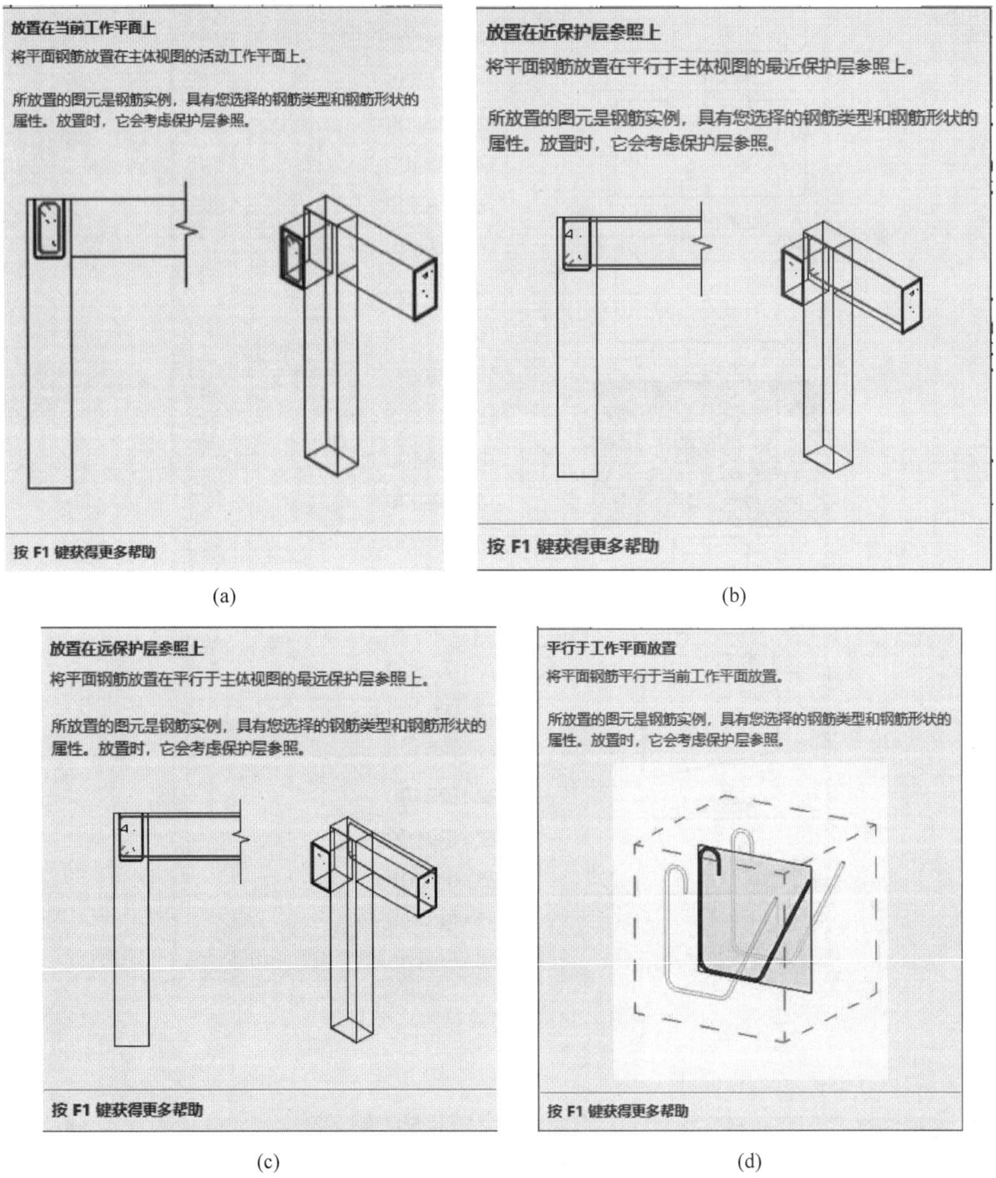

(a)

(b)

(c)

(d)

图 5-38　钢筋放置平面及放置方向

（a）放置在当前工作平面上；（b）放置在近保护层参照上；（c）放置在远保护层参照上；（d）平行于工作平面放置；（e）垂直于工作平面并平行于最近的保护层参照放置；（f）垂直于工作平面并垂直于最近的保护层参照放置

(e)　　　　　　　　　　　　　　　　(f)

图 5-38（续）

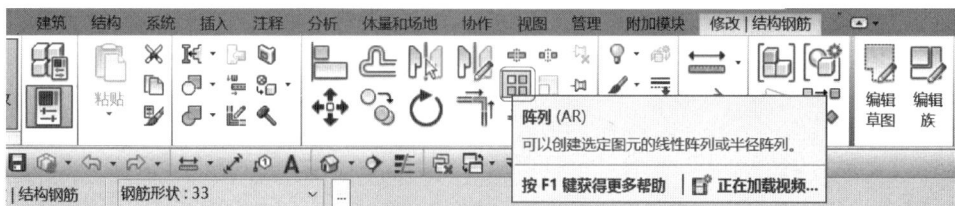

图 5-39　阵列命令

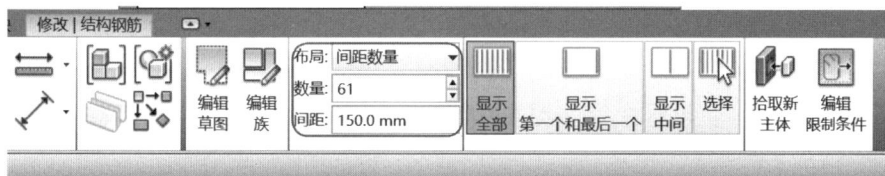

图 5-40　钢筋的布局方式

若要单独绘制钢筋形状，需单击绘制钢筋命令，点选钢筋布置对象进行绘制。

接下来，以疗养院 4 号别墅项目为实例，介绍结构梁钢筋的布置方式。以 KL13（图 5-41）梁为例，KL13 框架结构梁，表示框架梁截面宽为 250mm，高为 600mm。其中梁上部布置 2 根直径为 16mm 的三级钢，且为布置在角部的通长钢筋；加密区钢筋间距为 100mm，非加密区钢筋间距为 200mm，均为双肢箍，三级钢。具体布置流程如下。

（1）布置结构梁钢筋需要在剖面图中绘制，剖面的位置如图 5-42 所示。

（2）对通长钢筋进行布置，注意此时钢筋放置方向为当前工作平面，且垂直于保护层，如图 5-43 所示。

图 5-41　KL13 信息

图 5-42　剖面的位置

图 5-43　通长钢筋的布置

（3）布置完通长钢筋后，开始布置箍筋。此时，钢筋放置平面为当前工作平面，且平行于保护层。

（4）由于箍筋存在加密区和非加密区，需要灵活运用钢筋集中的"布局"和"间距"命令，来实现钢筋集的布置，如图 5-44 所示。

图 5-44　箍筋的布置

（5）布置好的结构梁钢筋如图 5-45、图 5-46 所示。

图 5-45　钢筋布置剖面

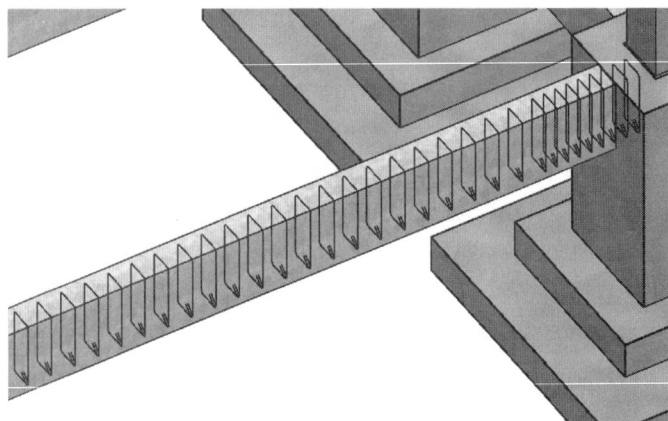

图 5-46　钢筋布置三维图

5.3.2　钢筋布置技巧

1. 钢筋保护层的设置

混凝土保护层是在混凝土构件中,保护并避免钢筋直接裸露的混凝土。保护层厚度是从混凝土表面到最外层钢筋(包括箍筋、构造筋、分布筋等)公称直径外边缘之间的最小距离。钢筋保护层设置规范如表 5-1 所示。

表 5-1　钢筋保护层设置规范

环境类别		纵向受力钢筋的板、墙、壳	梁、柱
一		15	20
二	a	20	25
	b	25	35
三	a	30	40
	b	40	50

不同的结构图元都有不同的保护层厚度,在 Revit 软件中可对保护层进行单独设置。设置流程如下。

(1) 单击“钢筋”选项卡,选择“保护层”进行设置,如图 5-47 所示。

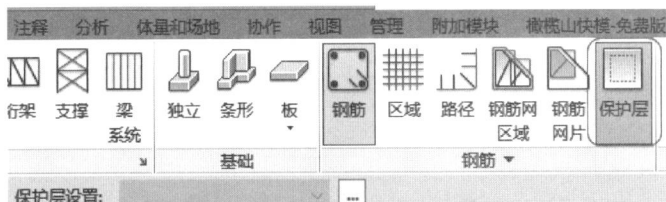

图 5-47　钢筋保护层位置

(2) 弹出钢筋保护层设置对话框。这里有系统默认的钢筋保护层类别,如图 5-48 所示。

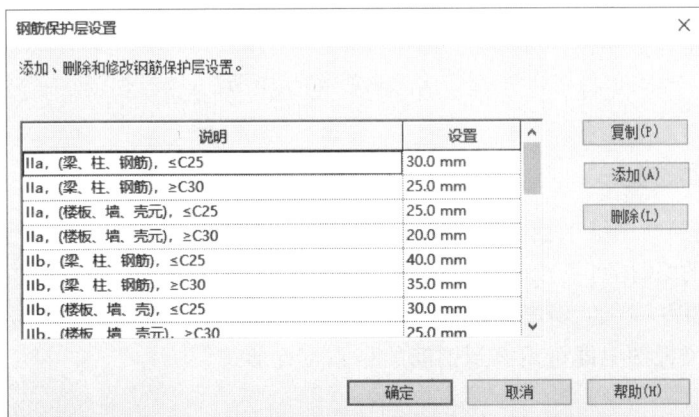

图 5-48　钢筋保护层设置

（3）根据项目实际添加自己需要的保护层，再回到梁板柱等图元中，可对保护层厚度进行选择，如图 5-49 所示。

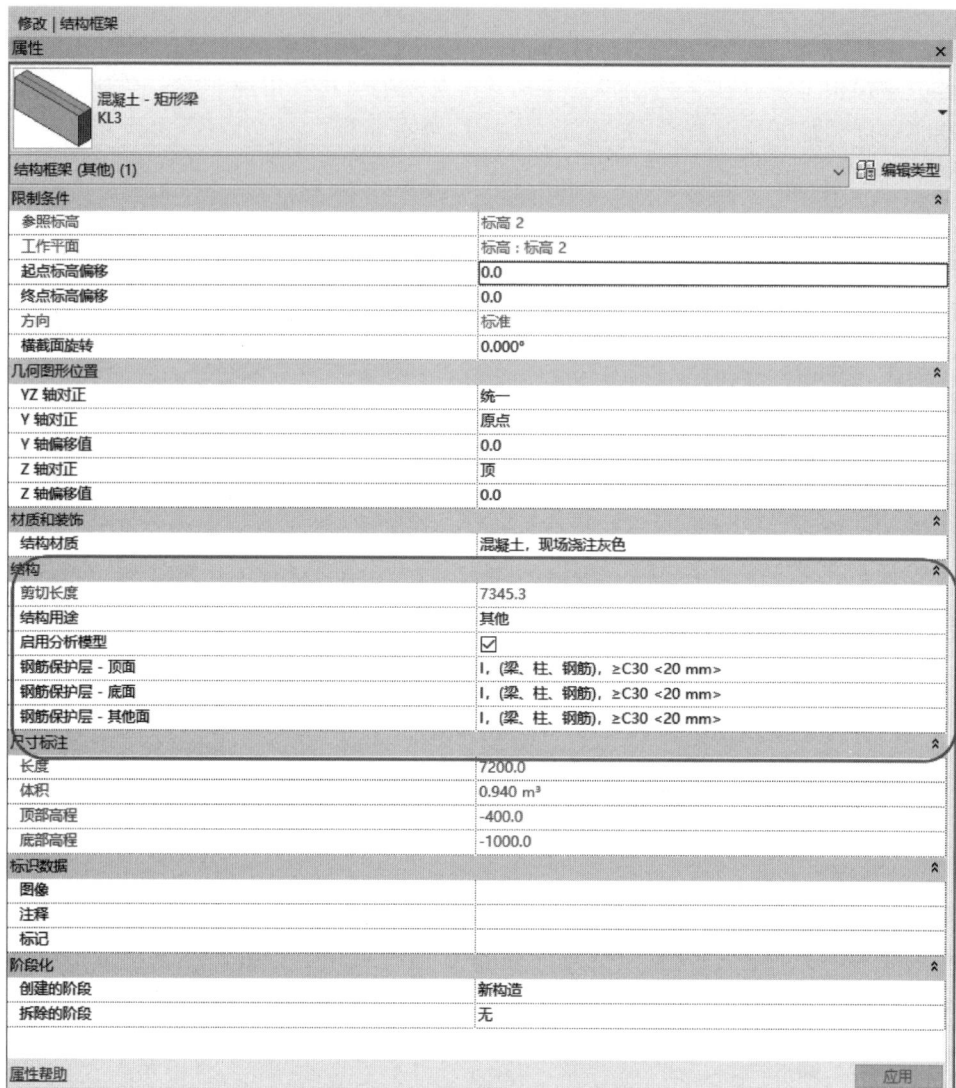

图 5-49　钢筋保护层设置

2. 钢筋显示

绘制好的钢筋在三维中会被结构图元遮挡，这里需要调整钢筋的视图可见性。单击钢筋，选择属性栏的"视图可见性状态"，单击"编辑"命令，如图 5-50 所示。

勾选三维视图一栏的"清晰的视图"以及"作为实体查看"，如图 5-51 所示。

此时，在三维视图中即可观察到钢筋的相关布置形式。

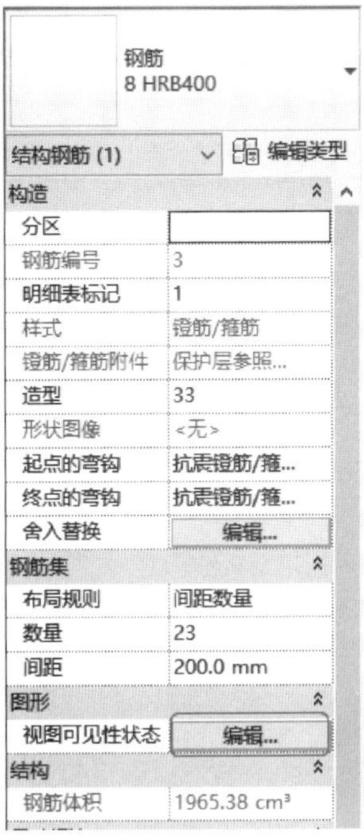

图 5-50　钢筋视图可见性
状态设置

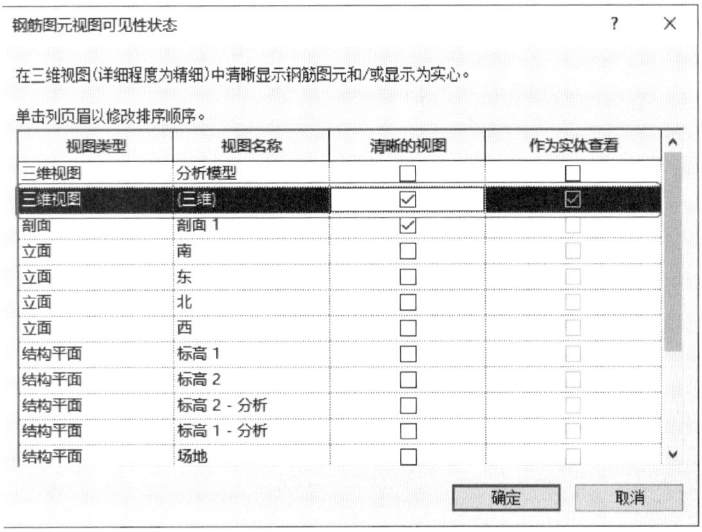

图 5-51　钢筋视图可见性状态

思考与练习题

1. 简述在 Revit 中进行结构构件配筋时需要遵循的基本原则。
2. 如何在 Revit 中为柱子和梁选择与布置钢筋？
3. 简述使用 Revit 模型进行结构分析的步骤。
4. 简述建筑柱和结构柱在建模步骤上的主要区别。

第6章

项目视图组织与视图设置

本章要点

（1）项目视图组织结构；

（2）视图设置；

（3）视图样板。

学习目标

了解项目视图组织结构，熟悉使用视图列表进行分类、命名和视图排序；熟悉视图设置，包括自定义视图范围和可见性设置；熟悉过滤器的设置，包括使用过滤器对视图中的元素进行控制显示；掌握视图样板的创建和应用，包括设定视图比例、注释标准和尺寸样式。

素质目标

本章通过对项目视图组织与视图设置等软件建模中的规范化设置，让学生更深入地了解软件建模规范化的重要性，培养学生对行业发展的敏感性，从而让学生认识到建筑技术的使用和建筑从业者的专业技术所起的重要作用，将专业课程和思想建设有机融合，激发学生进取精神，提升职业素养。

6.1 项目视图组织结构

按照视图或图纸的属性值对项目浏览器中的视图和图纸进行组织、排序和过滤,便于用户管理视图和图纸,并能快速有效地查看、编辑相关的工作视图和图纸。

1. 编辑视图组织结构

视图组织结构如图 6-1 所示,右击"项目浏览器"中的"视图(专业)",并选择"浏览器组织(B)…",在"浏览器组织"窗口中,用户可以在"视图"下方列表的浏览器中选择一项作为当前项目浏览器的组织方式或自定义一个新的选项,也可以对当前视图组织进行编辑、重命名或删除。

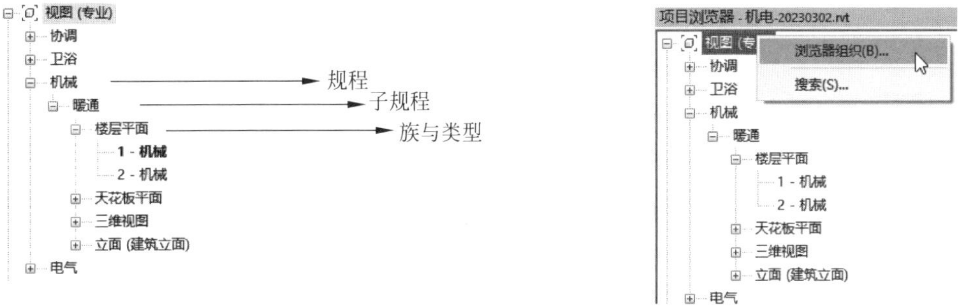

图 6-1 项目浏览器的视图组织结构

如图 6-2 所示,选中"专业"选项并单击右侧"编辑",就会打开"浏览器组织属性"窗口,可以在"成组和排序"及"过滤"两个选项卡下对当前视图组织进行自定义。

图 6-2 项目浏览器的组织属性及其编辑

2. 编辑成组和排序

"成组和排序"选项卡:通过设置不同的成组条件、排序方式等自定义项目视图和图纸的组织结构。例如,把第一成组条件设置为"规程",第二成组条件设置为"子规程",第三成组条件设置为"族与类型",把"视图名称"作为排序方式且设置为升序排列,在"项目浏览器"

下得到的视图组织结构，如图 6-3 所示。

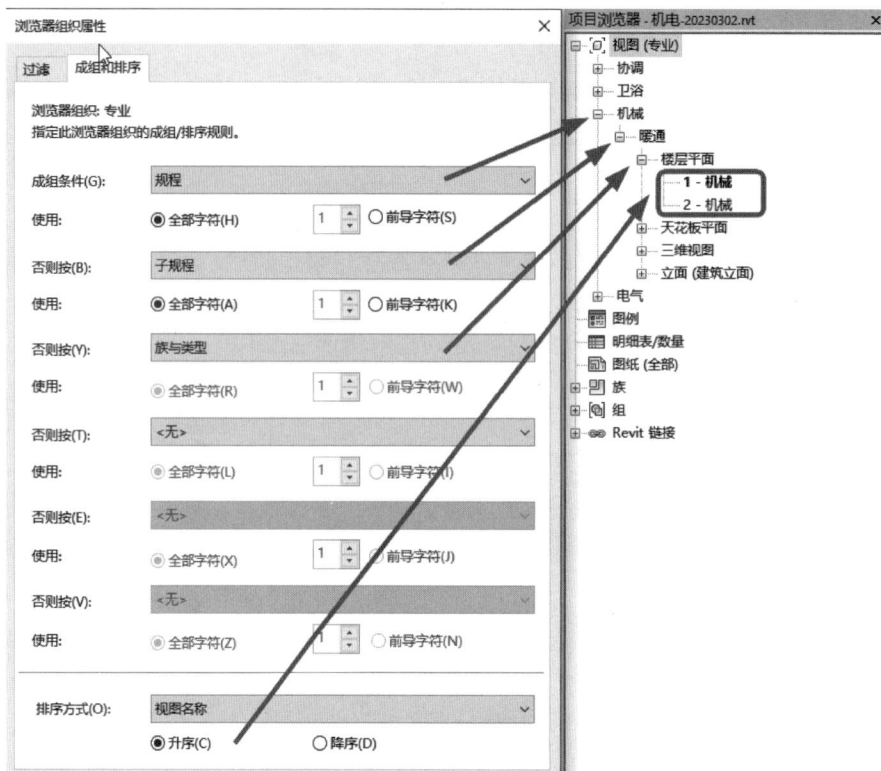

图 6-3 成组和排序的设置对应项目浏览器的组织结构

3. 编辑过滤器

"过滤器"选项卡：通过设置过滤条件确定所显示的视图和图纸的数量。例如，按照"子规程"及"族与类型"两个条件来过滤所需显示的视图，设置步骤如图 6-4 所示。

(a)

图 6-4 "过滤器"选项卡的设置
(a) 设置"过滤"命令；(b)"过滤"命令细节

(b)

图 6-4（续）

6.2 视图设置

一般项目中通过以下两种方式对视图属性进行设置。

（1）在当前视图属性中进行设置：单击当前视图，在"属性"对话框中对"图形""标识数据""范围"及"阶段"下的各个参数进行设置，该设置仅对当前视图起作用。

（2）在"视图样板"中对视图属性参数进行统一编辑后，再应用到各个相关视图。

6.2.1 视图范围

每个楼层平面和天花板平面视图都具有"视图范围"，该属性也称为可见范围。视图范围是控制对象在视图中的可见性和外观的水平平面集。在"属性"—"范围"对话框中单击"视图范围"—"编辑"，打开"视图范围"对话框，如图 6-5 所示。"视图范围"对话框中包含"主要范围"中的"顶（T）""剖切面（C）""底（B）"和"视图深度"中的"标高（L）"。

（1）顶：设置主要范围的上边界标高。根据标高和距此标高的偏移定义上边界。图元根据其对象样式的定义进行显示。高于偏移值的图元不显示。

（2）剖切面：设置平面视图中图元的剖切高度，使低于该剖切面的构件以投影显示，而

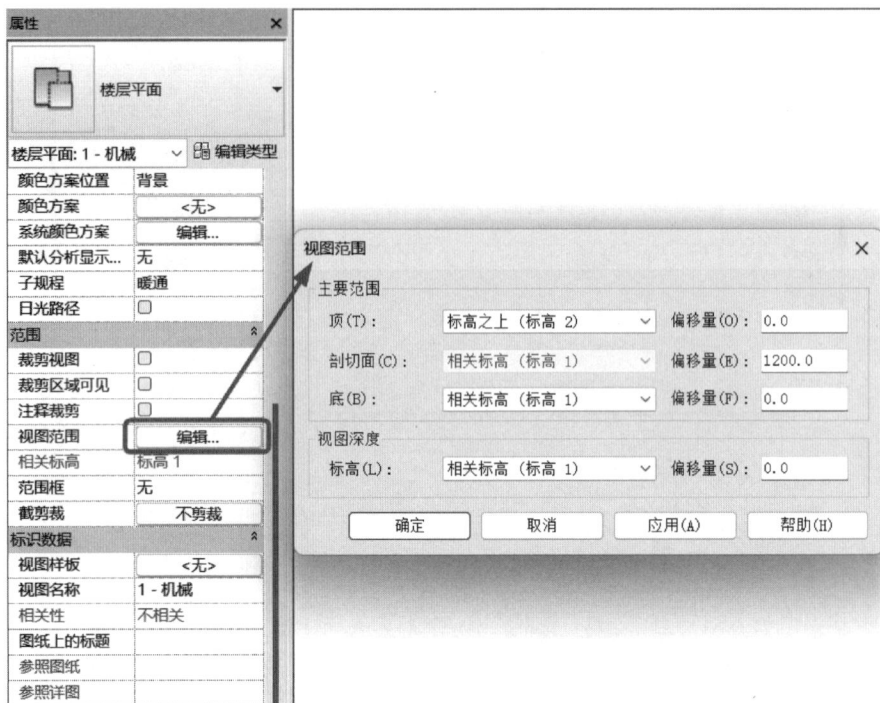

图 6-5　打开视图范围界面

与该剖切面相交的其他构件显示为截面。显示为截面的建筑构件包括墙、屋顶、天花板、楼板和楼梯。剖切面不会截断构件（如书桌、椅子和床）。

（3）底：设置主要范围下边界的标高。如果将其设置为"标高之下"，则必须指定"偏移量"的值，且必须将"视图深度"设置为低于该值的标高。

（4）标高："视图深度"是主要范围之外的附加平面。可以设置视图深度的标高，以显示位于底裁剪平面下面的图元。默认情况下，该标高与底部重合。

例如，从立面视图角度显示平面视图的视图范围，如图 6-6 所示。以下序号分别对应视图范围⑦、顶部①、剖切面②、底部③、偏移（标高以下）④、主要范围⑤和视图深度⑥。

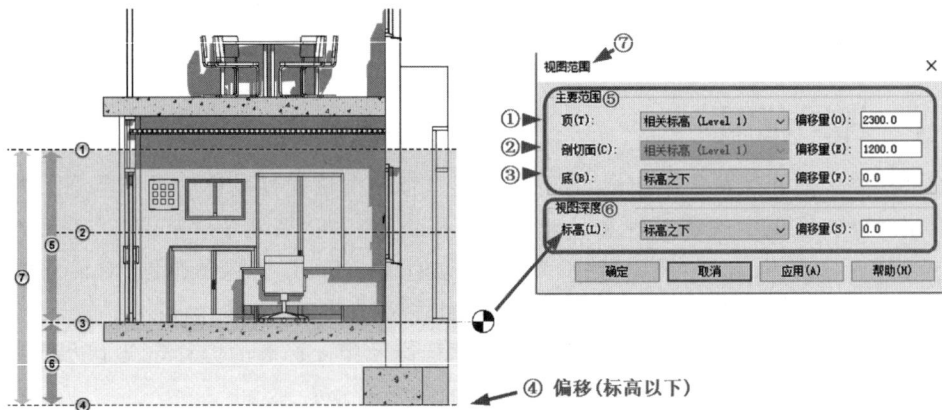

图 6-6　视图范围的设置

6.2.2　可见性设置

针对不同专业的设计需求，对视图中的"模型类别""注释类别""导入的类别""过滤器"和"Revit 链接"等的可见性、投影/表面、截面填充图案、透明及半色调等显示效果进行设置。以"模型类别"为例，单击"视图"—"可见性/图形"，在弹出的窗口中对当前项目中"模型类别"选项卡下相关图元的可见性和显示样式进行设定，如风管、风管内衬、风管管件、风管附件、风管隔热层等进行设定，如图 6-7 所示。

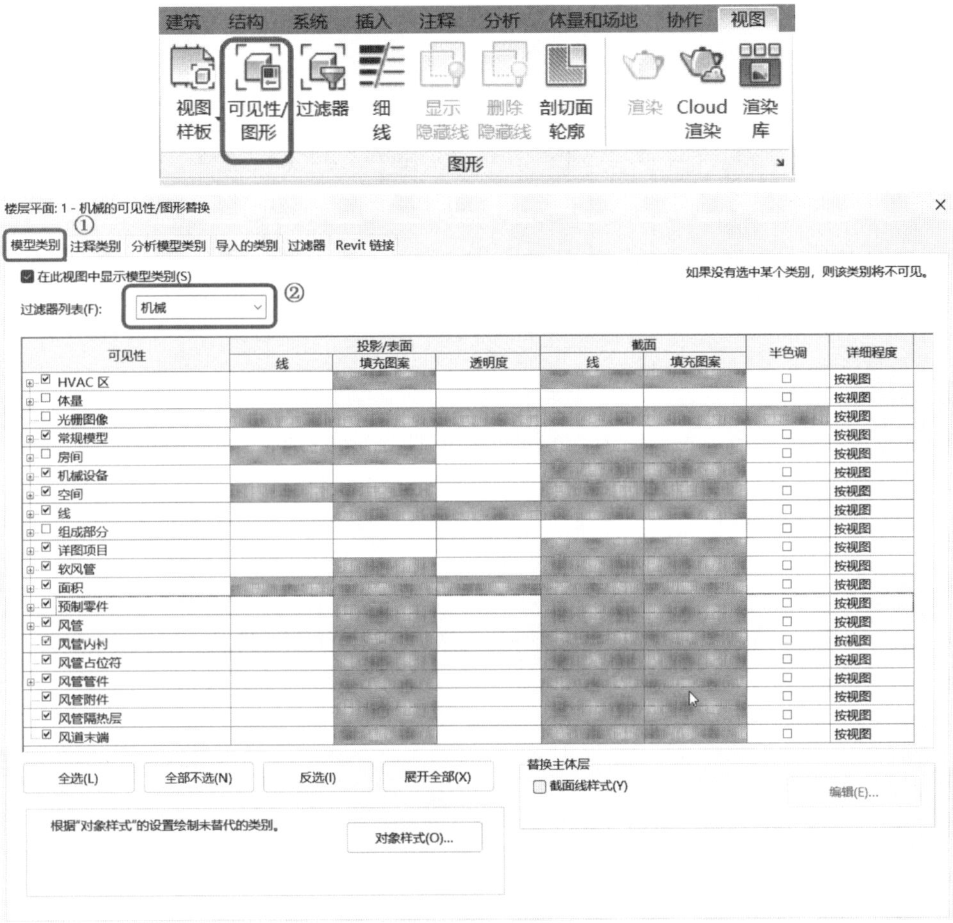

图 6-7　可见性/图形设置

（1）可见性：勾选或取消勾选设置图元在视图上的可见性。

（2）投影/表面：对视图图元的投影/表面"线""填充图案""透明度"进行设置。

（3）截面：对视图图元的截面"线""填充图案"进行设置。

（4）半色调：使图元的线颜色同视图的背景颜色融合。

（5）详细程度：设置该视图中的某类图元是按照粗略、中等或精细程度显示。

当在"可见性/图形替换"对话框中设置完成后，无论状态栏下的详细程度如何设定，都以该视图的"可见性/图形替换"的设置为主。除"模型类别"以外，"注释类别"选项卡中对应的是当前视图中注释类别的图元在当前视图中的显示和显示样式的设置；"分析模型类别"一般对应的是项目中依据模型进行性能分析时所用到的分析模型相关图元的显示和显示样式，如进行荷载分析所用到的"分析柱"和"分析梁"；"导入的类别"和"Revit 链接"一般对应的是"插入"选项卡中通过导入或者通过链接的方式进入当前项目里，并显示在当前视图中图元的可见性及显示样式。机电设计中"过滤器"的相关设置是可见性设置中的重点，因为机电设计中往往涉及各个系统的图元通过不同的线性图案或颜色等来加以区分，故本书将对此部分着重讲解。

6.2.3　过滤器设置和使用

如图 6-8 所示，在"图形"面板上单击"过滤器"按钮打开"过滤器"窗口。

图 6-8　"视图"—"图形"—"过滤器"

1. 创建过滤器

如果尚未在"过滤器"对话框中创建任何过滤器，那么对话框中仅可单击"新建(N)…"按钮进行创建。单击"新建(N)…"按钮，打开"过滤器名称"对话框。在"名称(N)"选项中，显示默认的名称，用户可以自定义名称，如"过滤器 1"。如图 6-9 所示。

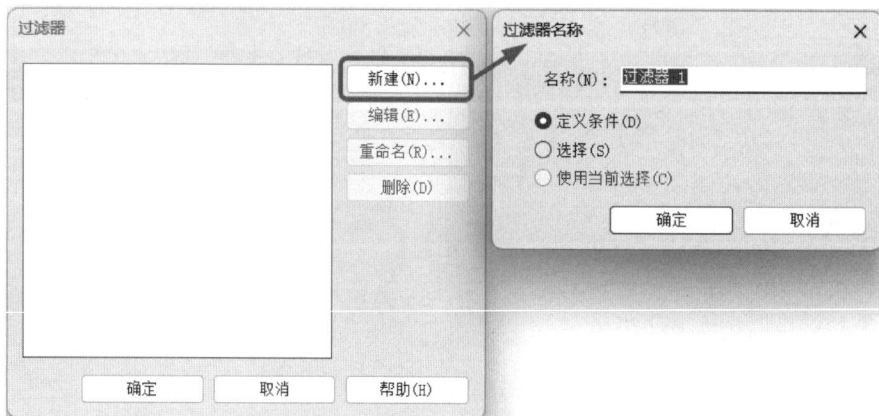

图 6-9　新建"过滤器"

默认选中"定义条件"单选按钮，单击"确定"按钮，打开"过滤器"对话框。在"过滤器"列表中会显示新建过滤器名称。选中"机械-送风"选项，在类别列表中，勾选复选框，例如，勾选"风管、风管内衬、风管管件、风管附件、风管隔热层"复选框，如图 6-10 所示，则此次创建的过滤器，便与风管及其管件等有关。单击右上角的"过滤条件(I)"选项，向下弹出列表，显示各种条件选项；选择其中的一种，指定过滤条件，如选择"系统分类"选项，单击第 2 个选项，向下弹出列表，显示"等于""不等于"等选项。选择其中的一项，例如，选择"包含"选项，添加过滤条件。单击第 3 个选项,输入文字;第 3 个选项所显示的信息,与已经选定的类别和过滤条件有关。在类别列表中,已经选择了"风管、风管内衬、风管管件、风管附件、风管隔热层"类别,并且分别设置第 1 个过滤条件为"系统分类",第 2 个过滤条件为"包含",那么在第 3 个过滤条件中,就需要输入包含的内容:"送"。执行上述操作后,便为"机械-送风"设置了若干过滤条件。单击"确定"按钮,关闭对话框,完成设置。

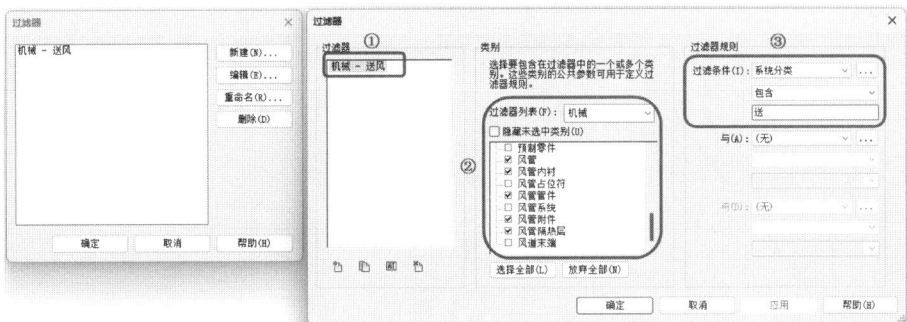

图 6-10　"过滤器"编辑窗口(1)

如果过滤器列表中已经具有存在的过滤器条目,也可基于现有的过滤器条目,通过列表下方的按钮进行"复制" □ /"重命名" 🖾 或"删除" ✖ ,如图 6-11 所示。

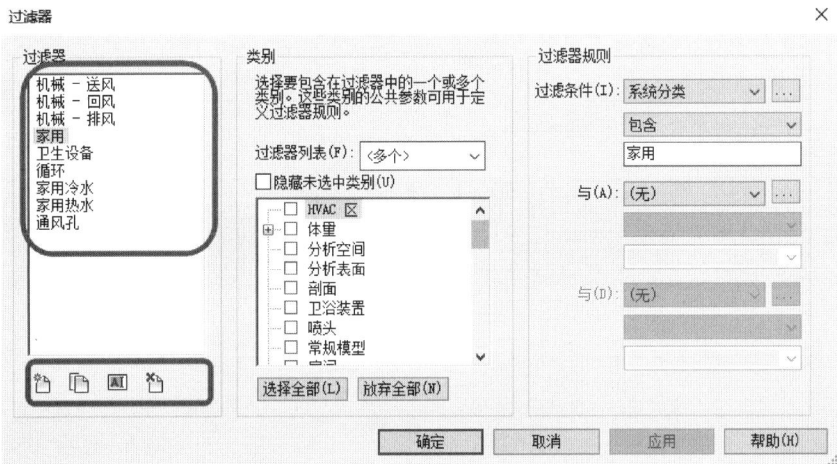

图 6-11　"过滤器"编辑窗口(2)

2. 添加/删除过滤器

打开"楼层平面:1-机械的可见性/图形替换"对话框,如图 6-12 所示。选择"过滤器"选项卡,单击下方"添加(D)"按钮,打开"添加过滤器"对话框。在列表中,显示已创建的过滤器。选择需要添加的过滤器,如图 6-12 所示,单击"确定"按钮,关闭对话框,即可在"过滤器"选项卡中,显示已添加的过滤器。

若项目中已经存在过滤器,也可以对其进行"删除(R)"或"向上(U)""向下(O)"移动,如图 6-13 所示。在该窗口中,也可以通过最下方"编辑/新建(E)…"来添加/创建过滤器,操作方式如图 6-9 所示。

图 6-12　添加过滤器

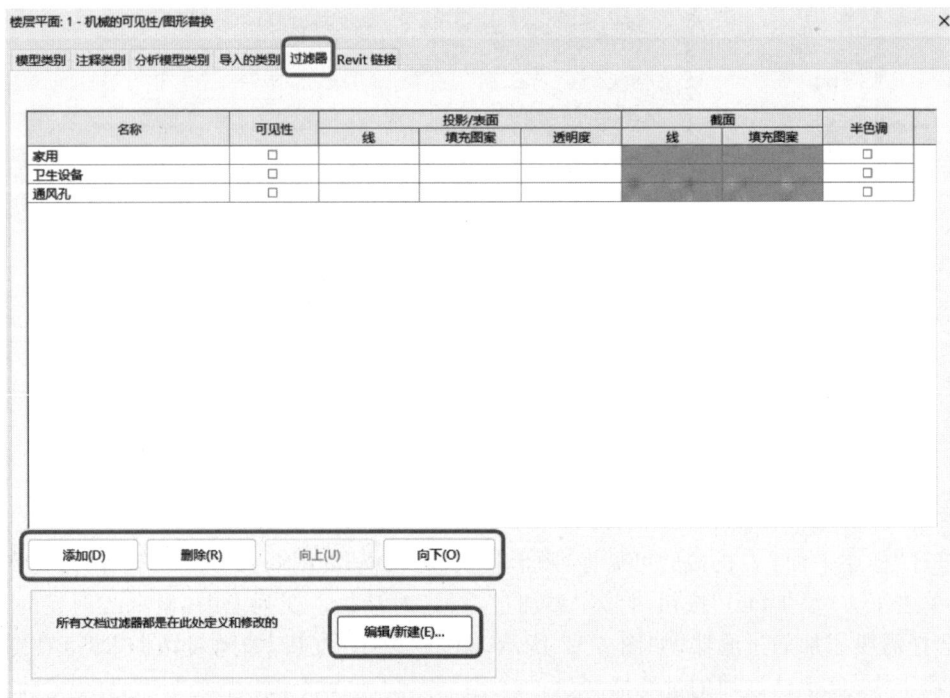

图 6-13　编辑过滤器

3. 利用过滤器隐藏图元/替换图元显示样式

打开"机电-20230302"文件,切换到"机械-1"—"暖通"—"楼层平面"—"1-机械"视图,并单击"视图"—"图形"—"可见性/图形"—"过滤器"选项卡,按照6.2.3节中"2.添加/删除过滤器"中的操作选择/添加"机械-送风"过滤器,查看"机械-送风"过滤器,并使其"过滤器规则"的设置如下:过滤条件—"系统分类""包含""送";确认以上信息,并回到"可见性/图形"—"过滤器"选项卡。单击将光标定位在"可见性"单元格中,取消勾选复选框,并应用,观察视图中①、②轴交Ⓑ、Ⓒ轴之间风管的可见性,如图6-14所示。由于该段管线的"系统分类"为"送风",所以被图6-10中过滤器的规则所过滤掉,当执行取消可见性的操作后,被当前视图所隐藏,读者可在"可见性/图形"—"过滤器"选项卡中反复勾选或取消勾选并应用如上述操作,观察过滤器的控制效果。查看图元,发现满足过滤条件的管线被隐藏了,效果如图6-14所示。其他系统的图元由于不符合过滤条件,所以依然显示在视图中。

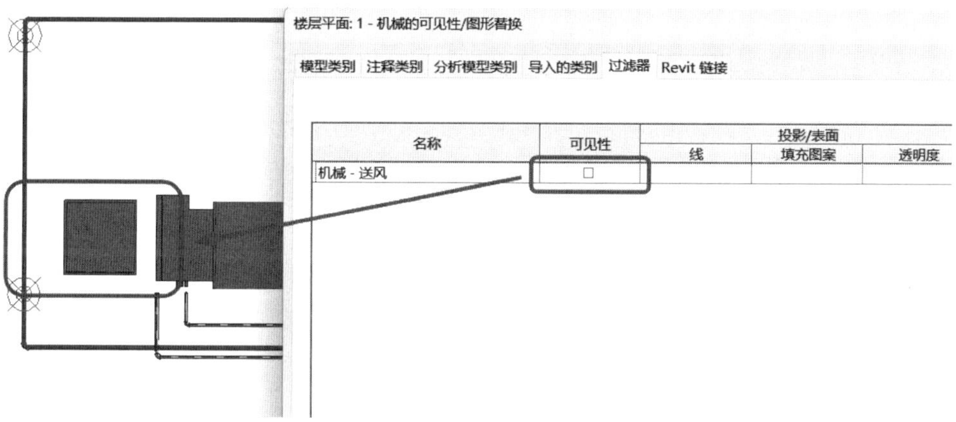

图 6-14　取消勾选过滤器可见性

在"过滤器"选项卡中勾选可见性,并单击"投影/表面"—"填充图案"下方的空白处,将显示"替换..."按钮,单击并进入"填充样式图形"窗口,按照如图6-15所示的方式设置并单击"确定"。

回到"过滤器"选项卡,可看到列表中填充图案显示为紫色,单击下方应用,并查看视图中①、②轴交Ⓑ、Ⓒ轴之间风管,变成了紫色,如图6-16所示;以上操作就是对具备某类参数的图元通过定义过滤器规则的方式来修改/替换其在当前视图中的显示样式的方法;除以上"填充图案"的操作外,读者也可以使用类似操作对图元的"线"或"透明度"等进行设置。

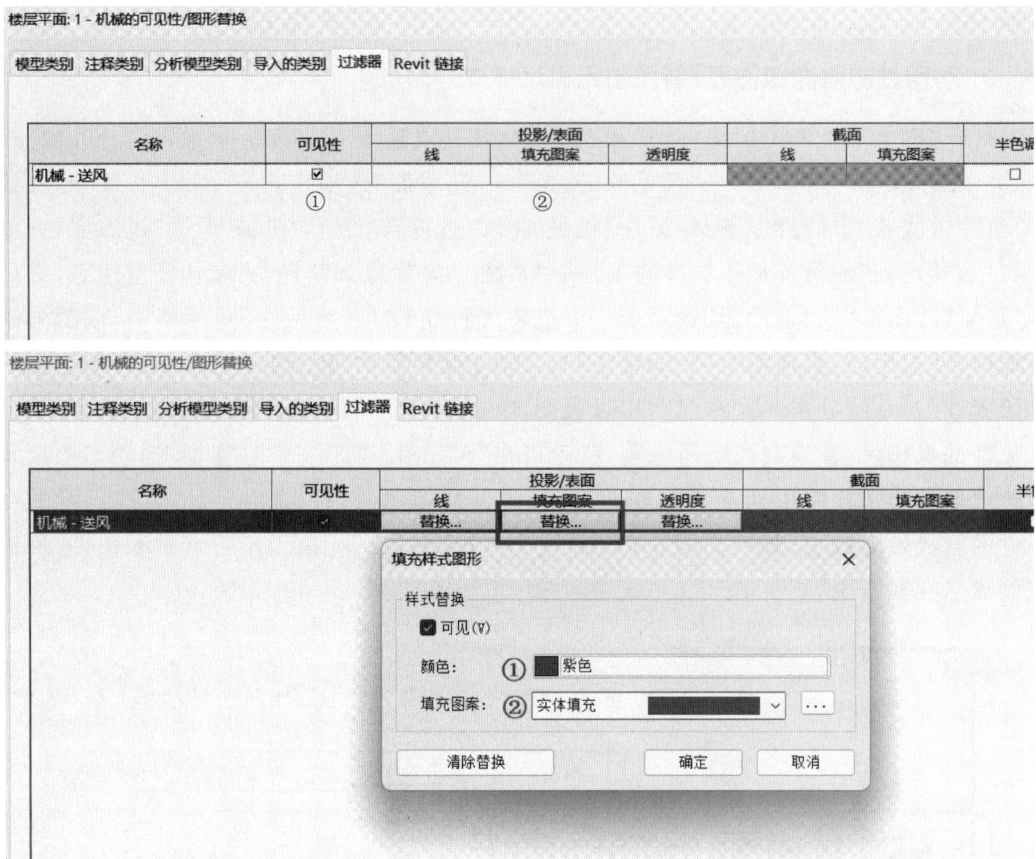

图 6-15　填充样式图形替换

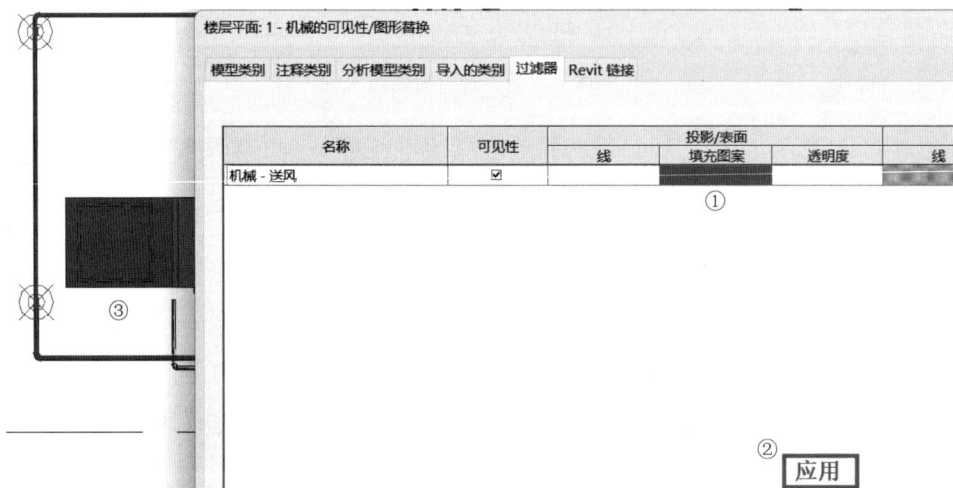

彩图 6-16

图 6-16　填充图案的设置与显示样式

6.3

6.3　视图样板

6.3.1　查找视图样板

　　由于项目类型的不同或应用场合等区别,在机电设计工作中,有时在平面中需要将不同的系统加以归类并出图,比如一般暖通专业需要区分出:送/新风系统、排风系统、排烟系统、空调水系统、暖气/地暖系统等,如图 6-17 所示。在某项目中,分别选中项目浏览器中的1、2、3 层送风新风楼层平面,右击"应用视图样板(T)..."按钮,在打开的界面中找到"名称"下方的"ZY-建模-送风新风"选项,选择并确定,则应用此视图样板的平面中就只显示出"系统分类"为送风及新风的系统管线;以此类推,可以将不同系统所对应的视图属性设置,通过视图样板应用于各个楼层;通过此方法同步各个系统中各个楼层的模型显示样式。

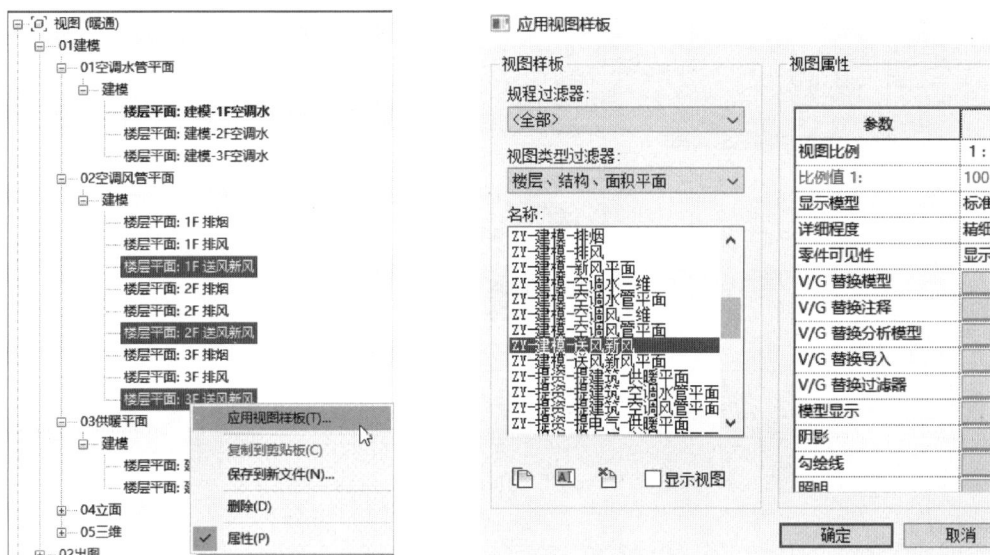

图 6-17　批量应用视图样板

6.3.2　编辑视图样板

　　视图样板是视图属性的集合,视图比例、规程、详细程度等都包含在视图样板中。Revit提供了多个视图样板,用户可以直接使用,或者基于这些样本创建自定义的视图样板,设置完成后应用到各个相关视图中。Revit 对视图样板提供了 3 种操作方式,如图 6-18 所示。

　　(1) 应用视图样板:若项目中具有当前项目所需的视图样板,则可单击功能区中"视图"—"图形"—"视图样板"—"将样板属性应用于当前视图",在打开的"应用视图样板"对话框中选择"名称"下方的一项后单击"确定"按钮应用于当前视图中,如图 6-19 所示;或可按照图 6-17 所示方式对多个视图批量应用视图样板。

　　(2) 创建视图样板:若项目中当前视图的相关设置已经完备,希望应用于其他视图,则可单击功能区中"视图"—"图形"—"视图样板"—"从当前视图创建样板",在打开的"新视图

图 6-18　视图样板

图 6-19　应用视图样板

样板"对话框中进行命名并单击"确定"，在打开的"视图样板"界面中就会有相应名称的视图样板被添加到列表当中，单击下方"确定"完成创建，如图 6-20 所示。

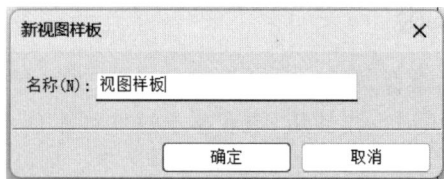

图 6-20　创建视图样板

（3）管理视图样板：此功能相当于对项目中现有视图样板进行编辑和修改，单击功能区中"视图"—"图形"—"视图样板"—"管理视图样板"，在打开的"视图样板"界面中选中需要修改的项，并在右侧视图属性中选择并编辑需要修改的属性设置，单击下方"确定"完成编辑，如图 6-21 所示。

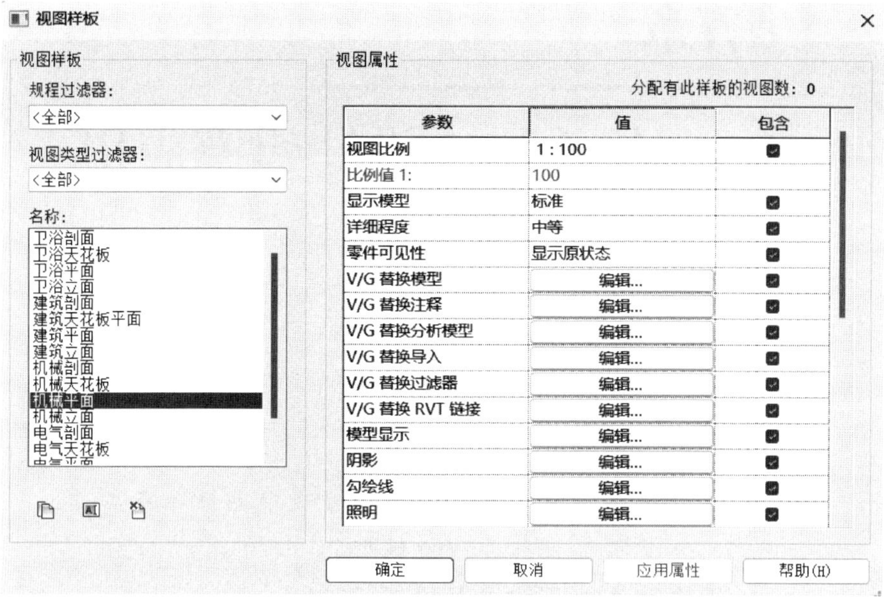

图 6-21　管理视图样板

思考与练习题

1. 简述在视图控制显示中设置视图范围的重要性。
2. 简述过滤器功能在项目建模中的作用。
3. 简述 Revit 视图中的不同详细程度设置对模型显示效果的具体影响。
4. 简述在 Revit 中调整可见性可以解决哪些设计展示的问题。
5. 简述不同的视图样板在 Revit 中的区别及各自的应用场景。

第7章

Revit给水排水设计建模应用

本章要点

（1）管道系统以及管道类型等建模前期准备工作；

（2）完整绘制给水排水模型；

（3）管道放置方式的设置。

学习目标

了解项目给水排水系统管道布置要求，熟悉创建给水排水管道系统，包括给水及排水系统创建；管道材质及连接方式设置；管道坡度设置；管道附件的载入与布置；卫生器具的选择与布置；给水排水视图样板及过滤器的设置；管径大小、标高及对正方式的调整等。

素质目标

本章主要讲解 Revit 给水排水设计建模应用，结合实际案例进行模型训练。作为新时代的建筑设计人才，必须掌握先进的建模技术，深刻理解设计原理，并具备高度的社会责任感和创新精神，这不仅是学生提高专业技能的需要，更是适应行业发展、服务国家建设的基础。

7.1　案例介绍

7.1.1　案例背景

疗养院 4 号别墅给水排水系统包括"生活给水系统""污水系统""热水给水系统""热水回水系统"。给水水源为市政自来水,室内生活给水管及热水给水管管材选用 E-PSP,室内排水立管及支管水管管材选用 U-PVC。

本章选取案例中"污水系统"设计进行讲解,由于流程和方法类似,其他给水排水系统的设计,不再赘述。

7.1.2　图纸解析

1. 建模环境设置

设置项目信息,项目名称:疗养院 4 号别墅给水排水系统。

2. BIM 参数化建模

(1) 创建相应管道系统、管道类型进而形成给水排水项目样板。

(2) 根据给出的图纸,创建设备、管道、管道附件等图元,主要卫生器具、管道附件参数详见表 7-1,图纸及详图、管线位置及管径如图 7-1～图 7-4 所示。案例所需族可从软件自带文件中载入。

表 7-1　主要卫生器具、管道附件参数

图　　例	名　　称
J/JL	市政给水管/市政给水立管
W/WL	污水管/污水立管
RH/RHL	热水回水管/热水回水立管
RJ/RJL	热水给水管/热水给水立管
⊤	截止阀
▷	蝶阀
⨂	排气阀
⌐	存水弯
⬻	地漏
⬭	坐式大便器
⬚	洗脸盆
◇	波纹补偿器

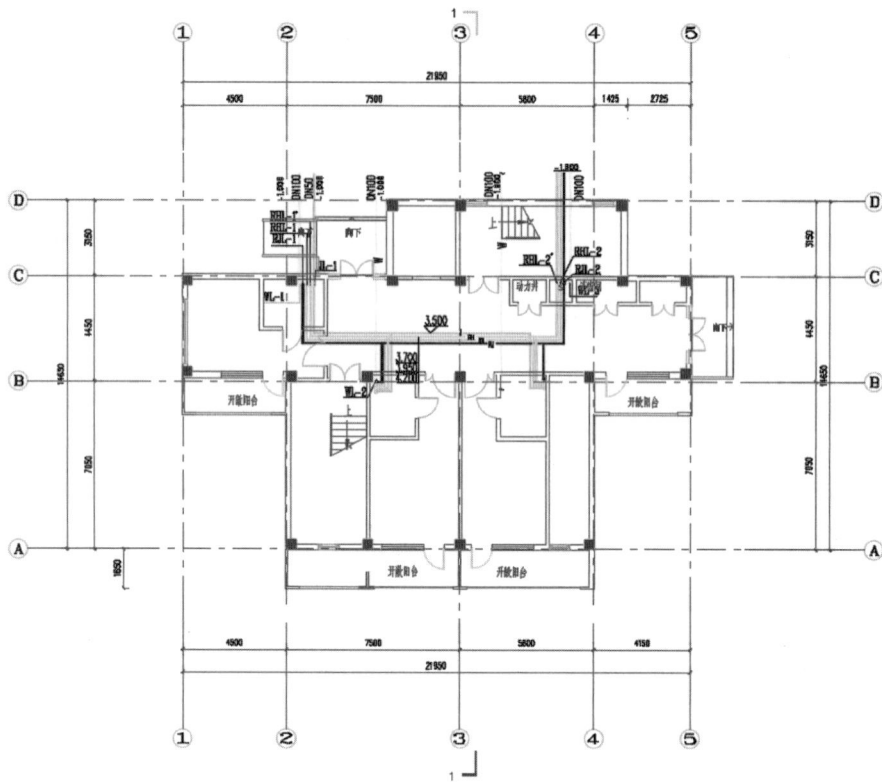

图 7-1　给水排水一层平面图 1∶100

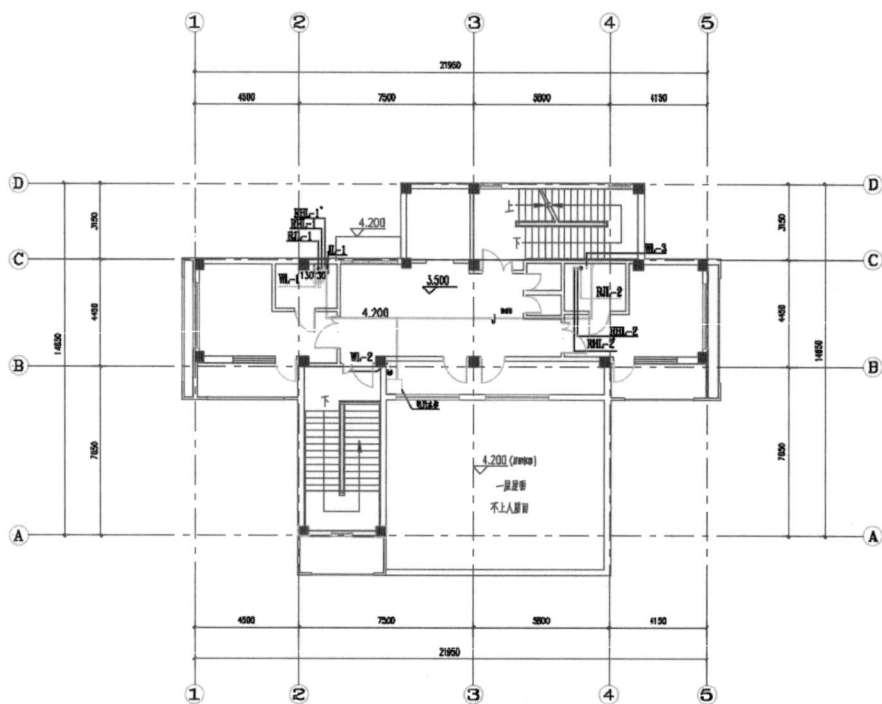

图 7-2　给水排水二层平面图 1∶100

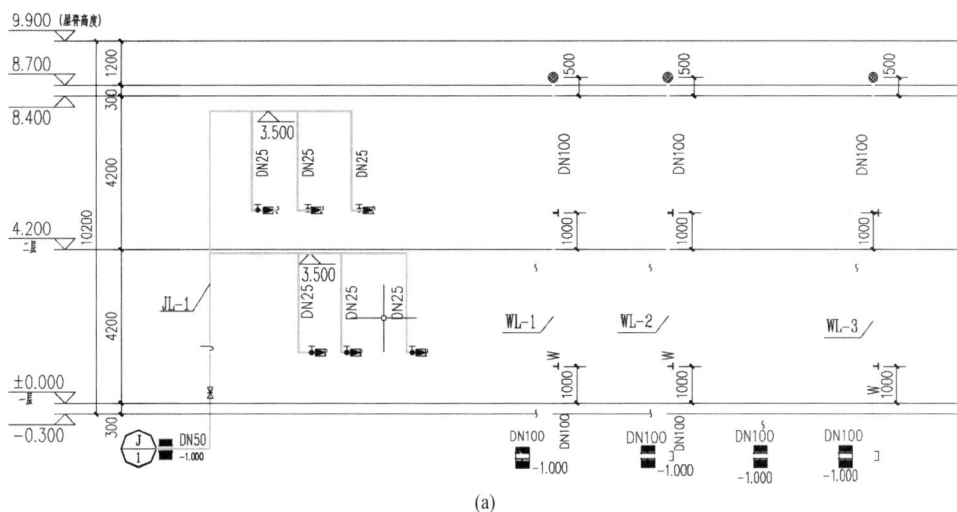

(a)

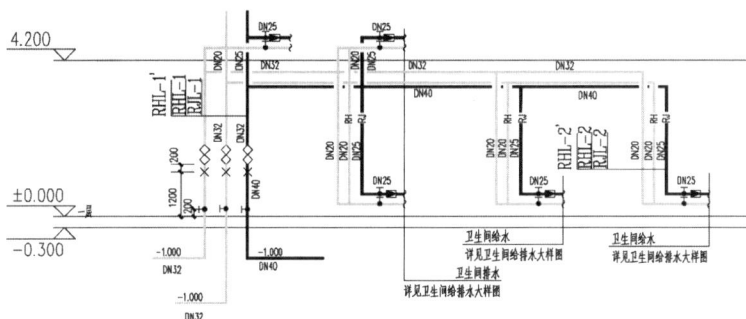

(b)

图 7-3 给水排水系统图

（a）给水及污水系统原理图；（b）热水系统原理图

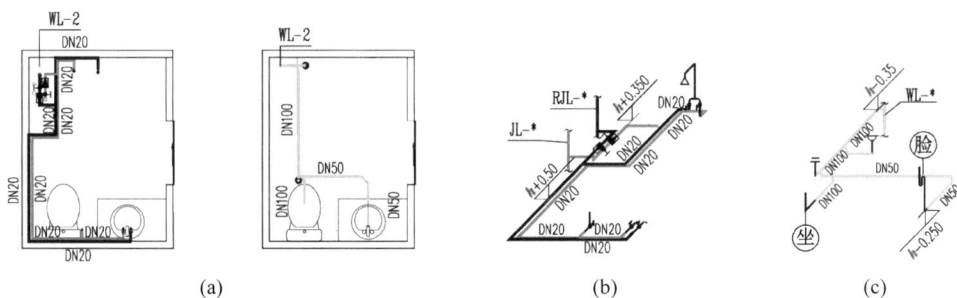

图 7-4 卫生间大样图

（a）房间内卫生间大样图 1∶50；（b）给水系统图 1∶50；（c）排水系统图 1∶50

3．模型文件管理

用"疗养院 4 号别墅给水排水系统"为项目文件命名，并保存项目。

7.1.3　创建逻辑

第1步，按照7.2节"建模前期准备"建立项目。

第2步，创建相应管道系统、管道类型及视图样板。

第3步，根据图纸创建污水系统，包括卫生器具、管路及管路附件等。

第4步，根据图纸，参照污水系统的创建过程，创建其他给水排水系统。

第5步，完成模型并导出。

7.2　建模前期准备

1. 新建 MEP 项目

双击 Revit 图标—"新建"—"浏览（B）"—选择系统样板，如图 7-5 所示。

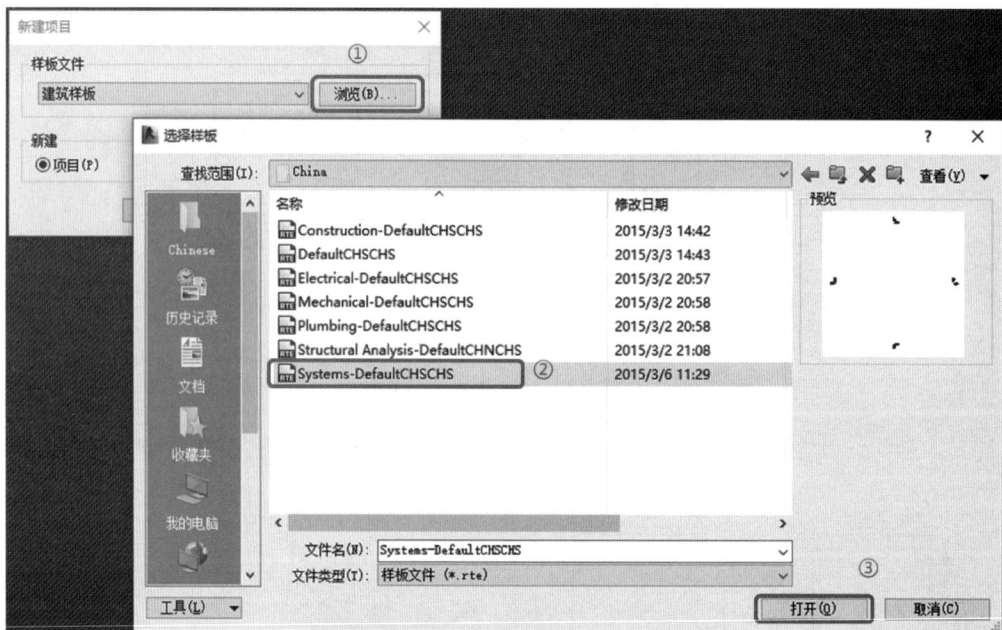

图 7-5　新建项目

　　用户可选择软件自带的"系统样板"作为项目样板文件，该项目样板文件可供 MEP 三个专业使用，包含 MEP 三个专业的一些基本族和设置，用户也可选择自己预设的样板文件创建项目文件。

2. 创建管道系统

　　在 Revit MEP 中，管道系统族预定义了："循环供水""循环回水""卫生设备""家用热水""家用冷水"等11种管道系统分类，以本案例中的"污水系统"为例介绍如何创建新的管道系统，如需创建其他管道系统可参考以下操作进行。

（1）单击"项目浏览器"—"族"— "管道系统"，如图 7-6 所示。

（2）以"污水系统"创建为例，双击"卫生设备"系统族，弹出"管道系统"的"类型属性"对话框，如图 7-7(a)所示。

（3）单击"类型属性"对话框中的"复制(D)..."按钮，并命名为"污水系统"，如图 7-7(b)所示。

（4）同理，创建其他管道系统。

创建新的管道类型，需复制与其相对应的管道系统，如创建"喷淋系统"，则需复制"湿式消防系统"，在其基础上进行设置，但不允许定义新管道系统分类，例如不能自定义添加一个"燃气供应"系统分类。

3．创建管道类型

管道类型涉及管道的材质以及管件样式等参数的设定，软件自带的"系统样板"中提供了几类基本管道类型。以创建材质"PVC-U-排水"为例，如果需要创建其他管道类型，可参考以下操作进行。

（1）单击"项目浏览器"—"族"—"管道"—"管道类型"进行管道类型的创建，如图 7-8 所示。

图 7-6　管道系统

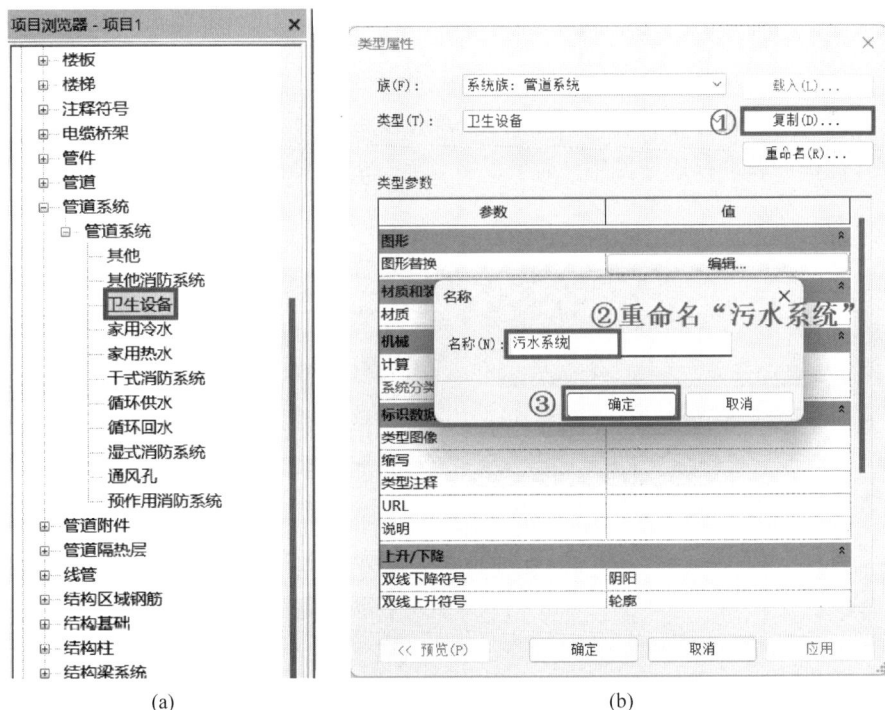

(a)

(b)

图 7-7　"类型属性"对话框

（a）"卫生设备"系统；（b）"污水系统"重命名

（2）双击"标准"系统族，弹出"管道类型"的"类型属性"对话框，如图 7-9 所示。

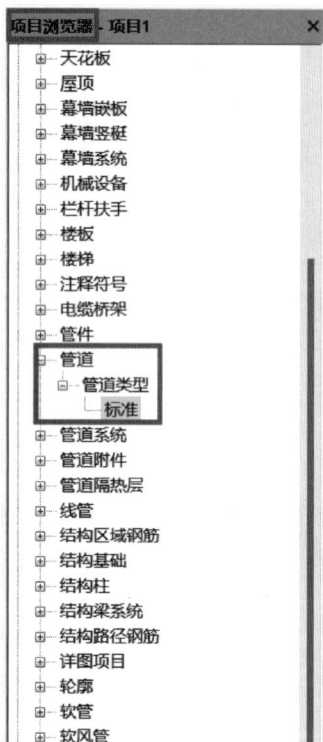

图 7-8 管道类型

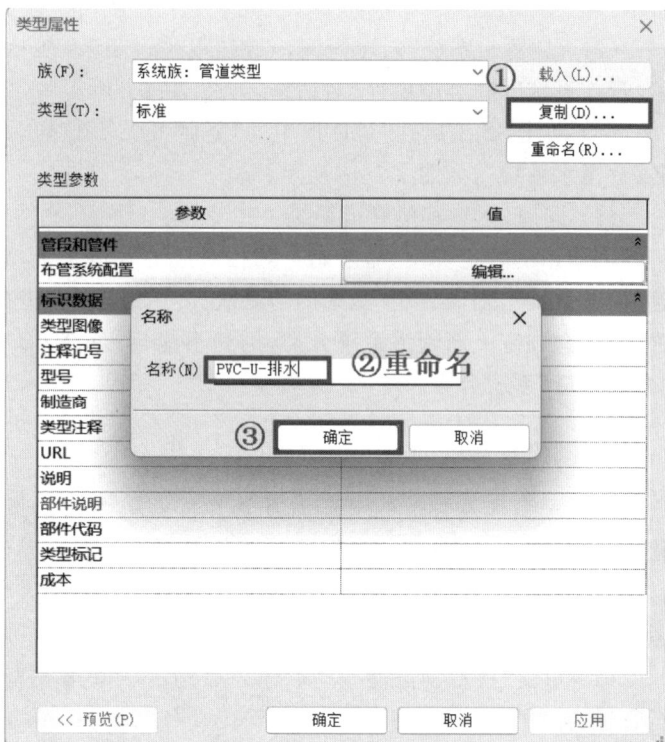

图 7-9 "类型属性"对话框

（3）为新建的管道类型新建一个新的管道，单击"布管系统配置"对话框中的"管段和尺寸(S)…"按钮，进入管段设置界面，在"管段"命令中有很多种管材形式，如果有我们需要的管材形式，直接可以进行选择使用；如果没有，则需新建，如图 7-10～图 7-12 所示。

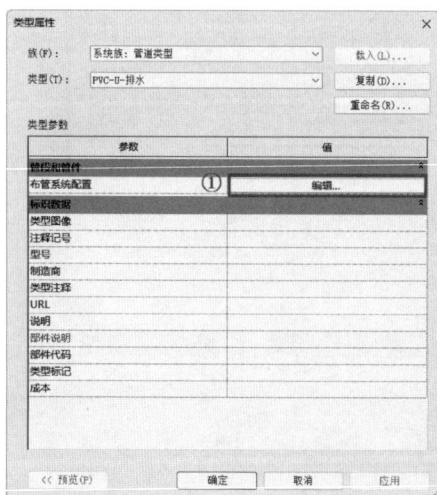

(a)

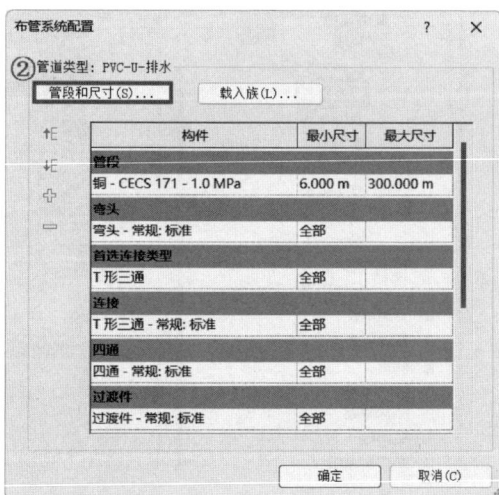

(b)

图 7-10 布管系统配置

（a）类型属性；（b）系统配置

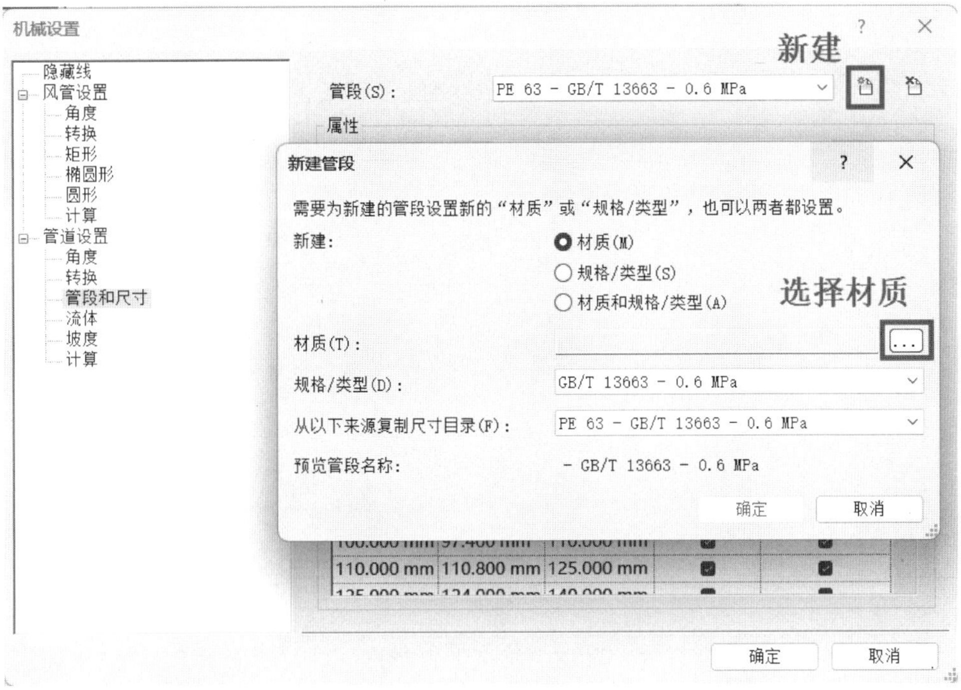

图 7-11　新建管段

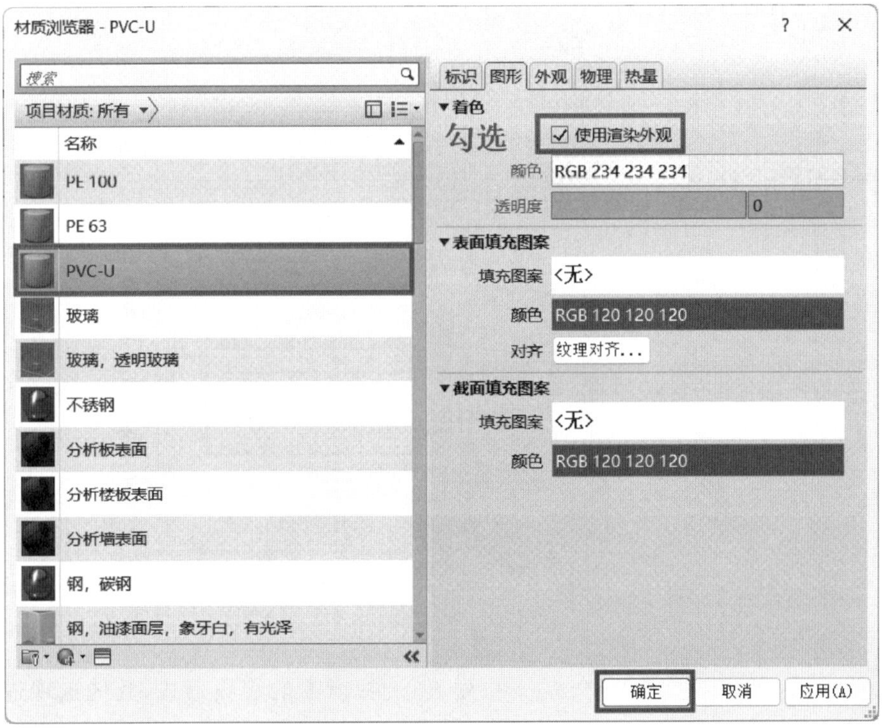

(a)

图 7-12　选择管段材质

(a) 材质浏览器；(b) 新建管段

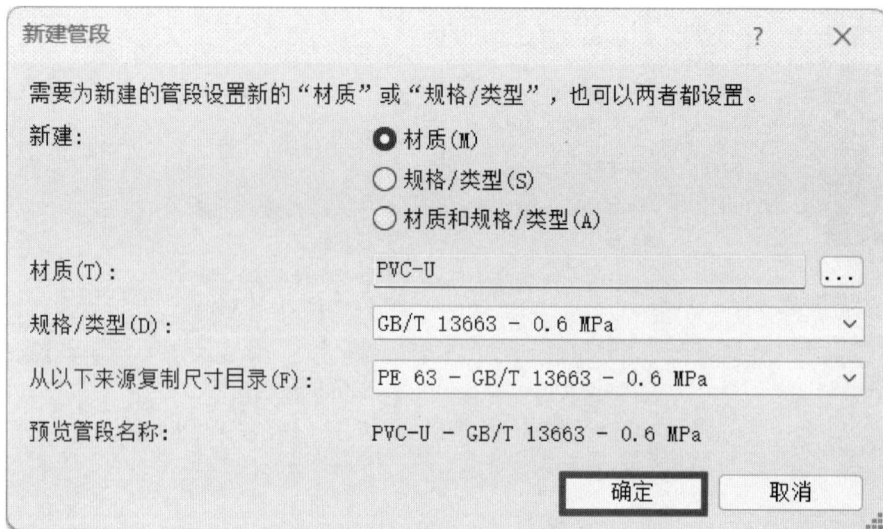

(b)

图 7-12（续）

如果复制的尺寸没有需要的,可以在"机械设置"对话框中的"管段和尺寸"中新建所需要的尺寸,如图 7-13 所示。

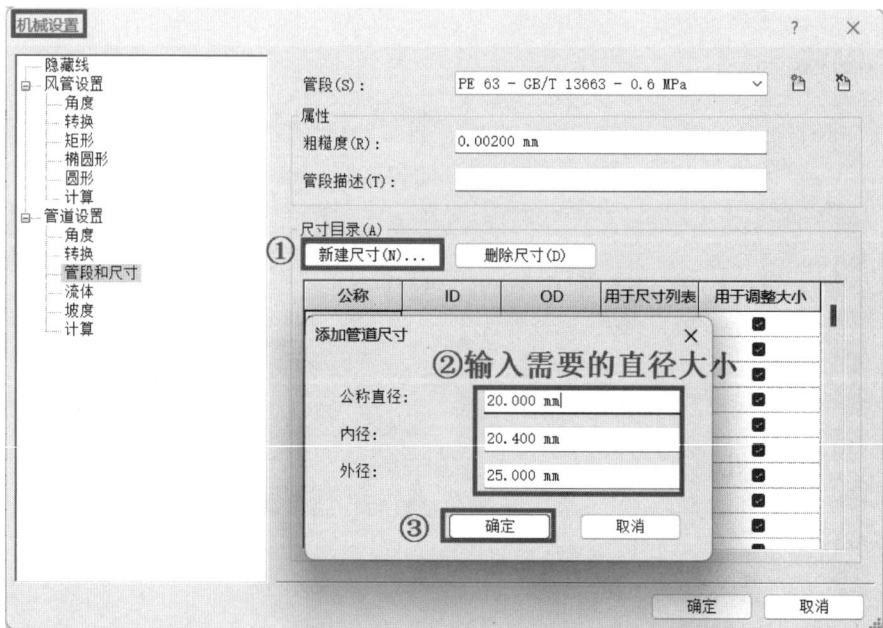

图 7-13 新建尺寸

（4）单击图 7-14 中"管段"下方的下拉列表,选择所需的管段形式,其他选项进行相应调整。

图 7-14　选择所需管段

4．创建视图样板

视图样板是为了更好地控制模型的显示并且可以明显地区分管道的颜色、线条等，也为后期出图提供了良好的基础。

（1）单击"视图"—"图形""视图样板"—"管理视图样板"按钮，进入视图样板管理界面，如图 7-15 所示。

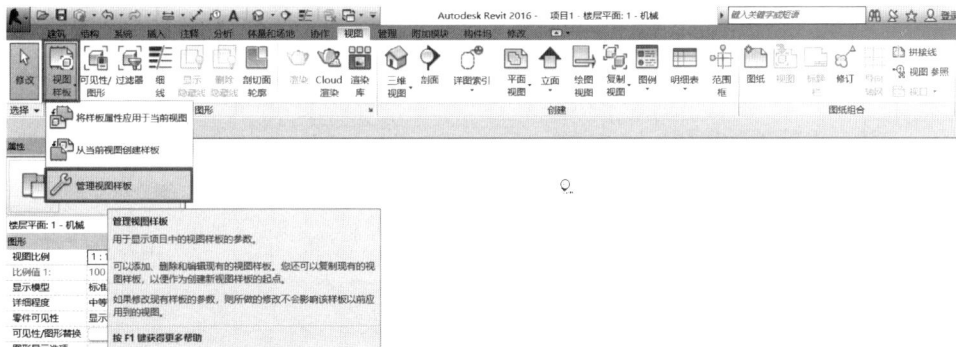

图 7-15　选择视图样板

（2）单击"视图样板"对话框中的卫浴剖面，单击 按钮复制一个新的视图样板，命名为"给水排水样板"，单击"确定"，如图 7-16 所示。

（3）单击刚刚新建的"给水排水样板"，选择右边"视图属性"中的"V/G 替换过滤器"按钮，如图 7-17 所示。

（4）单击"编辑/新建（E）…"按钮，进入"过滤器"设置界面，如图 7-18 所示。

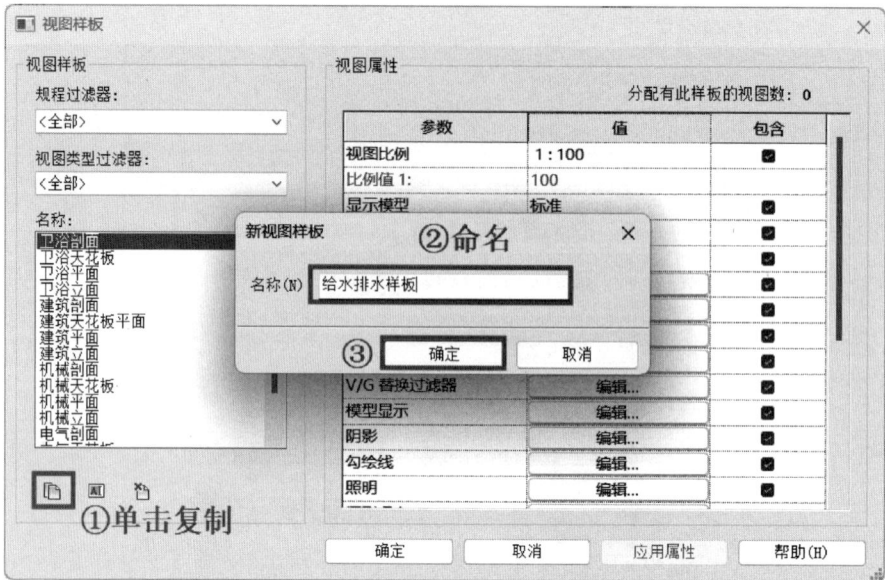

图 7-16　新建给水排水样板

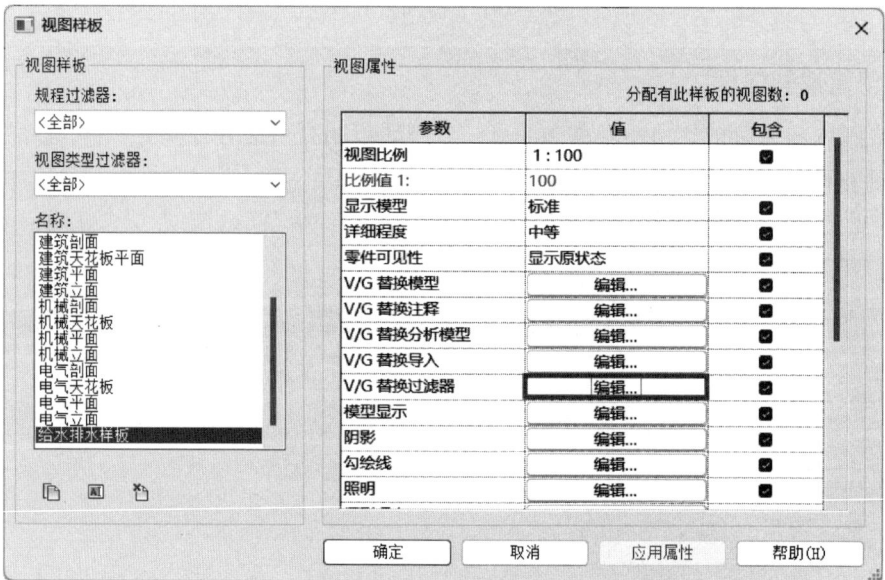

图 7-17　视图样板设置

（5）单击"过滤器"中"卫生设备"按钮，单击"复制"按钮，复制一个"卫生设备（1）"，单击重命名，新建"污水系统"，单击"确定"，如图 7-19 所示。

（6）单击"过滤器"对话框中类别中的"过滤器列表（F）"，取消"管道"外其他的选项，如图 7-20 所示。勾选"过滤器列表（F）"中"管道"类别下的"管件""管道""管道附件""管道隔热层"四项，其他不必选择。选择"过滤器"对话框中"过滤器规则"的系统分类下拉菜单，选择"系统类型""等于""卫生设备"，单击"确定"。

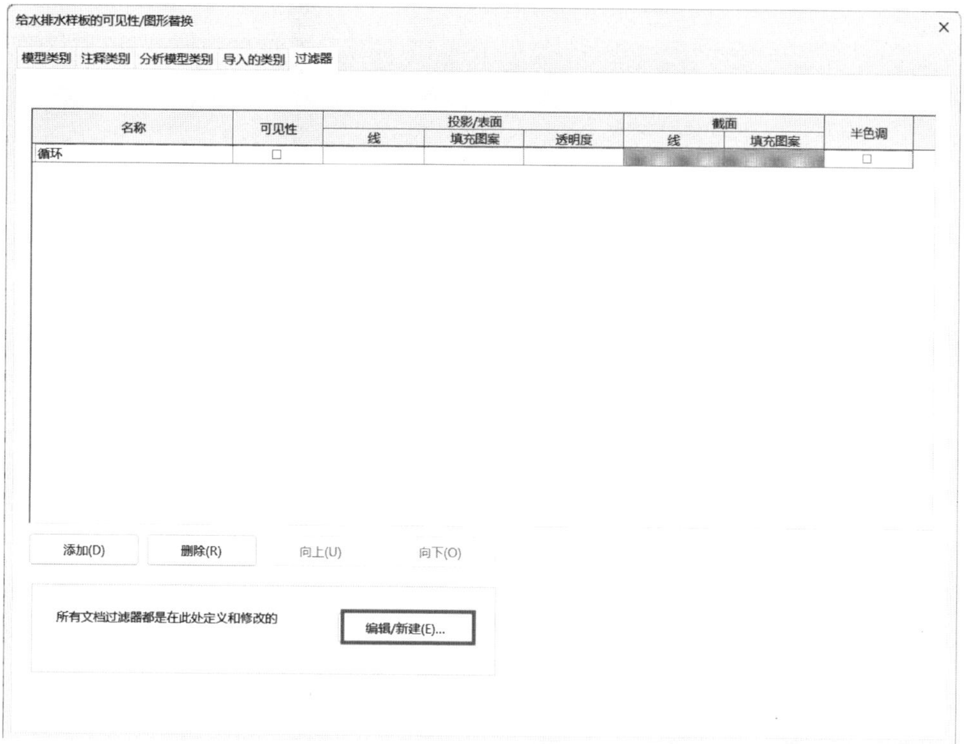

图 7-18　过滤器设置

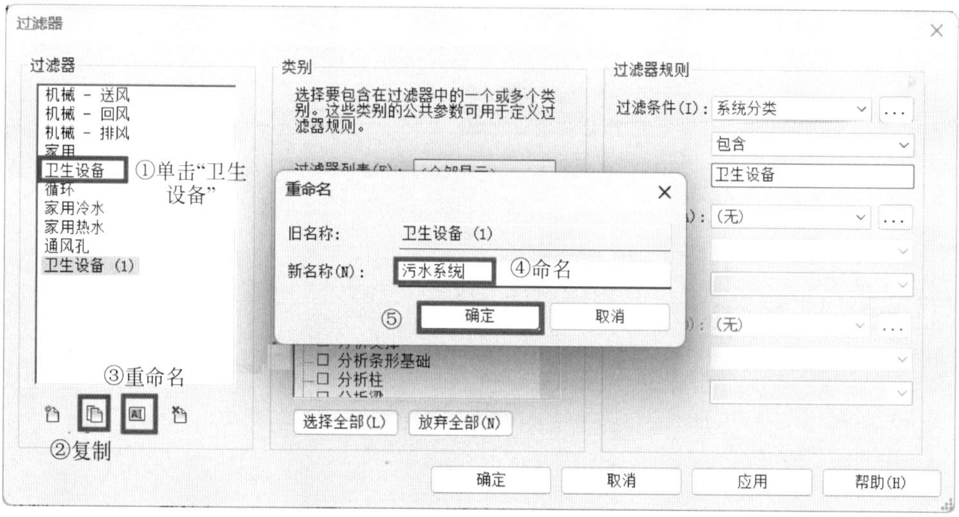

图 7-19　新建污水系统

（7）同理,完成"生活给水系统""热水给水系统"及"热水排水系统"的过滤器设置,返回图 7-18 所示界面,添加以上系统,并在"投影表面"面板中的"线"与"填充图案"分别填充各自的颜色,如图 7-21～图 7-23 所示。

（8）回到 Revit 主界面,单击"项目浏览器"—"1-卫浴"—"楼层平面"—"1-卫浴"。在上方的"属性"面板中单击"标识数据"—"视图样板","规程过滤器"下拉框里选择"全部","视

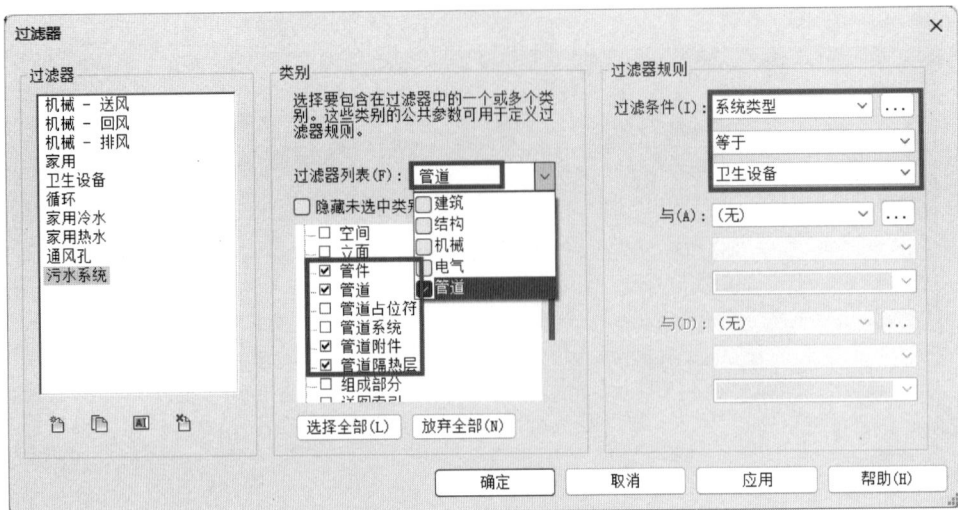

图 7-20　过滤器设置

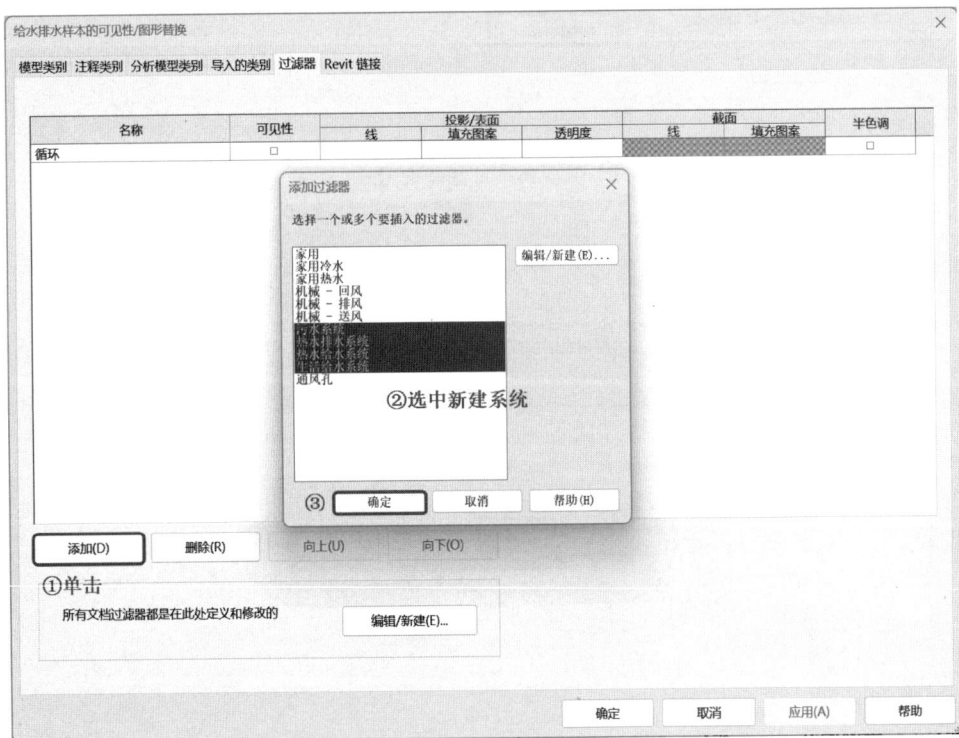

图 7-21　添加过滤器

图类型过滤器"下拉列表里选择"全部"，再在"名称"列表里选择"给水排水样板"，单击"确定"，如图 7-24 所示。同理，完成其他平面与立面视图的视图样板选择。

（9）创建视图平面。选择功能区中"视图"—"平面视图"—"楼层平面"命令，激活"新建楼层平面"对话框，如图 7-25 所示。在"新建楼层平面"对话框中选择"编辑类型…"命令，单击"机械平面"命令，按照图 7-26 所示，设置参数。

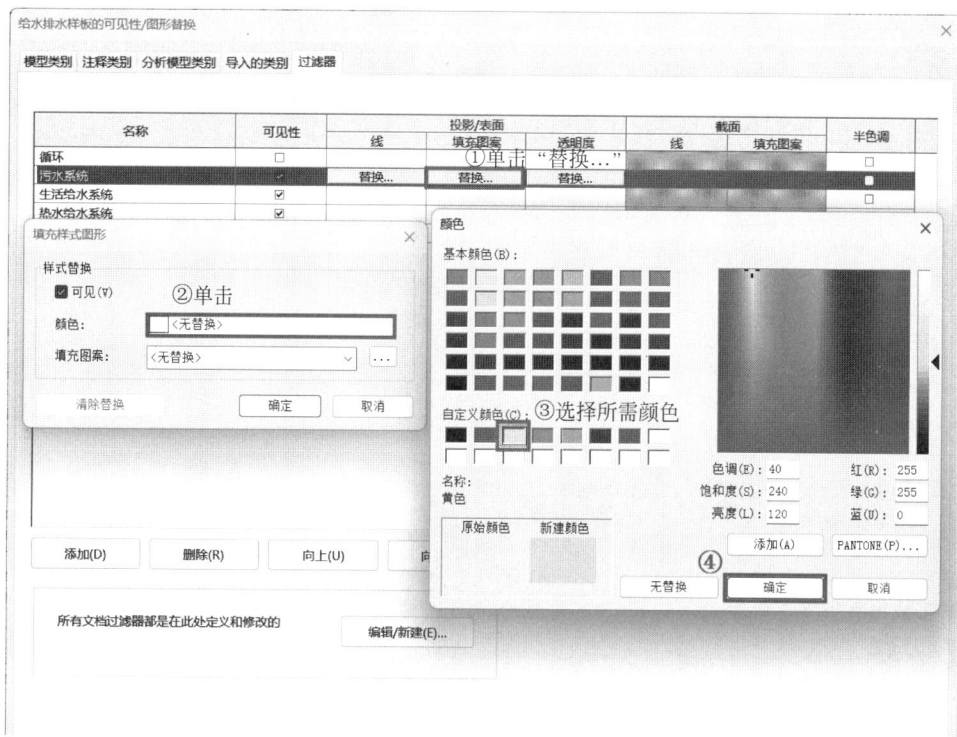

图 7-22　修改填充图案——颜色

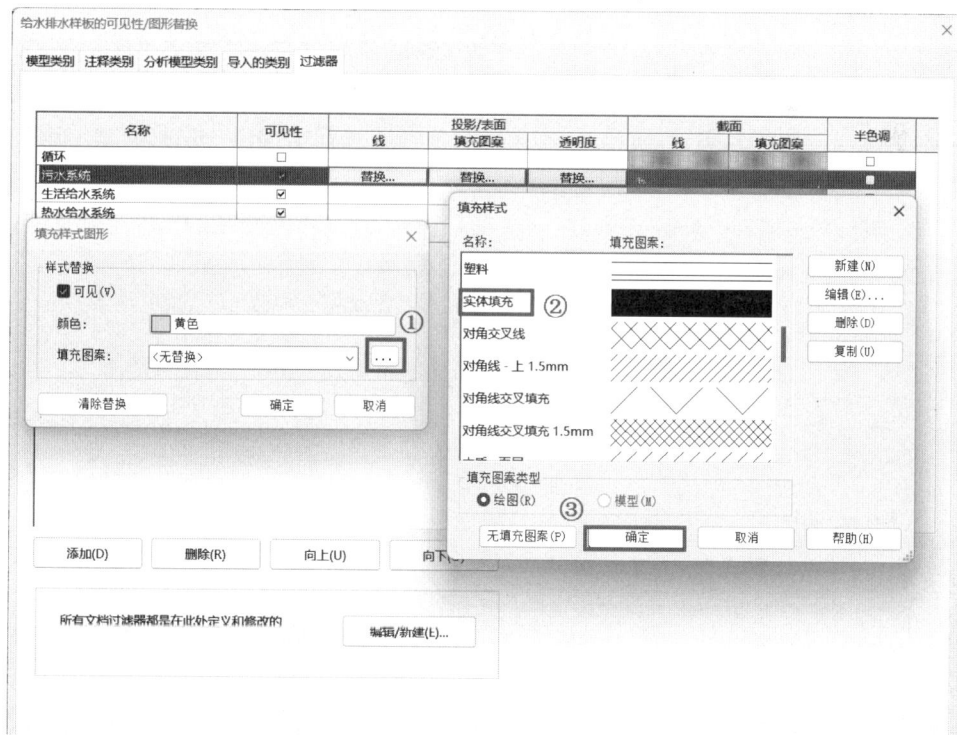

图 7-23　修改填充图案

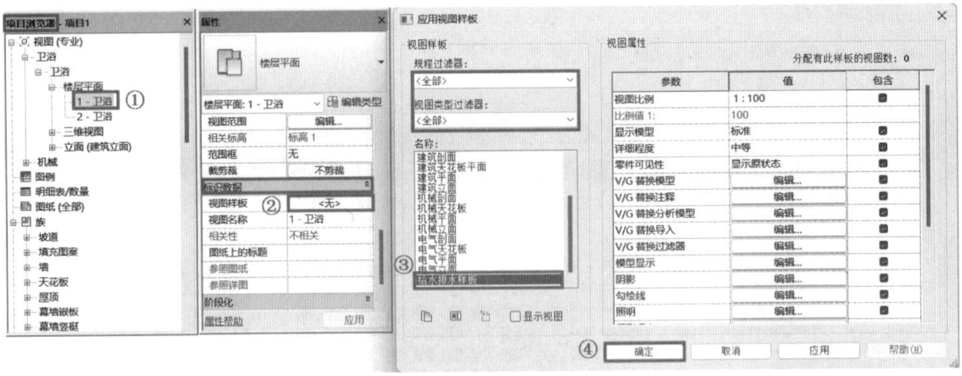

图 7-24　视图样板选择

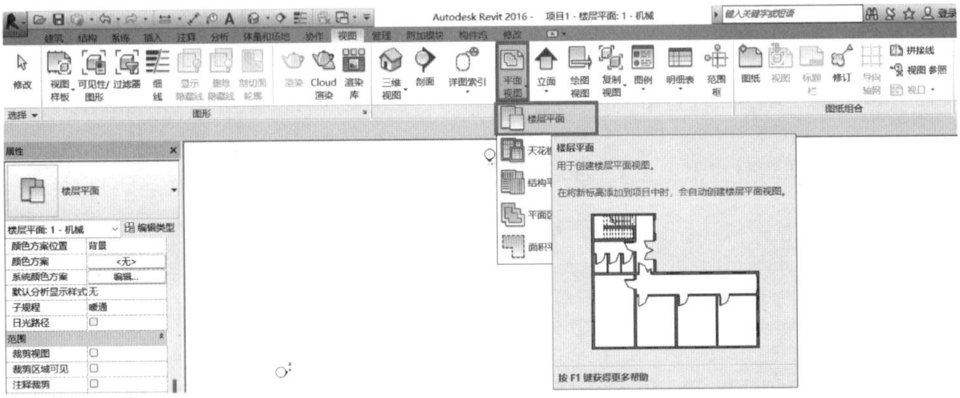

图 7-25　创建视图平面

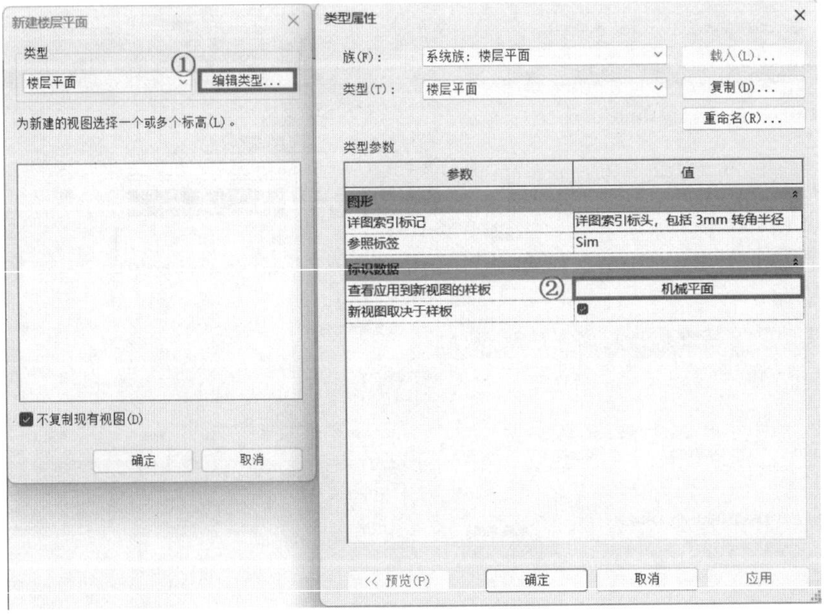

(a)

图 7-26　设置参数

(a) 设置参数 1；(b) 设置参数 2

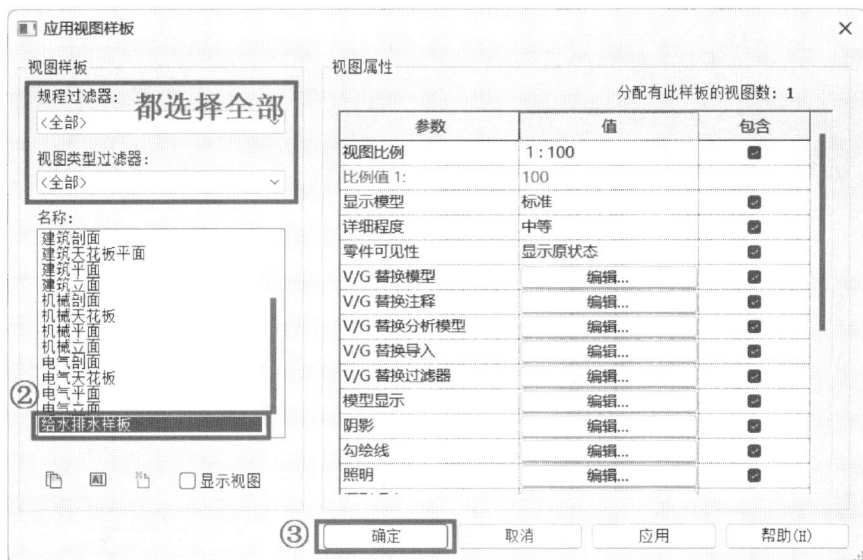

(b)

图 7-26（续）

5. 项目样板保存

（1）选择"文件"—"另存为"—"样板"，在"另存为"对话框里的"文件类型"下拉列表里选择保存成"样板文件(＊.rte)"，在保存对话框中单击"选项(P)…"命令，可以调整最大备份数，单击保存，完成项目样板的创建，如图 7-27 所示。

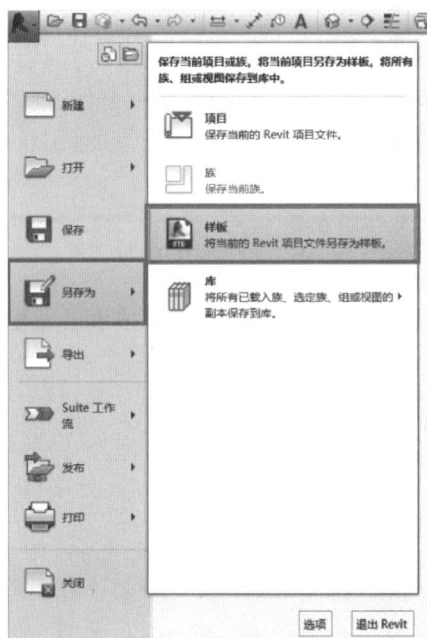

(a)

图 7-27　项目样板保存

（a）另存为样板；（b）设置文件类型并保存

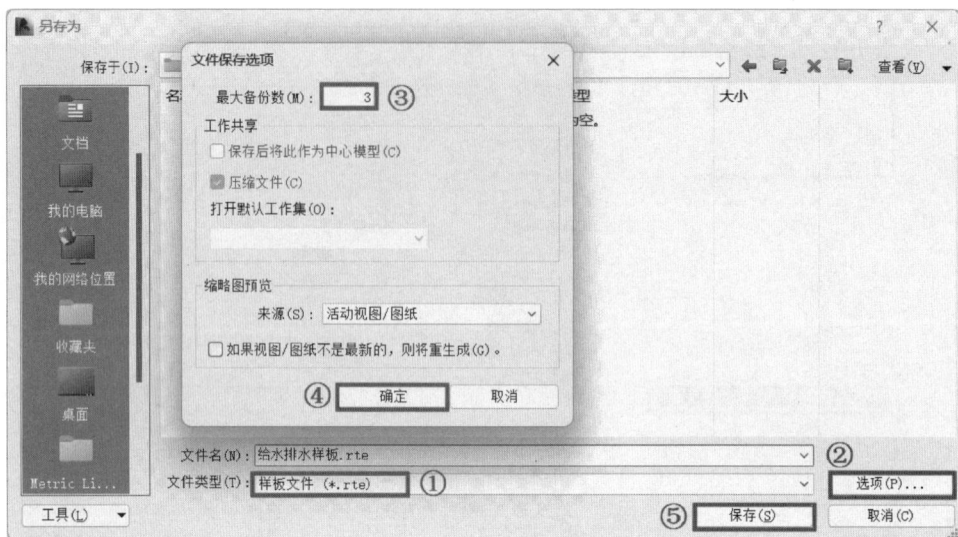

(b)

图 7-27（续）

（2）重新启动 Revit，单击按钮，选择"新建"—"项目"，在"新建项目"对话框中，样板文件选择本项目自己建立的"给排水样板"，选择"新建"—"项目（P）"，单击"确定"，建立新项目，如图 7-28 所示。

图 7-28　新建项目

（3）进入项目后，单击"保存"，项目文件为"给水排水专业模型"。

7.3　管道模型的建立

7.3（1）

7.3.1　链接 CAD 图纸

单击功能区"插入"命令栏—"链接 CAD"进行 CAD 底图的链接，如图 7-29 和图 7-30所示。选择练习文件里面"给水排水首层_t3.dwg"文件，颜色控制选项可以选择"保留"，导入单位选择"毫米"，选择"仅当前视图（U）"，如图 7-30 所示。详细讲解请参考3.3 节。

图 7-29　链接 CAD 图纸

7.3（2）

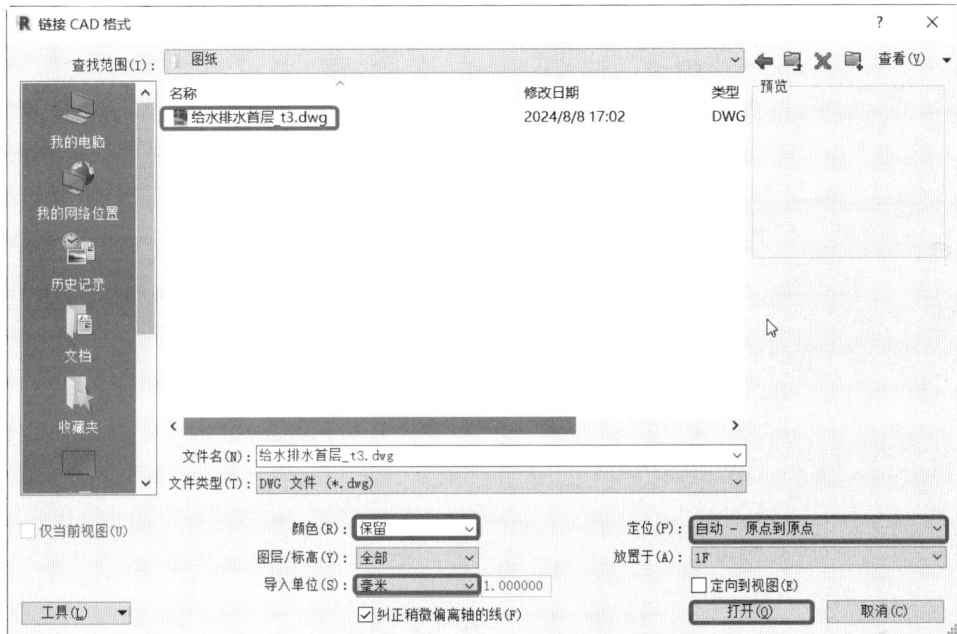

图 7-30　链接 CAD 格式确定

7.3.2　设备布置

1. 载入族

在进行建筑给水排水系统布置时，要用到相关专业的构件族，将案例中建筑给水排水专业所需的族载入项目文件中，如管件、附件、阀门、设备等。

2. 设备布置

（1）以坐便器布置为例，单击"系统"—"卫浴与管道"—"卫浴装置"，如图 7-31 所示。在属性面板选择坐便器，在适当位置单击放置。

（2）放置时如遇到无法放置的情况，调节功能区中"放置"面板中的放置方式，如图 7-32 所示。

(a)

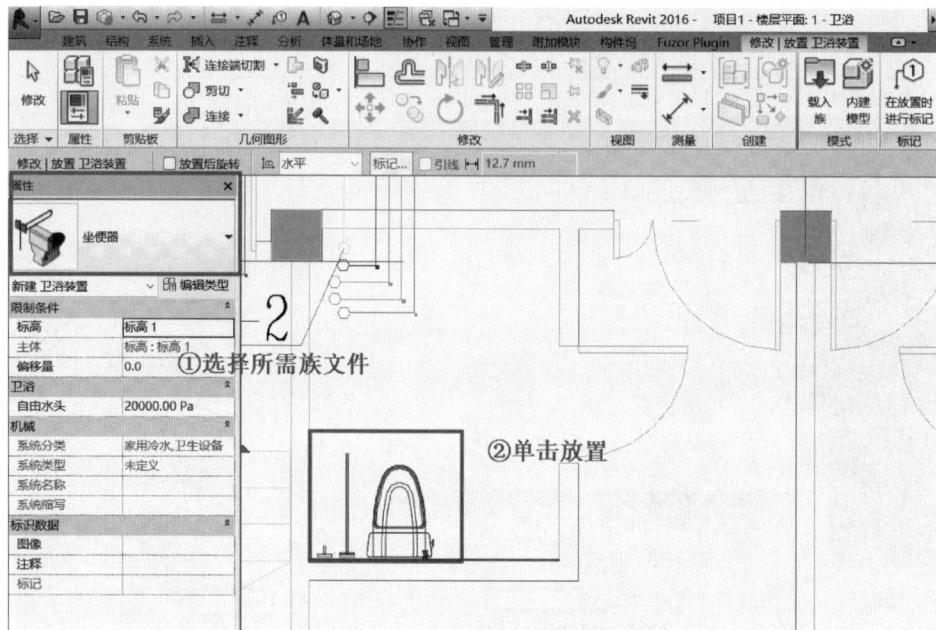

(b)

图 7-31　放置卫浴装置

（a）卫浴装置放置（1）；（b）卫浴装置放置（2）

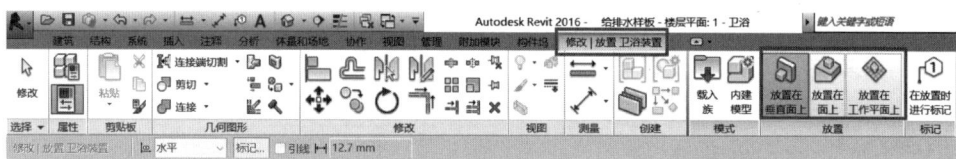

图 7-32　放置方式

（3）按照上述方式完成项目中所有卫生器具的布置，如图 7-33 和图 7-34 所示。

7.3.3　管道绘制

按照以下步骤手动绘制管道。

1. 激活管道命令

单击功能区中"系统"—"管道"，如图 7-35 所示。

图 7-33　放置完成

图 7-34　卫生器具效果

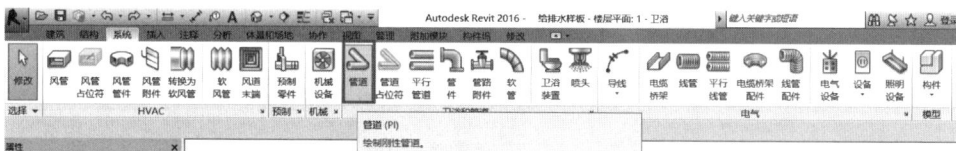

图 7-35　系统选项卡—管道

2．选择管道类型

在管道"属性"对话框中选择所需要绘制的管道类型，如图 7-36 所示。

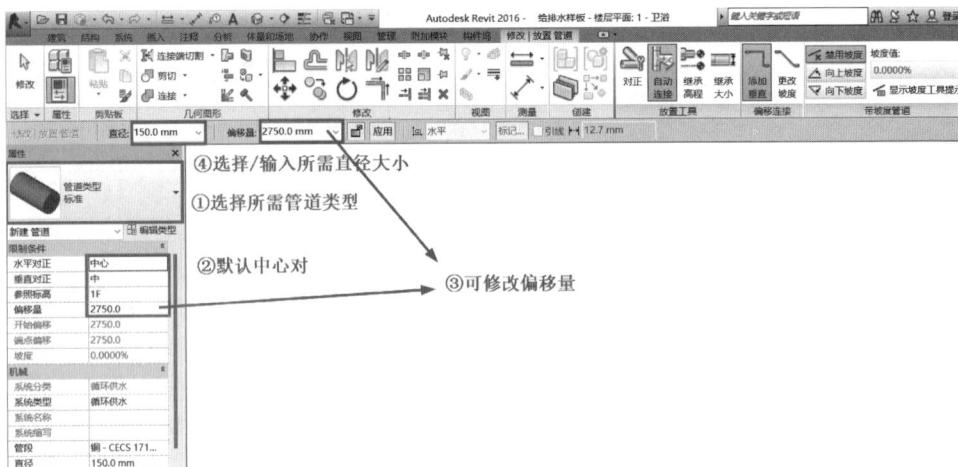

图 7-36　绘制管道

3. 选择管道尺寸

单击"修改｜放置管道"选项栏上"直径"参数，直接输入欲绘制的管道尺寸，如图 7-36 所示。如果在下拉列表中没有该尺寸，可参考本书 7.2 节中相关内容，新建管道尺寸。

4. 指定管道偏移

软件中默认中心对称，偏移量为管道中心线相对于参照标高的距离。重新定义管道"对正"方式后，"偏移量"指定的距离含义将发生变化。

详见"5. 指定管道放置方式"的"（1）对正"中"垂直对正"，在"偏移量"选项中单击下拉按钮，可以选择项目中已经用到的管道偏移量，也可以直接输入自定义的偏移量数值，默认单位为毫米。

具体管道偏移量需结合管道系统、建筑结构等具体情况设定，并注意避免管线与管线以及管件与其他构筑物之间发生碰撞现象。

5. 指定管道放置方式

进入管道绘制模式，在激活的"修改｜放置管道"选项卡中可以看到放置工具选项，如图 7-37 所示。

图 7-37　管道放置工具

（1）对正。在平面视图和三维视图中绘制管道时，可以通过"对正"功能来指定管道对齐的方式，此功能在立面和剖面视图中不可用。单击"对正"，打开"对正设置"对话框，如图 7-38 所示。

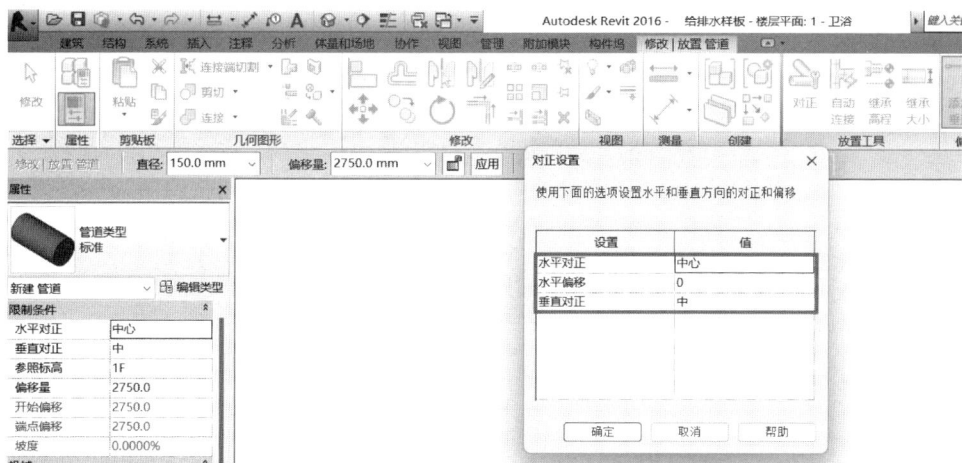

图 7-38　对正设置

① 水平对正。"水平对正"用来指定当前视图下相邻管段之间水平对齐方式，"水平对正"方式有："中心""左"和"右"，其中，"左"和"右"是根据管道绘制的方向来界定的，如图 7-39 所示，从左向右绘制 a、b、c，分别为"中心""左""右"三种对齐方式。

(a)

(b)

(c)

图 7-39　不同对正方式
(a) 中心对正；(b) 左对正；(c) 右对正

② 垂直对正。"垂直对正"方式有"中""底"和"顶"，"垂直对正"的设置会影响管道中心高度，当"垂直对正"为"底"时，此时预设"偏移量"数值为管底到参照标高的偏移。

管道绘制完成后，在任意视图中，都可以使用"对正"命令修改管道的对齐方式，选中需要修改的管段，单击功能区中"对正"，进入"对正编辑器"，如图 7-40 所示，选择需要的对齐方式和控制点，单击"完成"即可。

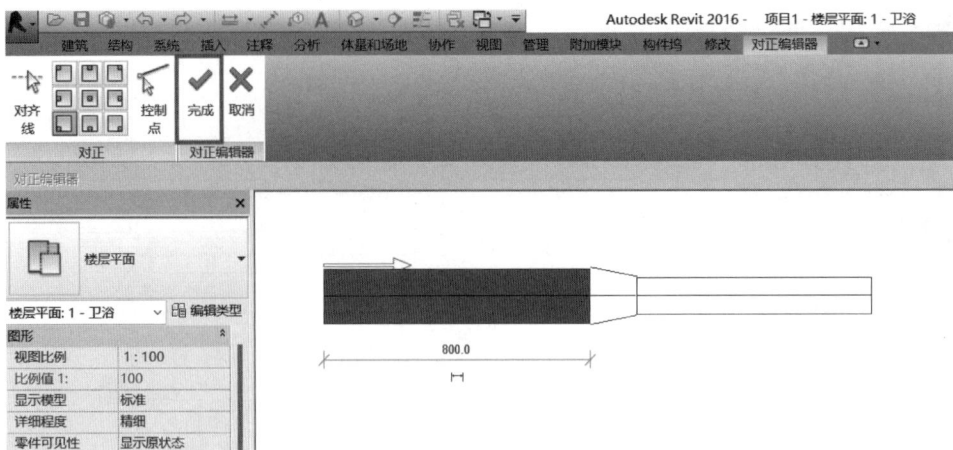

图 7-40　对正编辑器

（2）自动连接。在"修改|放置管道"选项卡中的"自动连接"命令用于某一段管道开始或结束时自动捕捉相交管道，并添加管件完成连接，如图 7-41 所示，默认情况下，这一选项是勾选的，当勾选"自动连接"时，如图 7-42 所示，在两管段相交位置自动生成四通，如图 7-42(a)所示；如果不勾选，则不生成管件，如图 7-42(b)所示。

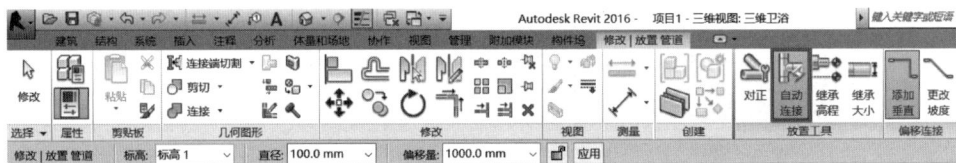

图 7-41　自动连接命令

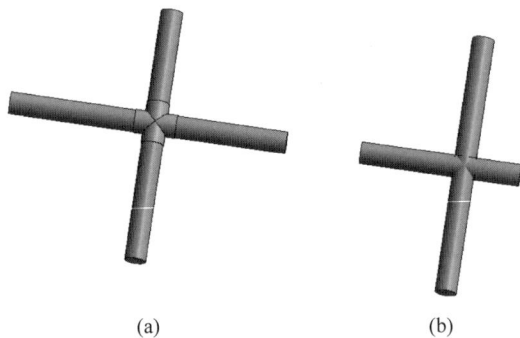

(a)　　　　　　　　(b)

图 7-42　自动连接操作
(a)生成管件；(b)不生成管件

（3）继承高程和继承大小。利用这两个功能，绘制管道时可以自动继承捕捉到的图元的高程、大小。在默认情况下，这两项是不勾选的。如果勾选"继承高程"，新绘制的管道将继承与其连接的管道或设备连接件的高程。如果勾选"继承大小"，新绘制的管道将继承与其连接的管道或设备连接件的尺寸。

6. 指定管道起点和终点

将鼠标移至绘图区域,单击即可指定管道起点,移动至终点位置再次单击,完成一段管道的绘制。可以继续移动鼠标绘制下一管段,管道将根据管路布局自动添加在"类型属性"对话框中预设好的管件上。绘制完成后,按 Esc 键或者右击选择"取消",退出管道绘制命令。

7.3.4　管件的使用

管路中包含大量连接管道的管件,下面将介绍绘制管道时管件的使用方法和注意事项。

1. 放置管件

在平面视图、立面视图、剖面视图和三维视图中都可以放置管件,放置管件有两种方法。

(1)自动添加。在绘制管道过程中自动加载的管件需在管道"类型属性"对话框中指定,部件类型是弯头、T 形三通、接管垂直、接管可调、四通、过渡件、活头或法兰的管件,才能被自动加载,详见 7.2 节中的"3. 创建管道类型"。

(2)手动添加。进入"修改|放置管件"模式有以下方式:单击"系统"选项卡—"卫浴与管道"样板中的"管件",如图 7-43 所示。在项目浏览器中,展开"族"—"管件",直接拖拽"管件"下的管件到绘图区域。

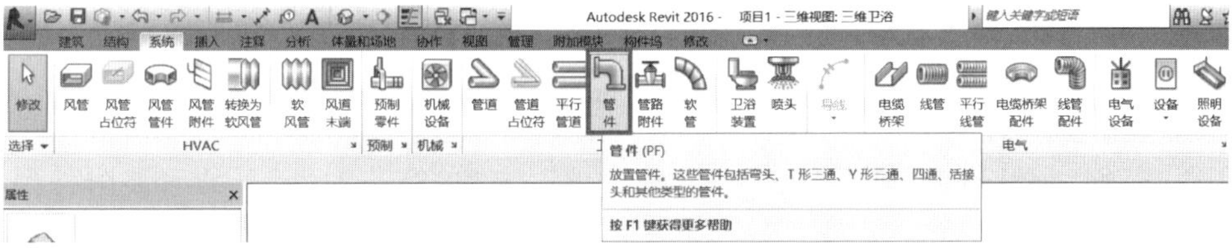

图 7-43　放置管件

2. 编辑管件

在绘图区域中单击某一管件后,管件周围会显示一组管件控制柄,可用于修改管件尺寸、调整管件方向和进行升级或降级,如图 7-44 所示。

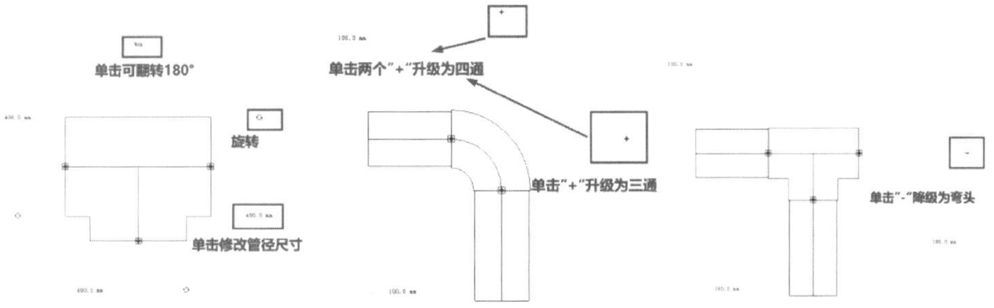

(a)　　　　　　　　　(b)　　　　　　　　　(c)

图 7-44　编辑管件

(a)三通管件的变换;(b)弯头管件的变换;(c)三通降级为弯头

（1）在所有连接件都没有连接管道时，可单击尺寸标注改变直径，如图7-44（a）所示。

（2）单击符号可以实现管件水平或垂直翻转180°，如图7-44（a）所示。

（3）单击符号可以旋转管件（当管件连接管道后，该符号不再出现），如图7-44（a）所示。

（4）如果管件的旁边出现加号，表示可以升级该管件，如图7-44（b）所示。例如，弯头可以升级为T形三通；T形三通可以升级为四通。

（5）通过未使用连接件旁边的减号可以将该管件降级，如图7-44（c）所示。例如，带有未使用连接件的四通可以降级为T形三通；带有未使用连接件的T形三通可以降级为弯头。如果管件上有多个未使用的连接件，则不会显示加减号。

7.3.5　管路附件放置

在平面视图、立面视图、剖面视图和三维视图中均可放置管路附件，管路附件需要手动添加。

进入"修改|放置管路附件"模式的方式有以下几种：

（1）"系统"选项卡—"卫浴和管道"样板—"管路附件"，如图7-45所示。

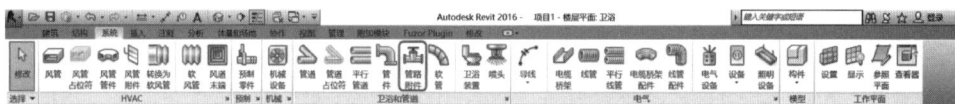

图7-45　管路附件

（2）在项目浏览器中，展开"族"—"管路附件"，拖拽"管路附件"下的管路附件到绘图区域。

管路附件的部件类型不同，在绘图区域中添加管路附件到管道中的效果也不同。

（3）部件类型为"插入""阀门插入"或"嵌入式传感器"，将管路附件放置在管道上方，等到出现中心捕捉时，单击管路附件，打断管道并将管路附件插入管道中，如图7-46所示。

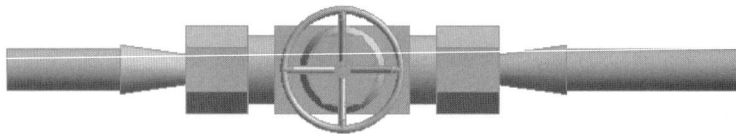

图7-46　管路附件连接

部件类型为"标准""附着到""阀门法线""传感器"或"收头"，将管路附件放置在管道的连接件上，等到出现中心捕捉时，单击管路附件，将管路附件连接到管道一端。

7.3.6　设备接管

设备的管道连接件可以连接管道和软管，连接管道和软管的方法类似，本节将以为马桶管道连接件连接管道为例，介绍设备接管的4种方法。

（1）单击马桶，右击其排水管道连接件，单击快捷菜单中的"绘制管道"，如图 7-47（a）所示。

从连接件绘制管道时，按空格键，可自动根据连接件的尺寸和高程调整绘制管道的尺寸和高程。

（2）直接拖拽已绘制的管道到相应的马桶管道连接件，管道将自动捕捉马桶上的管道连接件，完成连接，如图 7-47（b）所示。

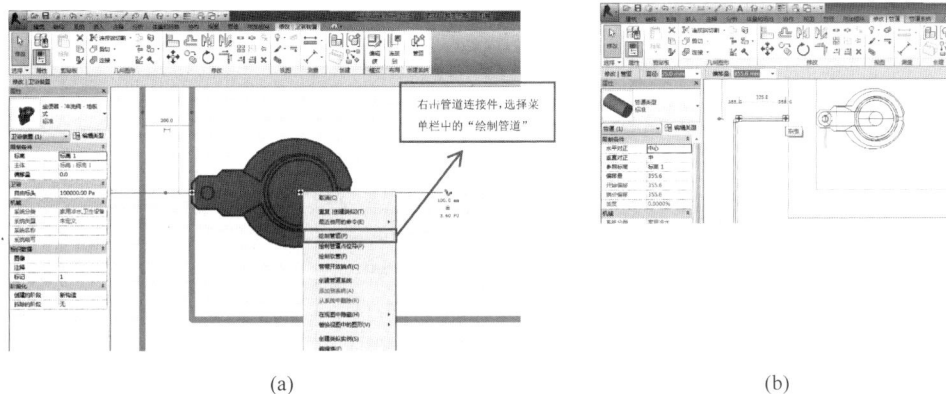

(a)　　　　　　　　　　　　　　　　(b)

图 7-47　绘制管道

（a）通过管道连接件完成连接；（b）拖拽管道完成连接

（3）使用"连接到"功能为马桶连接管道，可以便捷地完成设备连管，如图 7-48 所示。

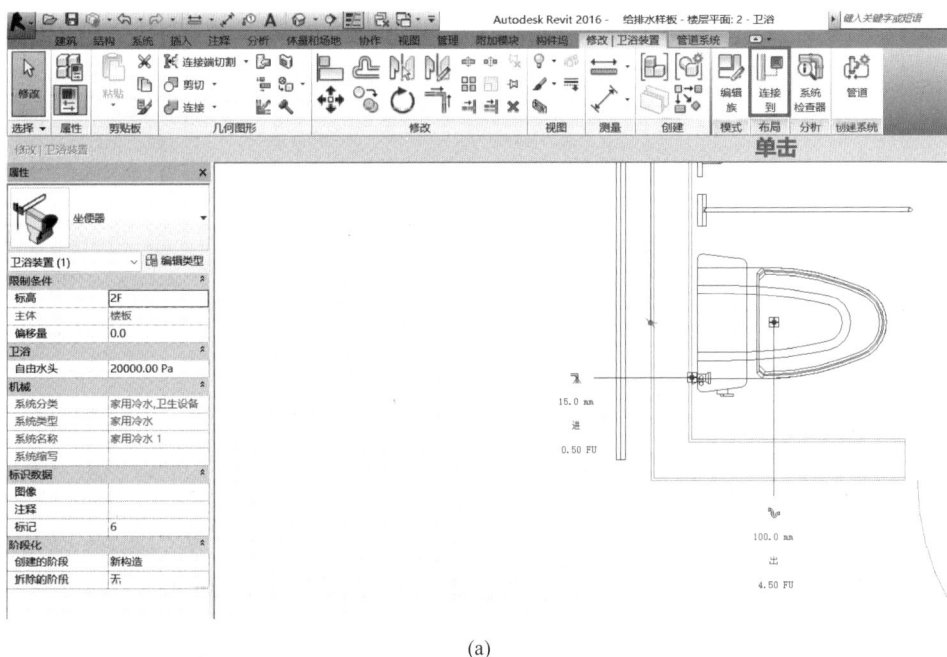

(a)

图 7-48　"连接到"绘制管道

（a）单击"连接到"绘制管道；（b）选择"连接到"绘制管道；（c）单击管道自动连接

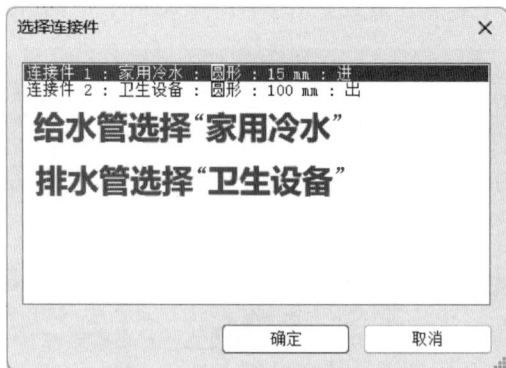

(b)

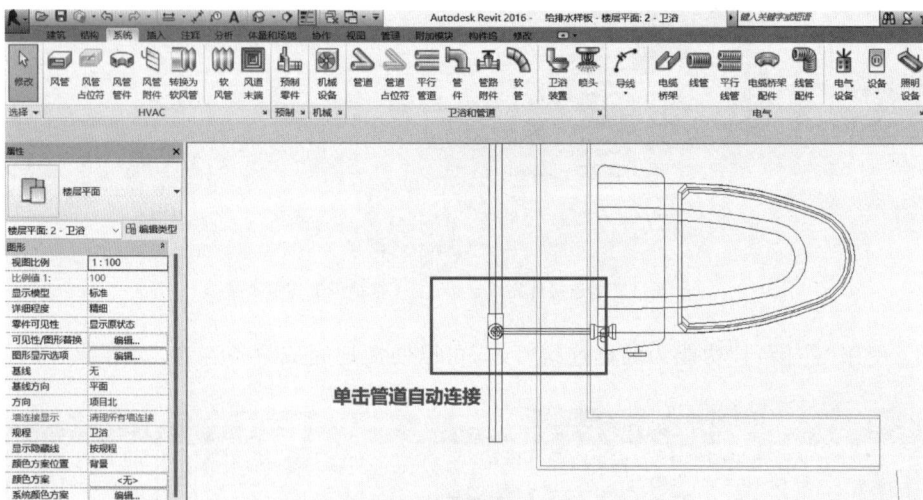

(c)

图 7-48（续）

① 将抽水马桶放置到某指定位置，并绘制欲连接的冷水管。

② 选中抽水马桶，并单击选项卡中的"连接到"。

③ 选择冷水连接件，单击已绘制的管道。

④ 完成连管。

使用"连接到"功能时，从连接件连出的管道默认将与目标管道的最近端点进行连接。绘制目标管道时应考虑连接件的位置。

（4）选中马桶，单击出现的连接件图标，如图 7-49 所示，可以根据默认的连接件管径和标高绘制相应的管道。

快速判定设备连管是否成功，单击"分析选项卡"检查系统面板中的显示隔离开关，勾选"管道（P）"即能通过图标来判断设备是否接好，如图 7-50 所示，马桶的冷水管已接好，而排水管尚未接好。

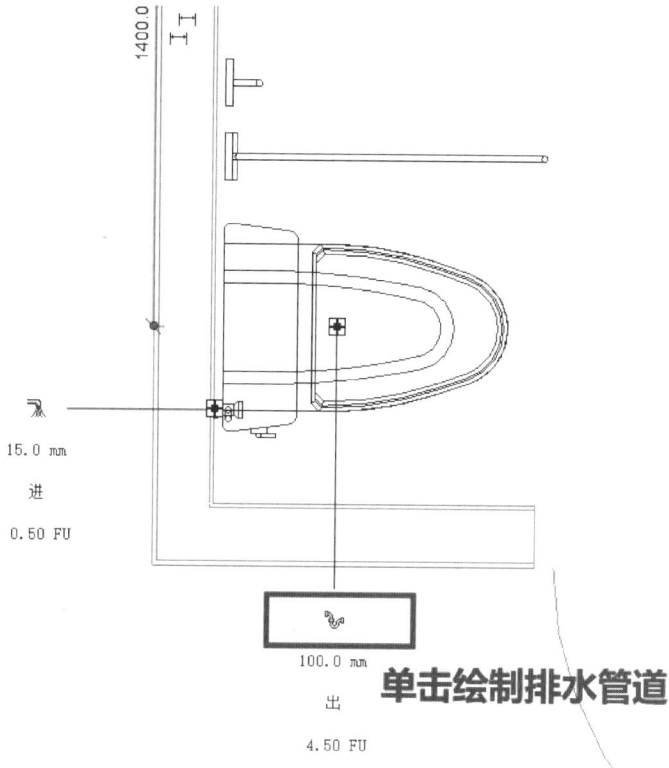

图 7-49　单击绘制排水管道

图 7-50　检查是否连接

思考与练习题

1. 如何创建新的管道类型？
2. 简述 Revit 管道系统颜色的设置方法。
3. 简述管道材质的设置方法。
4. 简述管道坡度的设置方法。

第8章

Revit暖通空调设计建模应用

本章要点

（1）完整绘制暖通空调系统；

（2）通风系统的创建；

（3）风管连接方式的设置。

学习目标

了解项目通风空调管道的布置要求，熟悉创建通风空调系统，包括风管的基本绘制；风口的选择及尺寸设置；管道连接方式及管件类型设置；不同类型通风系统的创建；风管偏移量及对正方式的调整；管道与设备连接；通风空调系统设备的选择及放置等。

素质目标

本章主要讲解 Revit 暖通空调系统建模应用，在学习过程中强调对细节的关注和对品质的追求，引导学生养成精益求精、一丝不苟的工作态度。这种工匠精神不仅有助于个人职业发展，也是推动国家科技进步的重要力量。Revit 建模注注需要多人协作完成，通过分组合作、相互学习，培养学生的团队协作能力和沟通技巧。团队协作是现代社会不可或缺的能力，对于推动项目顺利进行，提升团队整体效率具有重要意义。

8.1 案例介绍

8.1.1 案例背景

本案例中空调系统冷源为多联机变频空气处理机组,末端装置为吊顶式风机盘管,送回风管为矩形风管,送风口为方形散流器和双层百叶风口(下送风选用散流器,侧送为双层百叶风口),回风口为单层百叶风口,空调冷凝水采用热镀锌钢管,有组织地集中排放至卫生间地漏处。卫生间、配电间以及布草间等房间设置排风系统。暖通项目包括风系统和水系统,本章主要介绍风系统的创建方法,水系统的建模方法详见第7章。

8.1.2 图纸解析

1. 建模环境设置

设置项目信息,项目名称:疗养院4号别墅暖通系统。

2. BIM参数化建模

(1)创建相应风管系统、管道类型进而形成暖通项目样板。
(2)根据给出的图纸,创建设备、风管和风管附件等图元。
(3)主要设备及构件参数如表8-1所示。

表 8-1 主要设备及构件参数

图例	名称		
	排(烟)风机		
	吊顶式排风扇		
	单层百叶风口		
L:长度mm	消声器		
	方形散流器		
⊖70℃	防火阀		
——·——φc——·——	圆形风管		
	风机盘管	送风管尺寸 (宽×高)/(mm×mm)	回风管尺寸 (宽×高)/(mm×mm)
	V2.2	450×150	450×150
	V4.5	700×150	700×150
	V5.0	800×150	800×150
VRV-4-1	变频多联空调		

（4）图纸及详图如图 8-1 和图 8-2 所示，案例所需族可从软件自带文件中载入。

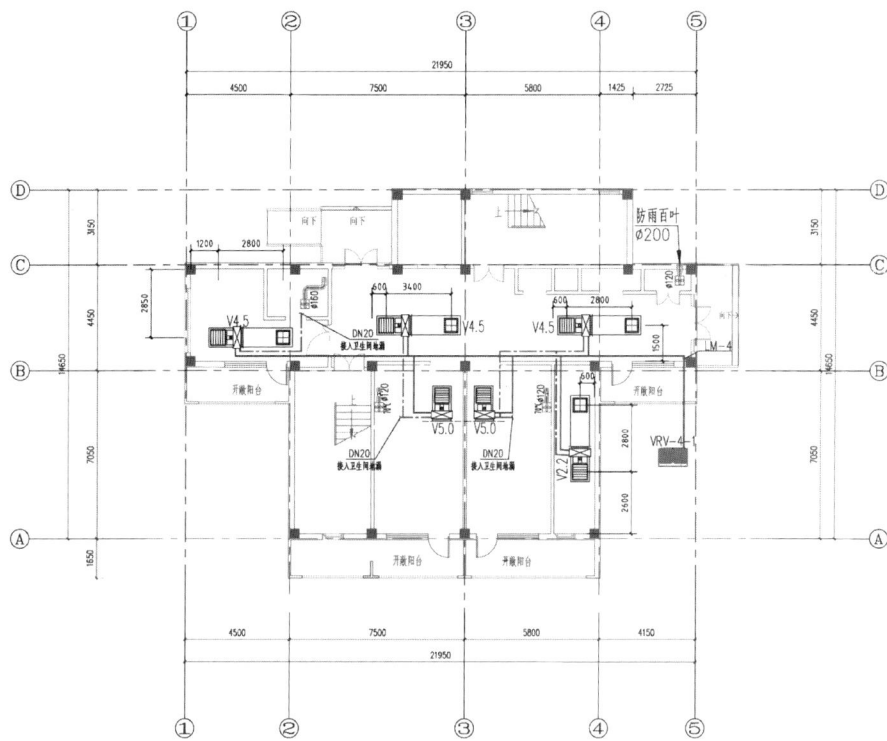

图 8-1 暖通一层平面图

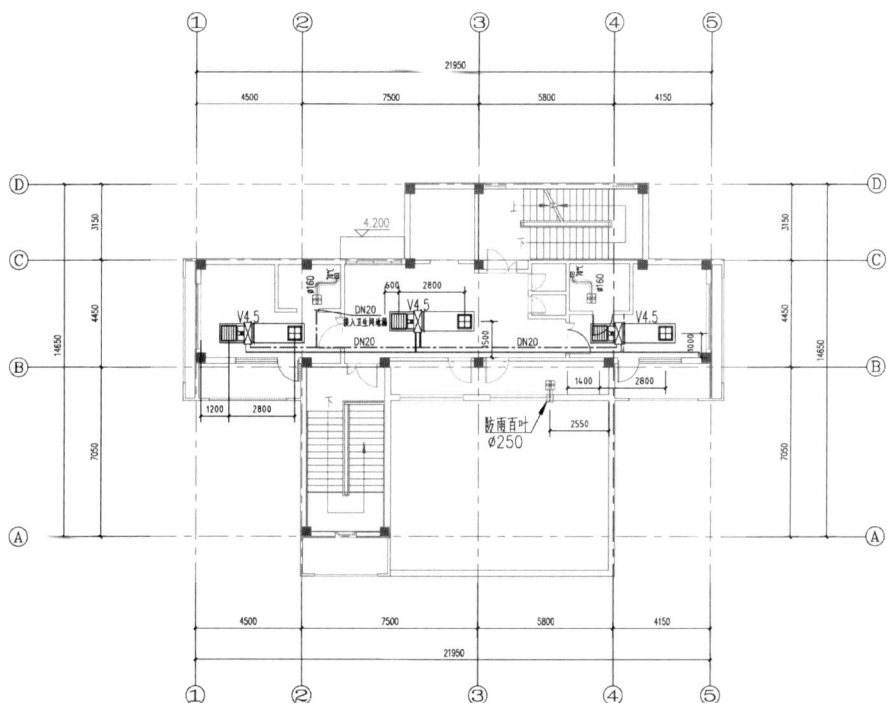

图 8-2 暖通二层平面图

3．模型文件管理

用"疗养院 4 号别墅暖通系统"为项目文件命名，并保存项目文件。

8.1.3 创建逻辑

（1）建模前期准备与 7.2 节相同，不再赘述；
（2）根据图纸创建送风、回风系统，包括设备布置、风管以及风管附件等；
（3）根据图纸创建空调水系统以及冷凝水系统，包括管路以及管路附件等；
（4）完成模型并导出。

8.2 风管模型建立

8.2.1 链接 CAD 底图

操作方法参见本书 3.3 节。

8.2.2 设备布置

以一层为例，根据 CAD 图纸将风机盘管布置在室内相应位置，如图 8-3 所示。

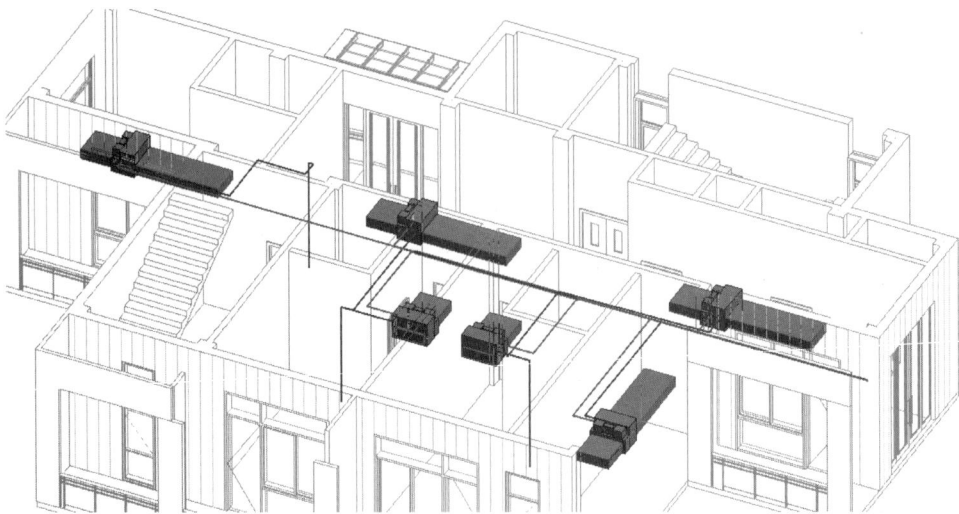

图 8-3 三维展示

布置时，可先放置一个风口，并在风口"属性"对话框中调整该风口的偏移量，也就是标高，如图 8-4 和图 8-5 所示。再将这个风口复制到其他位置，这种方法可以避免每添加一个风口就要修改一次风口标高的烦琐工作，布置好的风口可通过"属性"对话框选择所需要的类型。

旋转设备有两种方法：①选择已放置的设备，在功能区的"角度"中指定旋转方向，如图 8-6 所示。默认的旋转中心是图元的插入点，如果需要自定义旋转中心，可以单击"地点"，

图 8-4　布置风口

图 8-5　偏移量调整

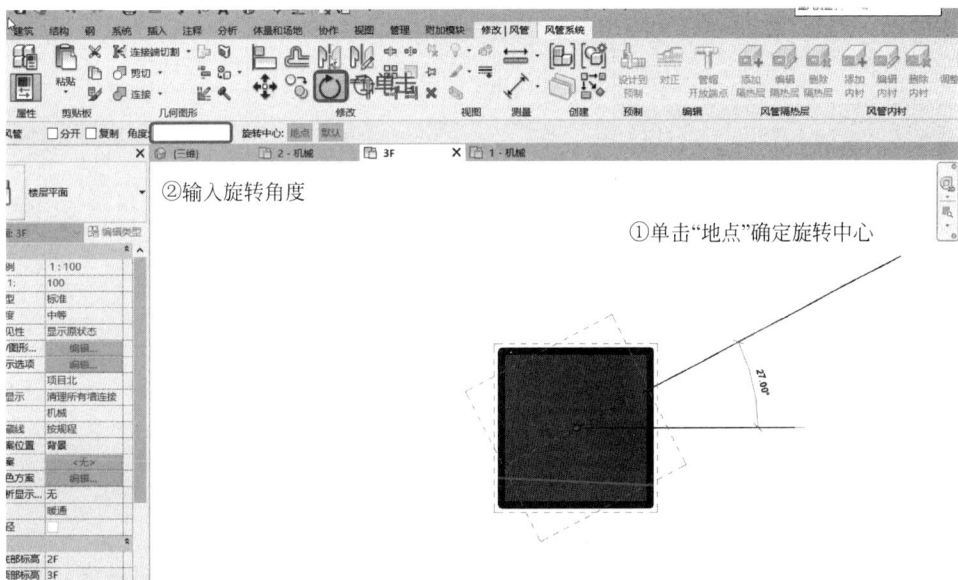

图 8-6　旋转设备

指定旋转中心。②放置设备时,直接按"空格"进行 90°方向旋转,对已经放置的设备,单击设备,按"空格"也可以进行 90°方向旋转。

8.2.3　基本风管绘制

在平面视图、立面视图、剖面视图和三维视图中均可绘制风管。

进入风管绘制模式有以下方式:

(1)单击功能区中"系统"选项卡—"HVAC"面板—"风管",如图 8-7 所示。

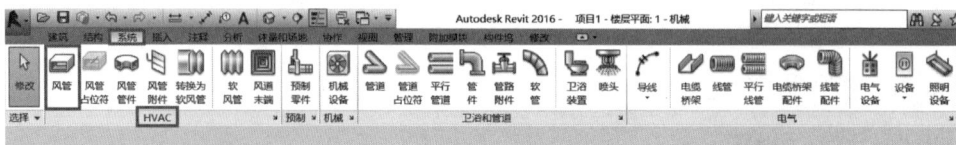

图 8-7　进入风管绘制模式

(2)选中绘图区已布置构件族的风管连接件,右击,单击快捷菜单中的"绘制风管"。

(3)选中绘图区已布置构件族,单击风管连接件图标,如图 8-8 和图 8-9 所示。

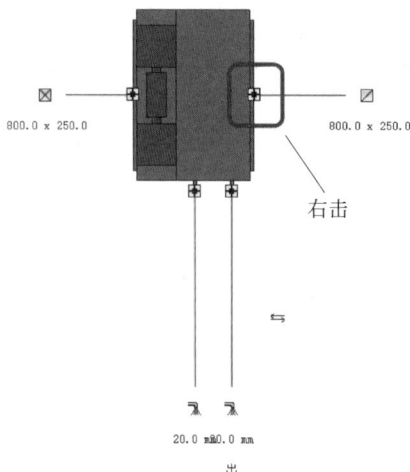

图 8-8　选中风管连接件

进入风管绘制模式后,"修改|放置风管"选项卡和"修改|放置风管"选项栏被同时激活,如图 8-10 所示。

以绘制矩形风管为例,按照以下步骤手动绘制风管:

1.选择风管类型

在风管"属性"对话框中选择所需要绘制的风管类型。

2.选择风管尺寸

单击"修改|放置风管"选项栏上"宽度"或"高度"的下拉按钮,选择在"机械设置"中设定风管尺寸。如果在下拉列表中没有需要的尺寸,可以直接在"宽度"和"高度"输入需要绘制的尺寸。

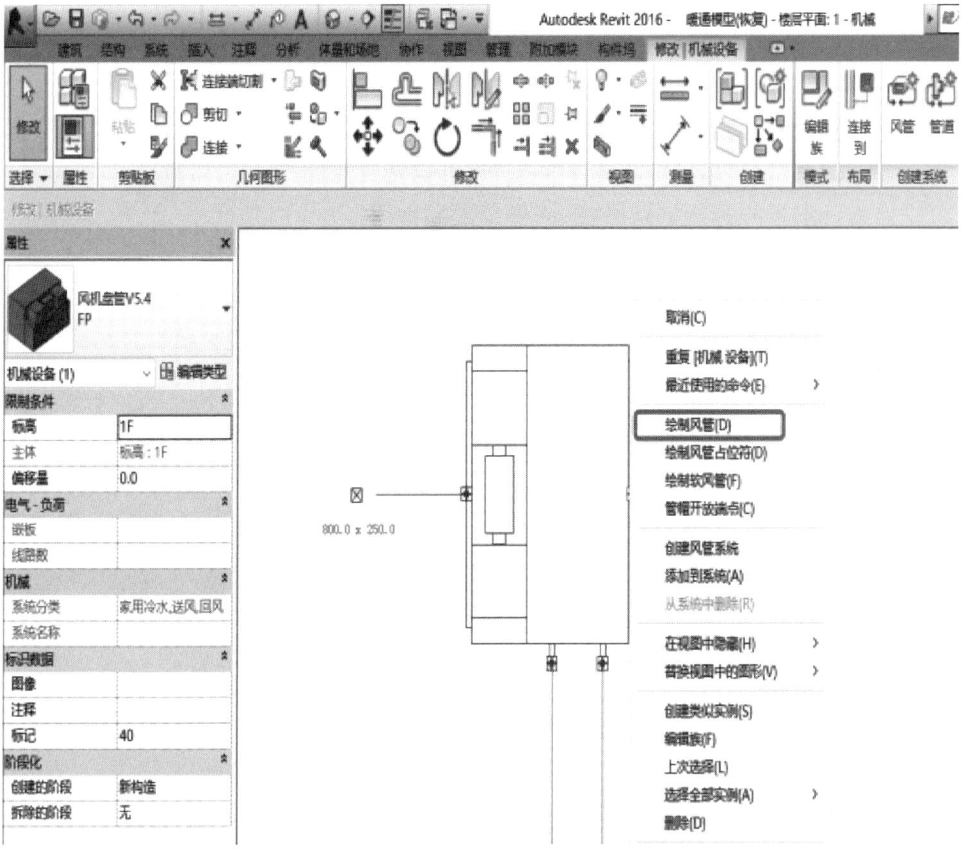

图 8-9　选择绘制风管

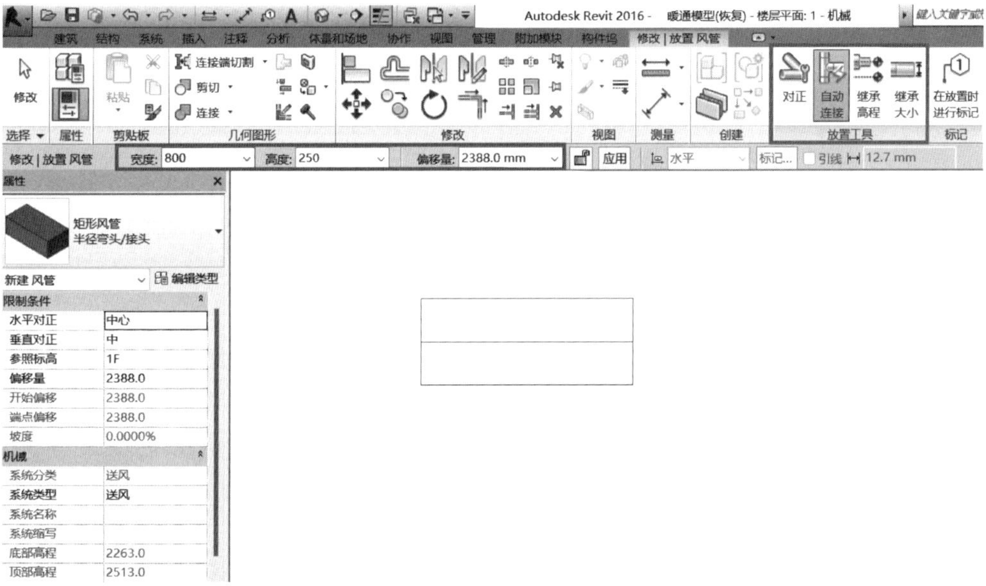

图 8-10　激活选项卡

3．指定风管偏移

默认"偏移量"是指风管中心线相对于当前平面标高的距离。重新定义风管"对正"方式后，"偏移量"指定距离的含义将发生变化，详见本节"4.指定风管放置方式"的"1）对正'中'垂直对正"。在"偏移量"选项中单击下拉按钮，可以选择项目中已经用到的风管偏移量，也可以直接输入自定义的偏移量数值，默认单位为 mm。

4．指定风管放置方式

在绘制风管时可以使用"修改|放置风管"选项栏内"放置工具"选项卡上的命令指定所要绘制风管的放置方式，如图 8-11 所示。

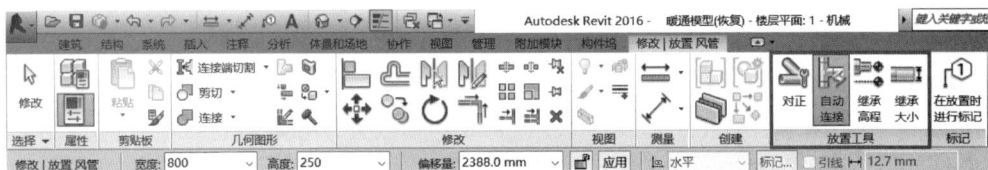

图 8-11　选择放置方式

1）对正

"对正"命令用于指定风管的对齐方式，此功能在立面和剖面视图中不可用，单击"对正"，打开"对正设置"对话框，如图 8-12 和图 8-13 所示。

图 8-12　单击"对正"

（1）水平对正

当前视图下，以风管的"中心""左""右"侧边缘作为参照，将相邻两段风管边缘进行水平对齐，"水平对正"的效果与画管方向有关，自左向右绘制风管时，选择不同"水平对正"方式的绘制效果，如图 8-14 所示。

（2）水平偏移

用于指定风管绘制起始点位置与实际风管绘制位置之间的偏移距离，该功能多用于指定风管和墙体等参考图元之间的水平偏移距离，"水平偏移"的距离与"水平对齐"设置以及画管方向有关，设置"水平偏移"值为 500mm，自左向右绘制风管，不同"水平偏移"方式下风管绘制效果，如图 8-15 所示。

（3）垂直对正

当前视图下，以风管的"中""底""顶"作为参照，将相邻两段风管边缘进行垂直对齐。"垂直对正"的设置决定风管"偏移量"指定的距离，不同"垂直对正"方式下，偏移量为 2750mm 绘制风管的效果，如图 8-16 所示。

图 8-13 "对正设置"对话框

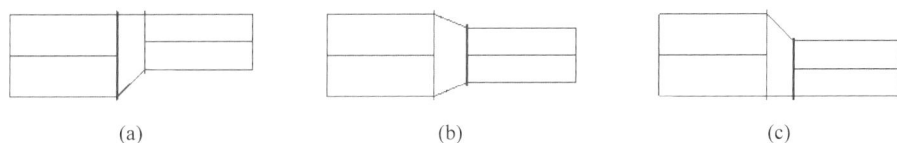

(a)   (b)   (c)

图 8-14 水平对正
（a）左对正；（b）中心对正；（c）右对正

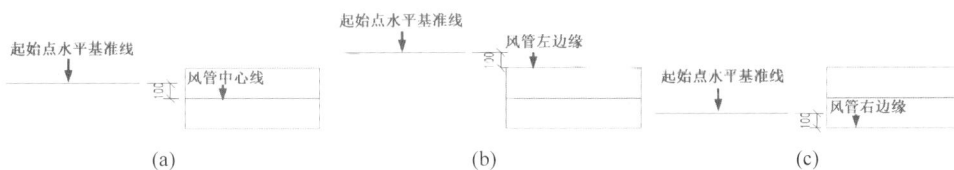

(a)   (b)   (c)

图 8-15 水平偏移
（a）中心对正；（b）左对正；（c）右对正

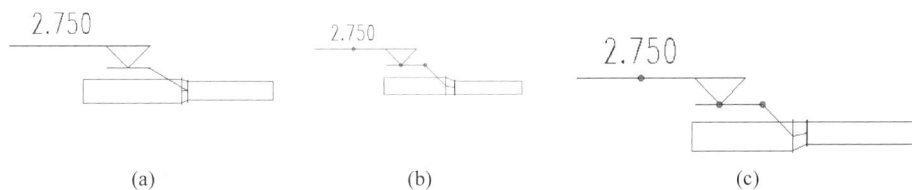

(a)   (b)   (c)

图 8-16 垂直对正
（a）中对正；（b）底对正；（c）顶对正

风管绘制完成后，在任意视图中，可以使用"对正"命令修改风管的对齐方式，选中需要修改的管段，单击功能区中"对正"，如图 8-17 所示。进入"对正编辑器"，如图 8-18 所示，选择对齐线、对齐方向和控制点，单击"完成"。

图 8-17　使用"对正"命令

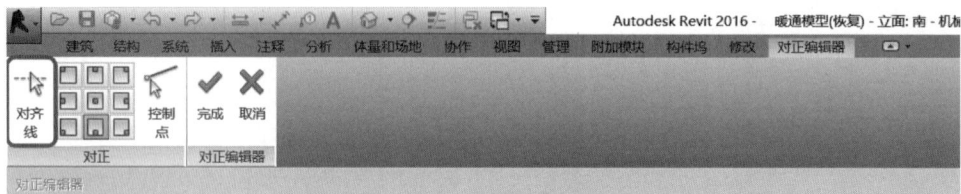

图 8-18　进入"对正编辑器"

单击对齐线，可以通过鼠标拾取对齐线，从控制点方向拾取对齐线，共 9 种对齐线可供选择，单击控制点可以切换对齐方向，如图 8-19 所示。

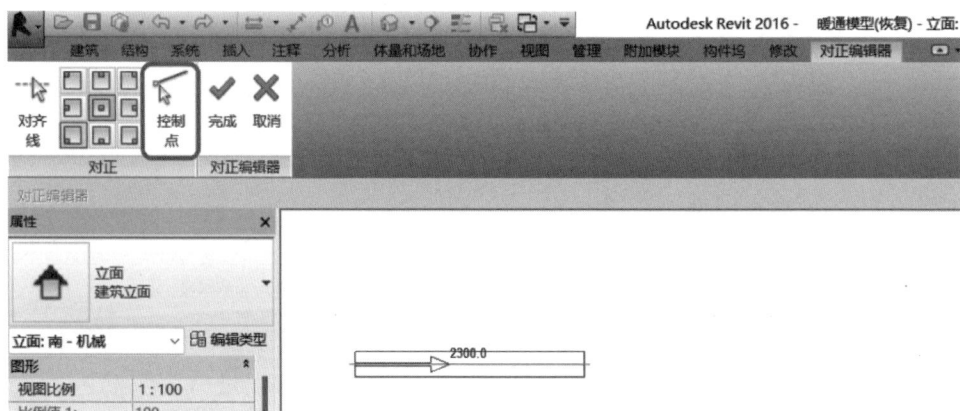

图 8-19　切换对齐方向

2）自动连接

"放置工具"选项卡中"自动连接"命令，用于某一段风管管路开始或结束时自动捕捉相交风管，并添加风管管件完成连接。默认情况下，这一选项是勾选的，如绘制两段不在同一高程的正交风管，将自动添加风管管件完成连接，如图 8-20 所示。

如果取消勾选"自动连接"，绘制两段不在同一高程的正交风管，则不会生成配件并完成自动连接，如图 8-21 所示。

3）"继承高程"和"继承大小"

在默认情况下，这两项是不勾选的。如果勾选"继承高程"，新绘制的风管将继承与其连接的风管或设备连接件的高程；如果勾选"继承大小"，新绘制的风管将继承与其连接的风管或设备连接件的尺寸。

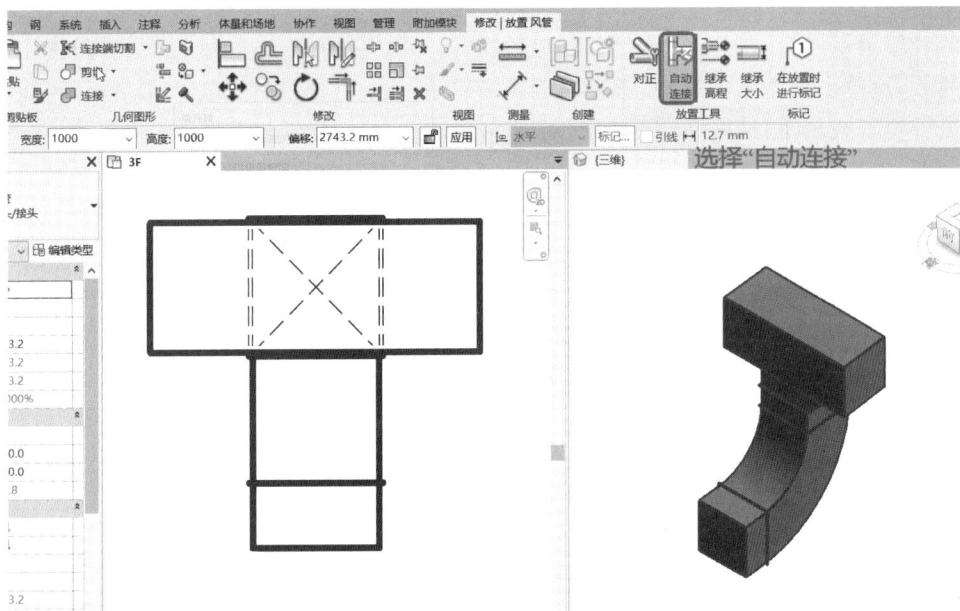

图 8-20　选择自动连接

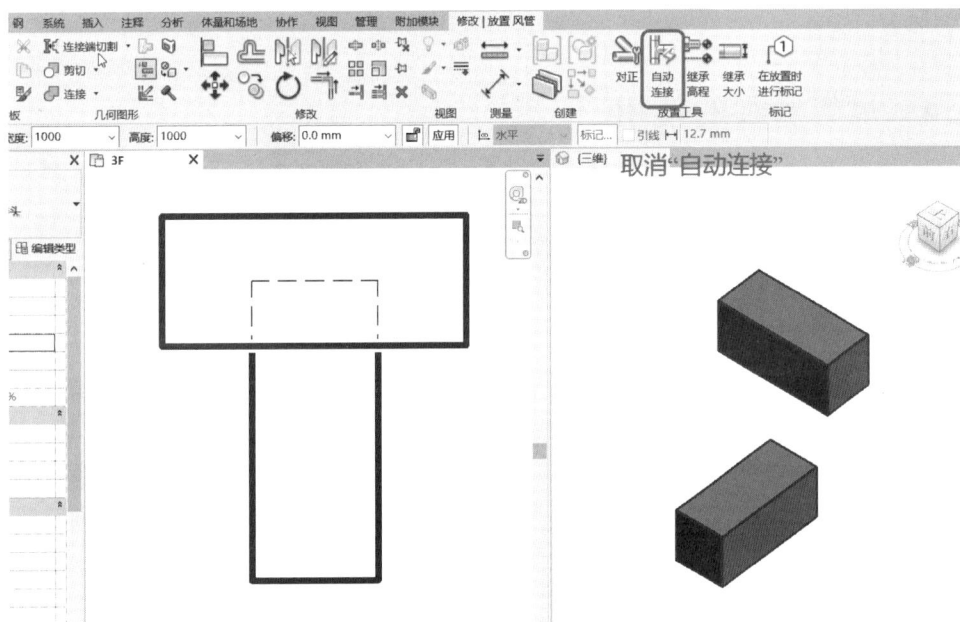

图 8-21　取消自动连接

5. 指定风管起点和终点

将鼠标移至绘图区域,单击指定风管起点,移动至终点位置再次单击,完成一段风管的绘制,可以继续移动鼠标绘制下一管段,风管将根据管路布局自动添加在"类型属性"对话框中预设好的风管管件,绘制完成后,按 Esc 键或者右击,单击快捷菜单中的"取消",退出风管绘制命令。

风管绘制完成后,在任意视图中,可以使用"修改类型"命令修改风管的类型,选中需要修改的管段,单击功能区中"修改类型",如图 8-22 所示。打开风管"属性"对话框,可以直接更换风管类型或单击"编辑类型"编辑当前风管类型。该功能在支持选择多段风管(含管件)的情况下,进行风管类型的替换,除风管"机械"分组下的属性被更新外,管件也将被更新成新风管类型的配置。

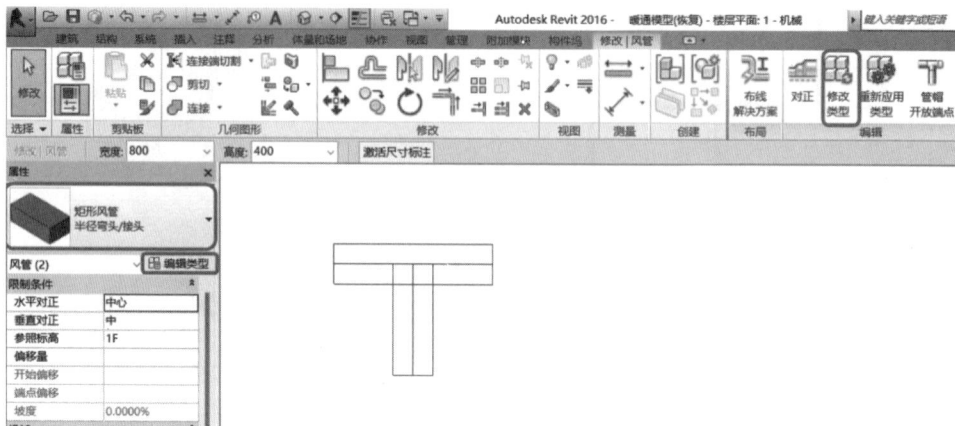

图 8-22　修改及编辑类型

8.2.4　风管管件的使用

风管管路中包含大量连接风管的管件,下面将介绍绘制风管时风管管件的使用方法和注意事项。

1. 放置风管管件

1) 自动添加

绘制某一类型的风管时,通过风管"类型属性"对话框中"管件"指定的风管管件,如图 8-23 所示,可以根据风管布局自动加载到风管管路中。目前以下类型的管件可以在"类型属性"对话框中指定:弯头、T 形三通、接头、交叉线(四通)、过渡件(变径)、多形状过渡件矩形到圆形(天圆地方)、多形状过渡件矩形到椭圆形(天圆地方)、多形状过渡件椭圆形到圆形(天圆地方)、活接头,用户可根据需求选择相应的风管管件族。

对于自动加载到风管中的"三通"或"四通"等管件,如果同时满足以下两个条件,可以在项目中自由拖动支管改变支管的倾斜角度,如图 8-24 所示。

①风管管件模型满足任意角度参变;②风管管件的族类别必须设置成"三通"或"四通"。

2) 手动添加

在"类型属性"对话框中的"管件"列表中无法指定的管件类型,如偏移、Y 形三通、斜 T 形三通、斜四通、裤衩管、多个端口(对应非规则管件),使用时需要手动插入风管中或将管件放置到所需位置后手动绘制风管。

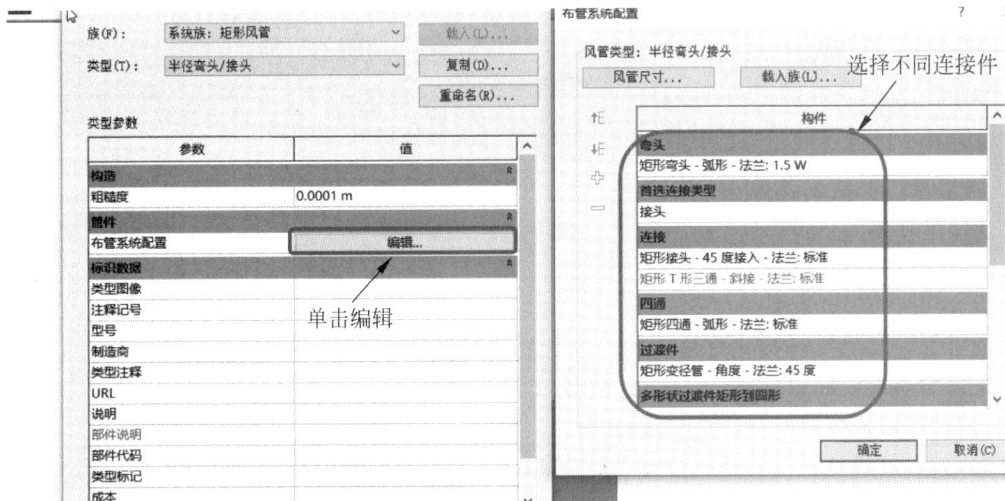

图 8-23 选择风管管件

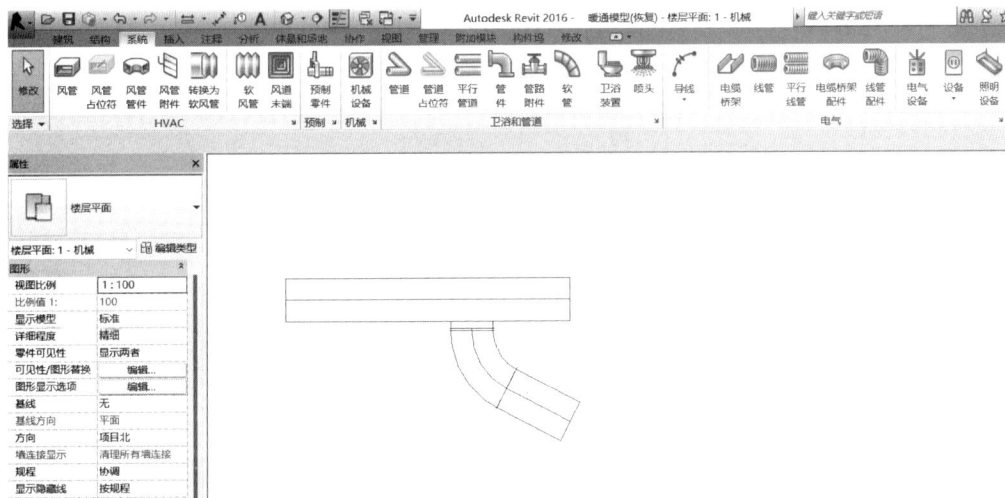

图 8-24 改变支管的倾斜角度

2. 编辑管件

在绘图区域中单击某一管件,管件周围会显示一组管件控制柄,可用于修改管件尺寸、调整管件方向和进行管件升级或降级。

(1) 在所有连接件都没有连接风管时,可单击尺寸标注改变管件尺寸,如图 8-25 所示。

(2) 单击符号可以实现管件沿符号方向水平翻转 180°。

(3) 单击符号可以旋转管件,当管件连接风管后,该符号不再出现。

(4) 如果管件的所有连接件都连接风管,可能出现"+",表示该管件可以升级,如图 8-26 所示,例如,弯头可以升级为 T 形三通,T 形三通可以升级为四通等。

(5) 如果管件有一个未使用连接风管的连接件,在该连接件的旁边可能出现"-",表示该管件可以降级,如图 8-27 所示,例如,带有未使用连接件的四通可以降级为 T 形三通,带

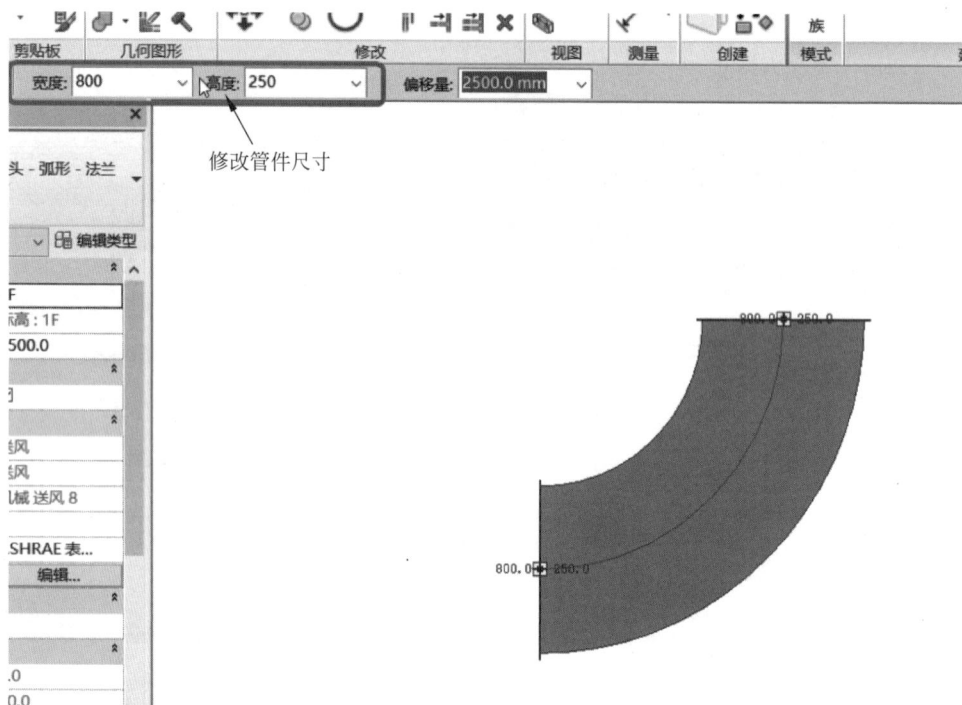

图 8-25　改变管件尺寸

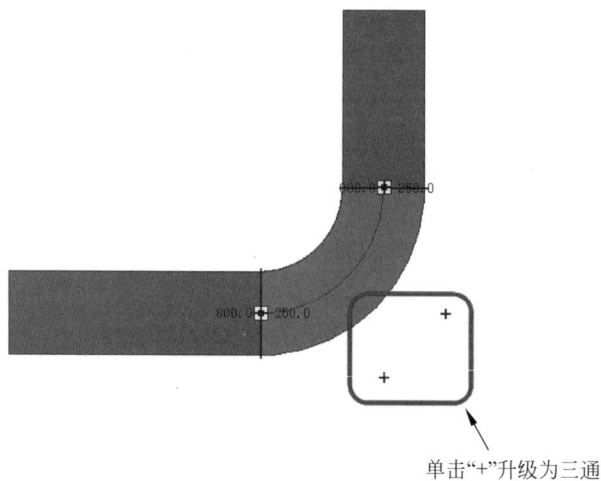

图 8-26　管件升级

有未使用连接件的 T 形三通可以降级为弯头等。如果管件上有多个未使用的连接件，则不会显示加减号。

8.2.5　风管附件放置

在平面视图、立面视图、剖面视图和三维视图中均可放置风管附件，本案例以排风系统中"70℃防火阀"为例。

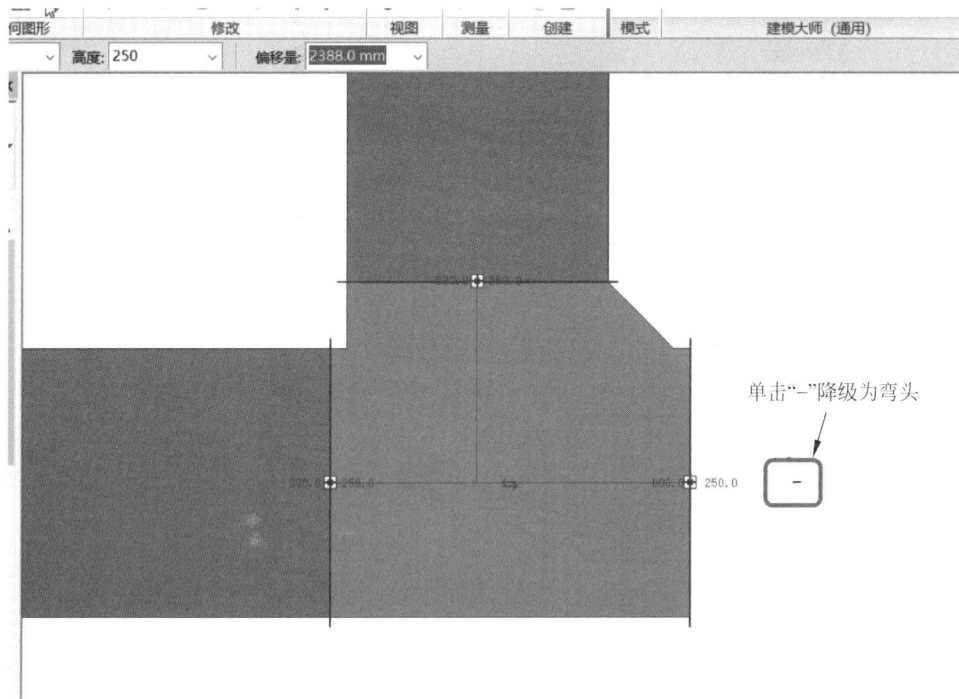

图 8-27　管件降级

单击"系统"—"风管附件",在"属性"对话框中选择需要插入的风管附件,插入风管中,如图 8-28 所示,也可以在项目浏览器中,展开"族"—"风管附件",选择"风管附件"下的族直接拖到右侧绘图区域,如图 8-29 所示。

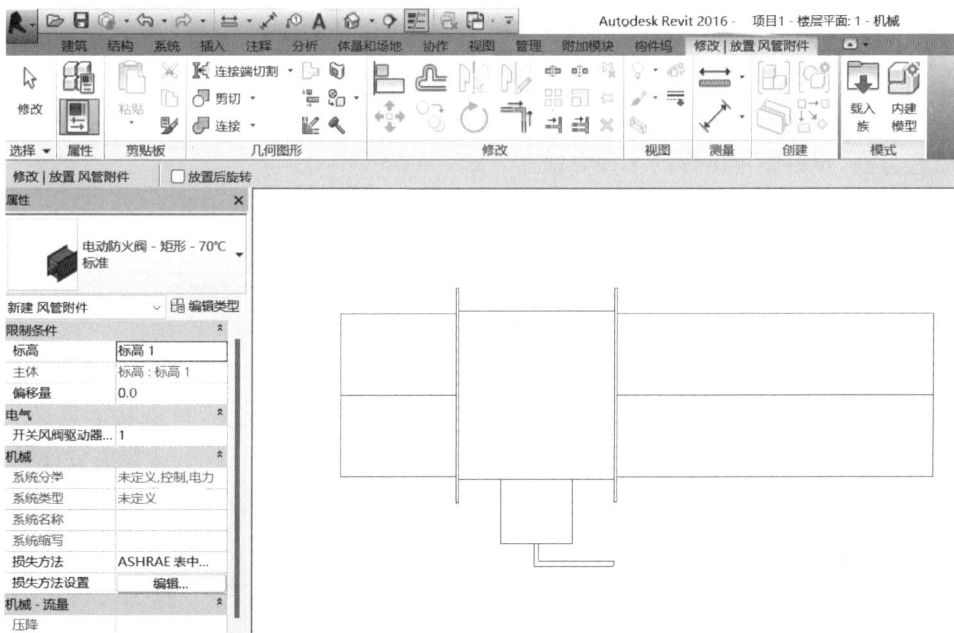

图 8-28　插入风管附件

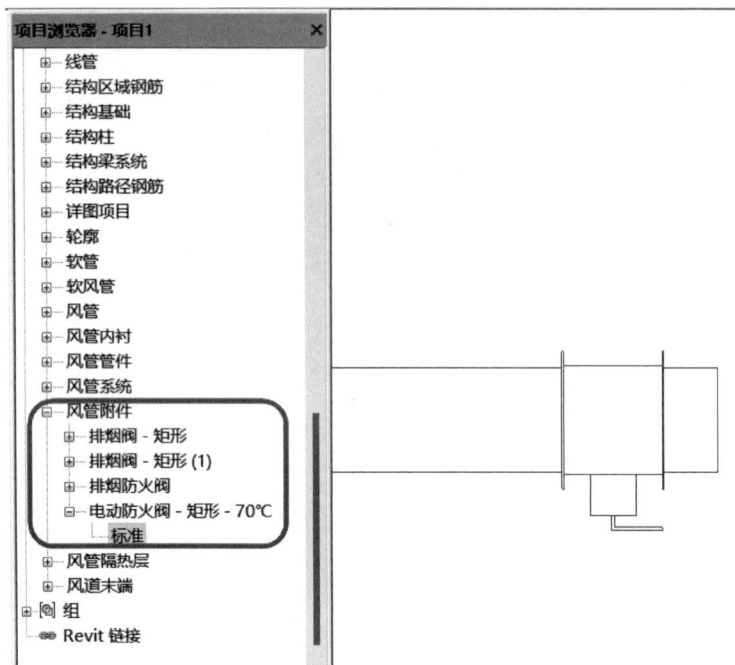

图 8-29　项目浏览器中插入风管附件

不同部件类型的风管附件，插入风管中，安装效果不同。部件类型为"插入"或"阻尼器"（对应阀门）的附件，插入风管中将自动捕捉风管中心线，单击放置风管附件，会打断风管并将风管附件直接插入风管中；部件类型为"附着到"的风管附件，插入风管中将自动捕捉风管中心线，单击放置风管附件，将附件连接到风管一端。

8.2.6　设备接管

设备的风管连接件可以连接风管和软风管。连接风管和软风管的方法类似，本节将以连接风管为例，介绍设备接管的 4 种方法。

（1）单击设备，右击设备的风管连接件，单击"绘制风管（D）"，如图 8-30 所示。

从设备连接件开始绘制风管时，按"空格"键，可自动根据设备连接件的尺寸和高程调整绘制风管的尺寸和高程。

（2）直接拖动已绘制的风管到相应设备的风管连接件，风管将自动捕捉设备上的风管连接件，完成连接，如图 8-31 和图 8-32 所示。

（3）使用"连接到"功能为设备连接风管。单击需要连接的设备，单击功能区中"连接到"命令，如果设备包含一个以上的连接件，将打开"选择连接件"对话框，选择需要连接风管的连接件，单击"确定"，然后单击该连接件所要连接到的风管，完成设备与风管的自动连接，如图 8-33 和图 8-34 所示。

（4）选中设备，单击设备的风管连接图标，"创建风管"，如图 8-35 所示。

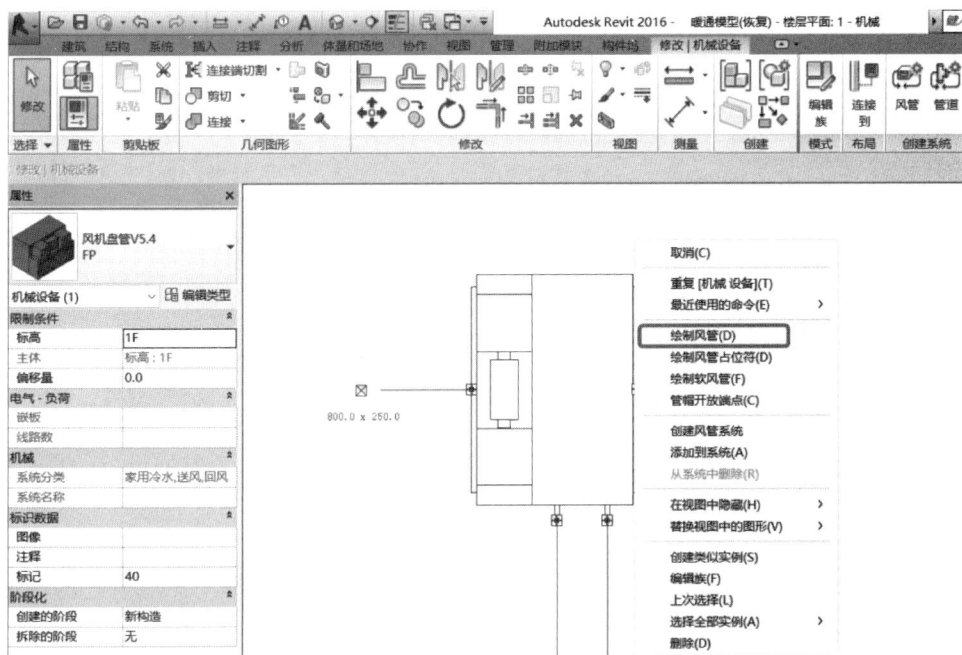

图 8-30　绘制风管

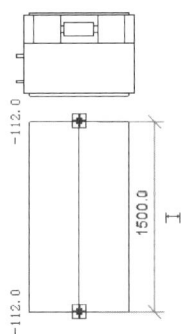

图 8-31　单击风管

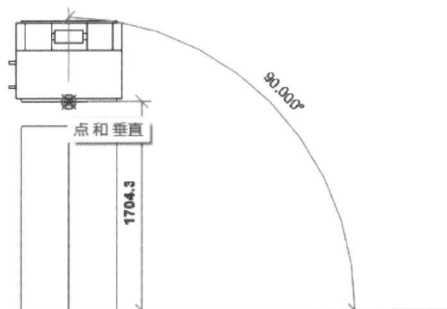

图 8-32　拖动至连接点

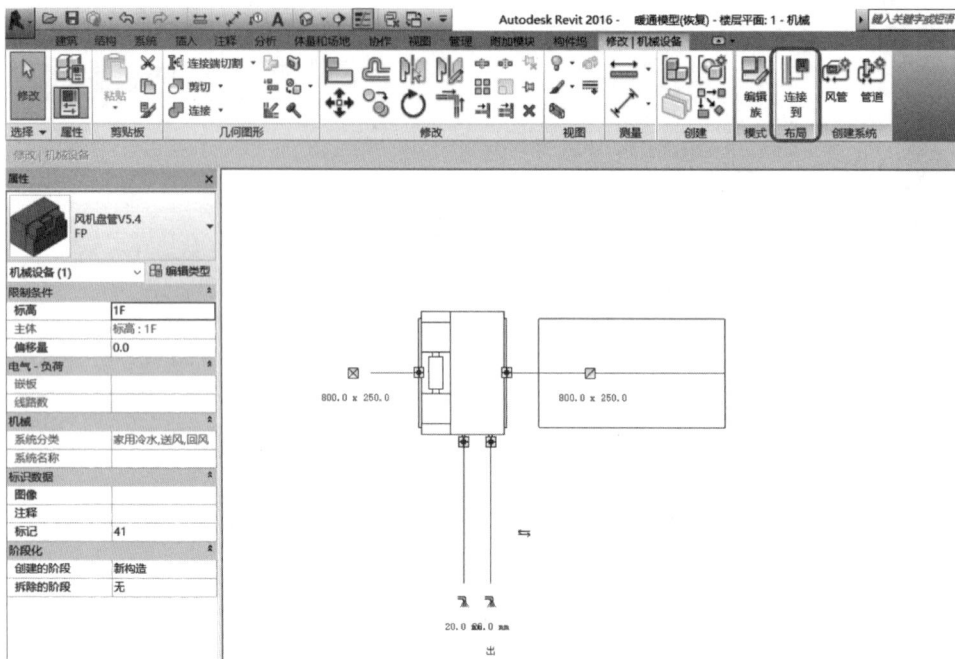

图 8-33　选择"连接到"

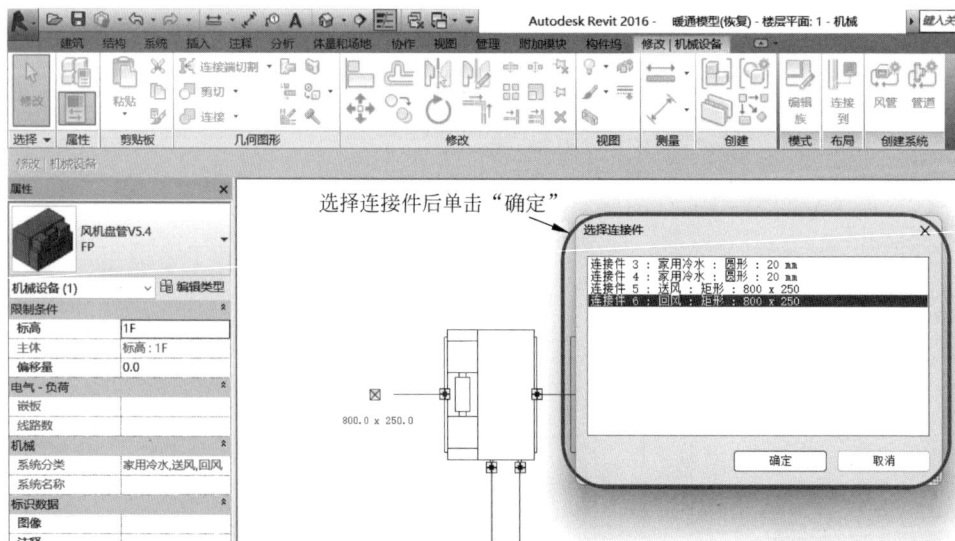

图 8-34　选择连接件

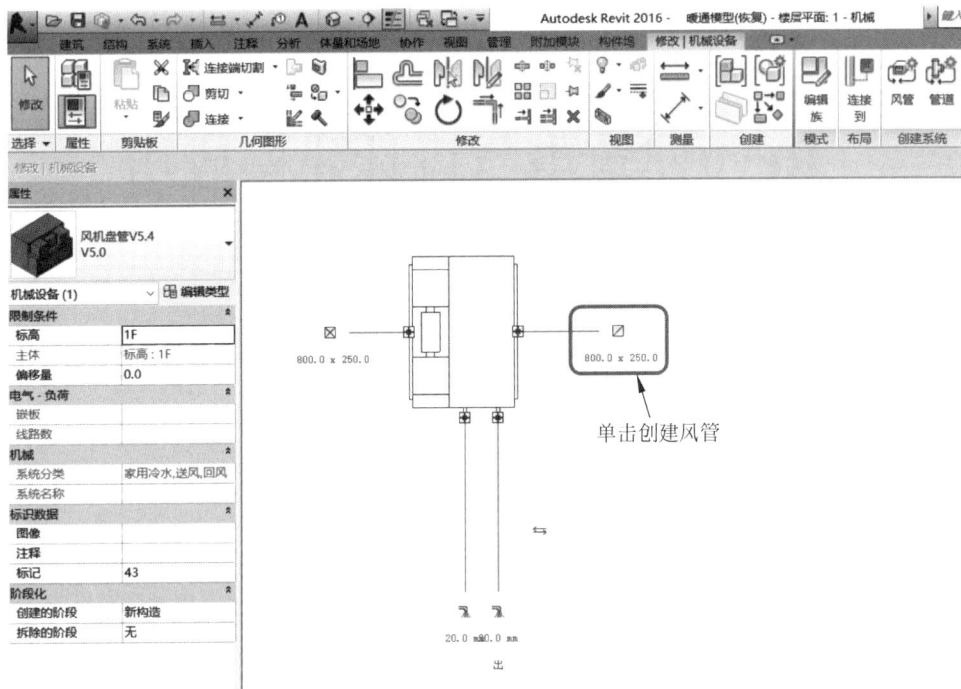

图 8-35　单击设备的风管连接图标

思考与练习题

1. 简述风管的对正方式有哪些。
2. 简述管道与设备的连接方法。
3. 简述风口的尺寸及风量的设置方法。
4. 简述如何创建不同类型的风管系统。

第9章

Revit建筑电气设计建模应用

本章要点

(1) 完整绘制电气模型；

(2) 配电系统建立方式；

(3) 电缆桥架系统的创建及连接方式；

(4) 电缆桥架配件的放置及编辑方式。

学习目标

了解项目电气系统布置要求，熟悉电气设备放置方式，熟悉配电系统建立方式；熟悉创建电缆桥架系统，包括电缆桥架系统创建；电缆桥架的类型选择及尺寸设置；电缆桥架配件的载入；电缆桥架偏移量的设置；电缆桥架对正方式及连接方式；电缆桥架配件的放置及编辑方式；熟悉电气管线绘制。

素质目标

为了满足社会对应用型人才的需求，本章以Revit电气设计建模应用为背景，结合实际案例进行建模训练，培养学生掌握Revit电气设计的基本理论和实际操作能力。通过案例分析提炼新时代"敬业、务实、自强、创新"工程精神，培养学生"团结、协作、担当、严谨"的工作作风，使学生学会正确的认识论和方法论，培养学生的批判性思维和创新意识。同时，引导学生树立正确的世界观、人生观和价值观，培养具有社会责任感和家国情怀的专业人才。

9.1　案例背景

9.1.1　案例简介

　　本案例电气系统包括"电力配电系统""照明系统""弱电系统""消防报警系统"。由室外箱式变电所引来一路低压电源,配电压为 380/220V,低压配电系统的接地形式采用 TN-C-S 接地系统,进楼处重复接地,最高用电负荷为三级负荷,包括普通照明、应急照明、客梯、空调、消防用电等。各配电回路具有短路保护及过载保护功能、插座回路设有漏电保护功能,本案例按第三类防雷建筑采取防雷措施,消防设备均带有蓄电池。

　　本章选取项目实例中的照明系统和弱电系统设计进行讲解,电缆由配电间内楼层配线架引出,在弱电桥架内敷设。电话通信系统、网络布线系统和对讲系统线路出桥架后穿 PVC 管沿楼板内及墙内暗敷;监控系统所有管线均由消防控制室引出,出桥架后穿金属管敷设,桥架管径等尺寸详见 CAD 图纸。

9.1.2　图纸解析

1. 建模环境设置

　　设置项目信息,项目名称:疗养院 4 号别墅电气系统。

2. BIM 参数化建模

　　(1)创建电气项目样板。
　　(2)根据给出的图纸,创建设备、桥架以及线管等图元,相关设备及规格型号详见表 9-1,桥架位置、管线位置如图 9-1、图 9-2 所示。

表 9-1　主要电气设备、桥架以及线管参数

图　　例	名　　称	规 格 型 号
/	桥架	100mm×50mm
/	弯通	100mm×50mm
/	穿低压流体输送用焊接钢管(钢导管)敷设	SC15
FD	楼层配线架	
AP	无线 AP 点	
（彩色摄像机图例）	彩色摄像机	
（开关图例）	开关	
（双联开关图例）	双联开关	
MI	湿度传感器	

图　　例	名　　称	规 格 型 号
(E)	出门按钮	
EL	电控锁	
	读卡器	
TV TD	电话插座	
2 TD	双孔数据插座	
	门灯	
E	应急疏散指示灯	
⊗ LED	发光二极管灯	
	照明配电箱	

注意：案例所需族可从软件自带文件中载入。

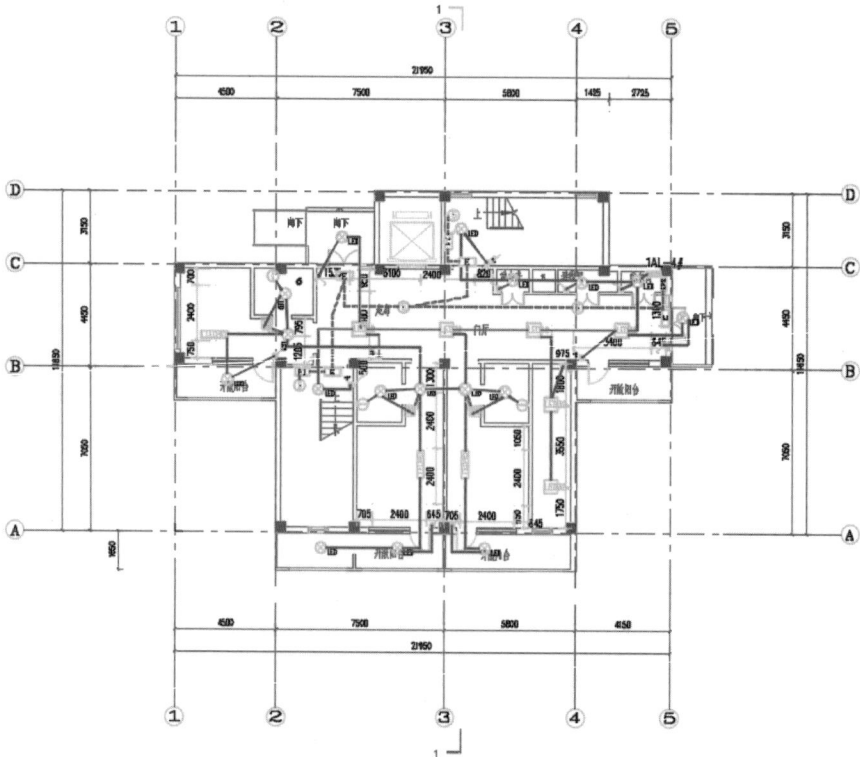

图 9-1　照明首层平面图

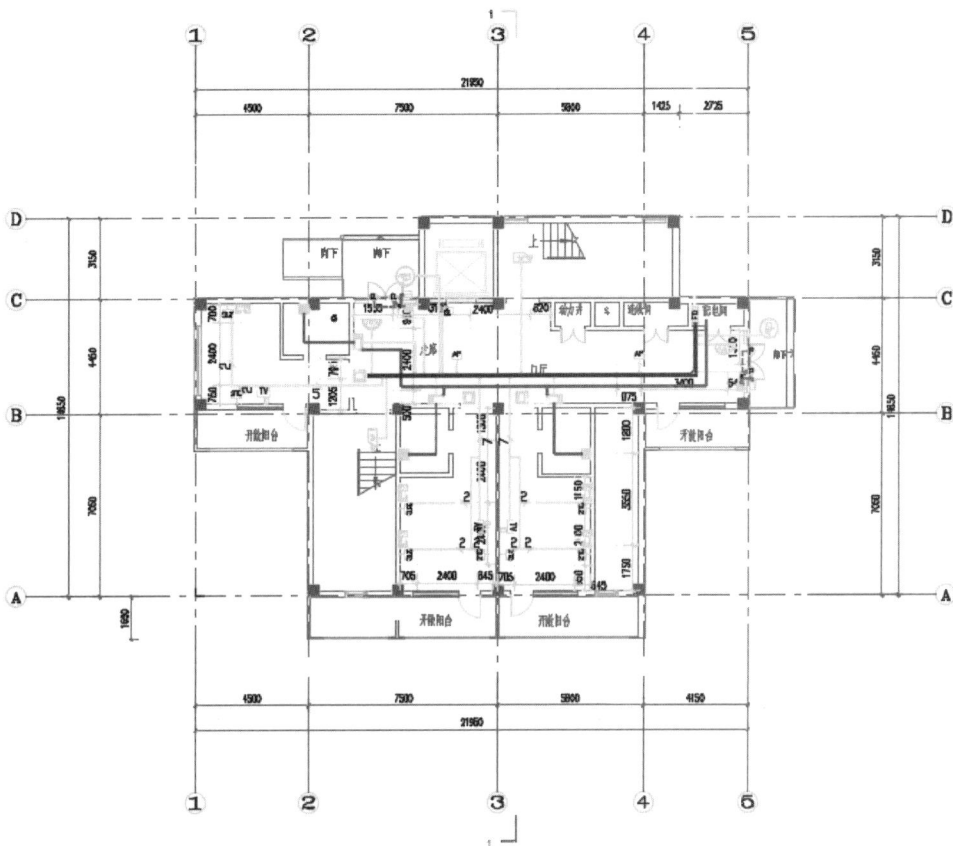

图 9-2　弱电首层平面图

3．模型文件管理

以"疗养院 4 号别墅电气系统"为项目文件名，并保存项目。

9.1.3　创建逻辑

（1）建模前期准备与 7.2 节相同，不再赘述；

（2）根据图纸创建桥架系统；

（3）根据图纸创建线管系统，包括电气设备以及线管管路等；

（4）完成模型并导出。

9.2　配电系统模型建立

9.2.1　链接 CAD 底图

操作方法参见 3.3 节内容。

9.2

9.2.2 设备布置

1. 布置灯具

（1）单击"系统"命令栏"电气"选项卡—"照明设备"，如图 9-3 所示。

图 9-3 照明设备

（2）在天花板平面放置灯具，在属性面板选择环形吸顶灯，放置时如遇到无法放置的情况，单击功能区"放置"面板中的"放置在面上"，单击放置灯具，如图 9-4 所示。

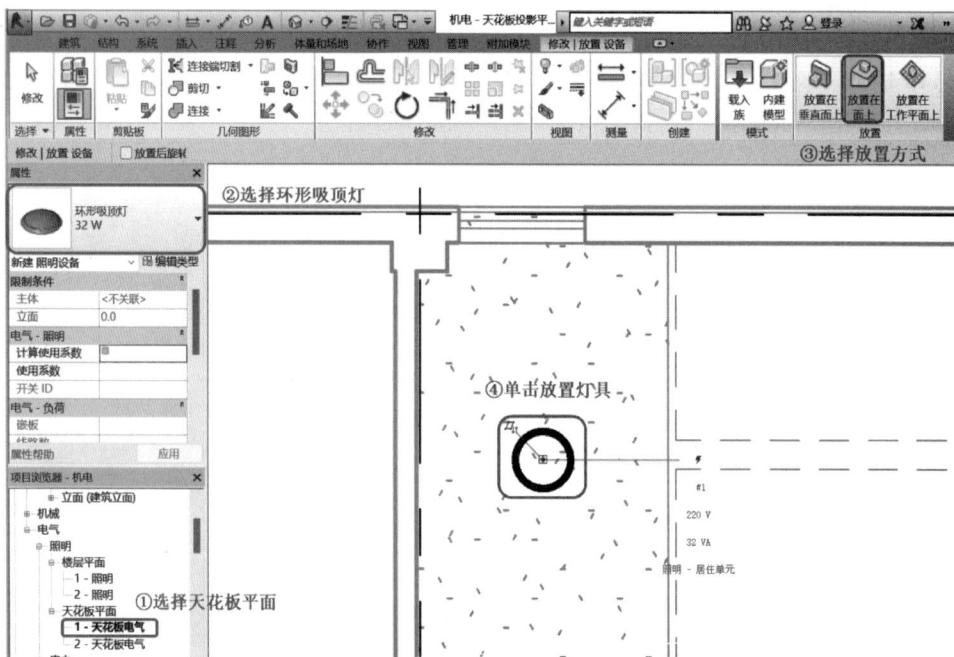

图 9-4 放置灯具

（3）灯具方向调整方式，如图 9-5 所示。

（4）按照上述方式完成项目中所有灯具的布置，如图 9-6 所示。

2. 布置开关

（1）单击"系统"命令栏—"电气"选项卡—"设备"—"照明"，如图 9-7 所示。

（2）在属性面板选择开关，在垂直面上单击放置开关，开关距地面 1.3m，在属性面板立面修改参数，如图 9-8 所示。

（3）按照上述方式完成项目中所有开关的布置，如图 9-9 所示。

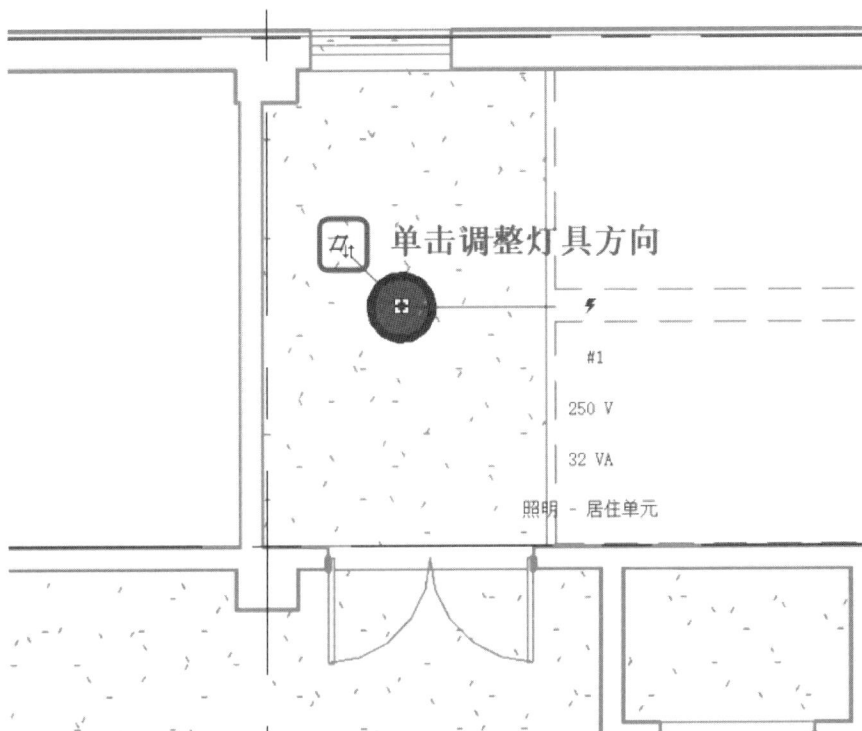

图 9-5　调整灯具方向

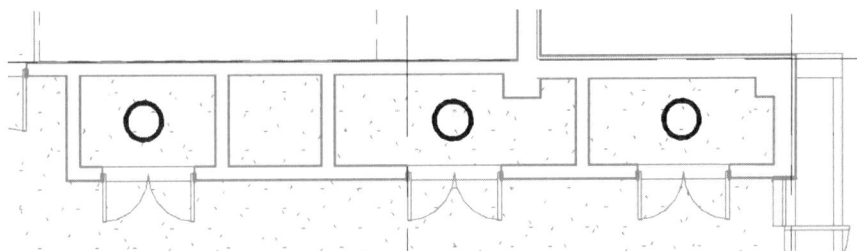

图 9-6　放置灯具完成

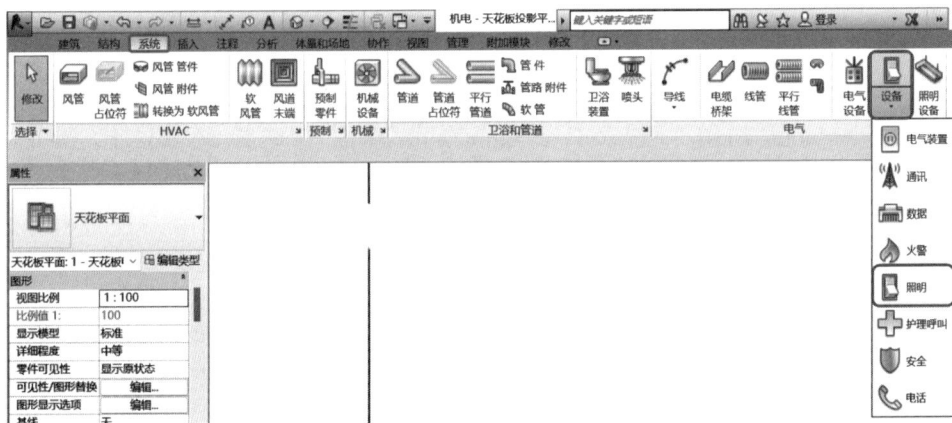

图 9-7　照明

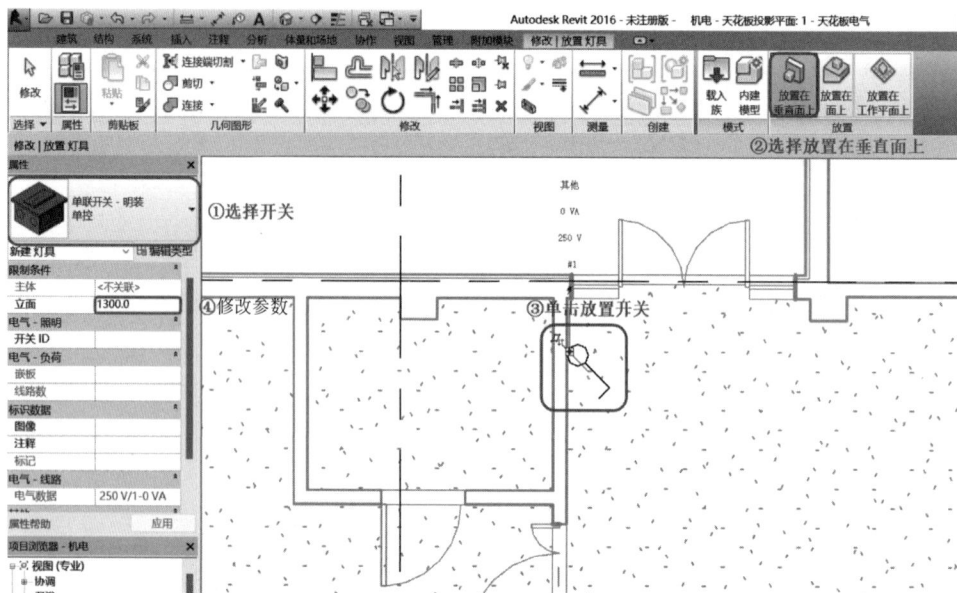

图 9-8　放置开关

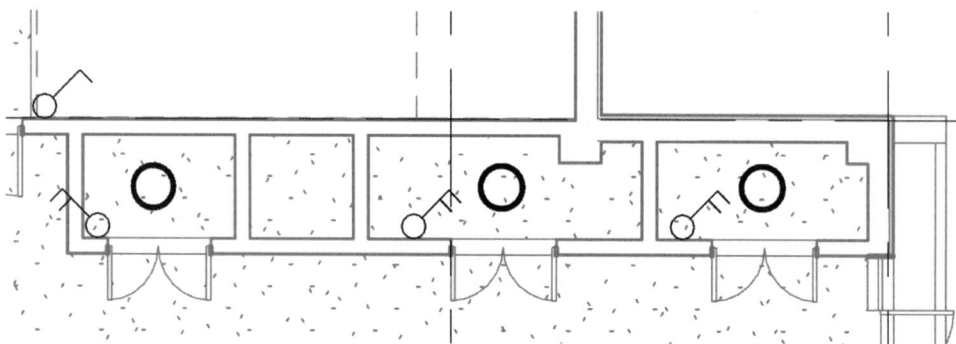

图 9-9　放置开关完成

3．布置照明配电箱

（1）单击"系统"命令栏—"电气"选项卡—"电气设备"，如图 9-10 所示。

图 9-10　电气设备

（2）在属性面板选择照明配电箱，在垂直面上单击放置照明配电箱，照明配电箱需明装且距地面 1.4m，在属性面板立面修改参数，如图 9-11 所示。

图 9-11　放置照明配电箱

4．连接导线

（1）单击"系统"命令栏—"电气"选项卡—"导线"，如图 9-12 所示。

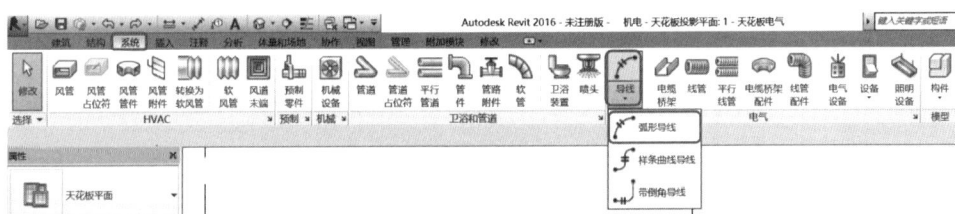

图 9-12　导线

（2）依次单击照明配电箱、灯具和开关几何中心，在照明配电箱、灯具以及开关之间连接导线，如图 9-13 所示。

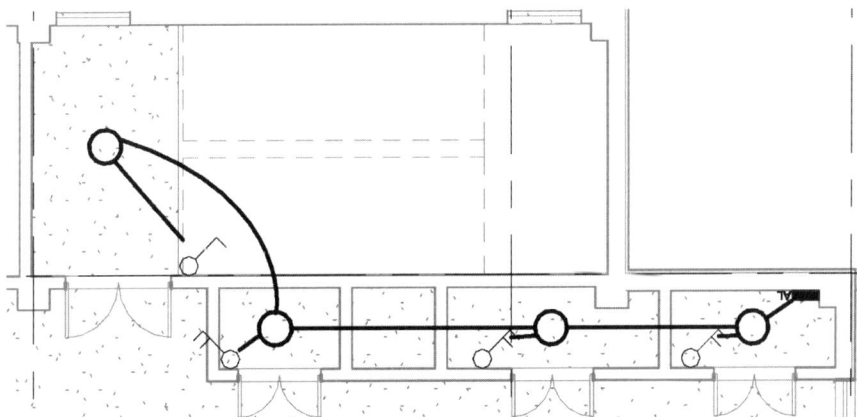

图 9-13　连接导线

9.2.3　创建电力配电系统

（1）选中所有开关和灯具，如图 9-14 所示。

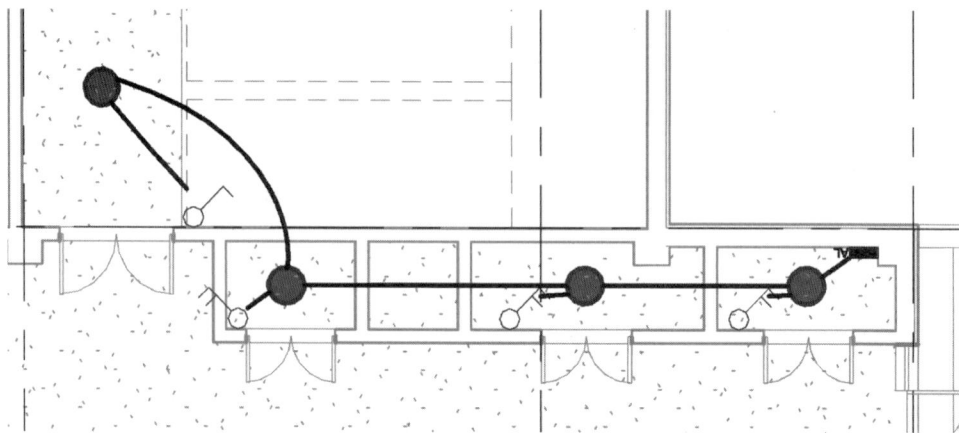

图 9-14　选中所有开关和灯具

（2）单击"修改|选择多个"命令栏—"创建系统"选项卡—"电力"，创建电力系统，如图 9-15 所示。

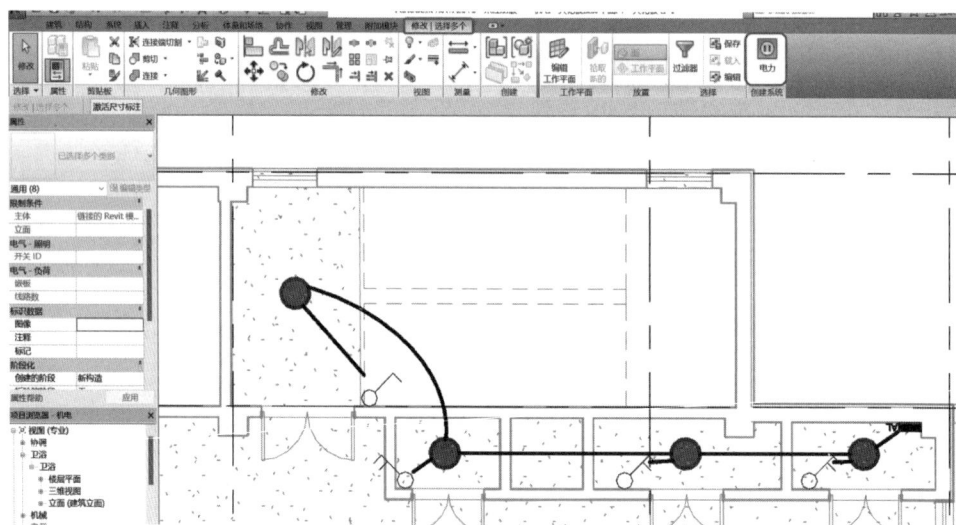

图 9-15　创建电力系统

（3）单击"修改|电路"命令栏—"系统工具"选项卡—"选择配电盘"，单击照明配电箱，如图 9-16 所示。

（4）按照上述方式完成配电系统创建，如图 9-17 所示。

注意：照明配电箱、灯具以及开关的极数和电压相同才可以将配电盘指定给电路。

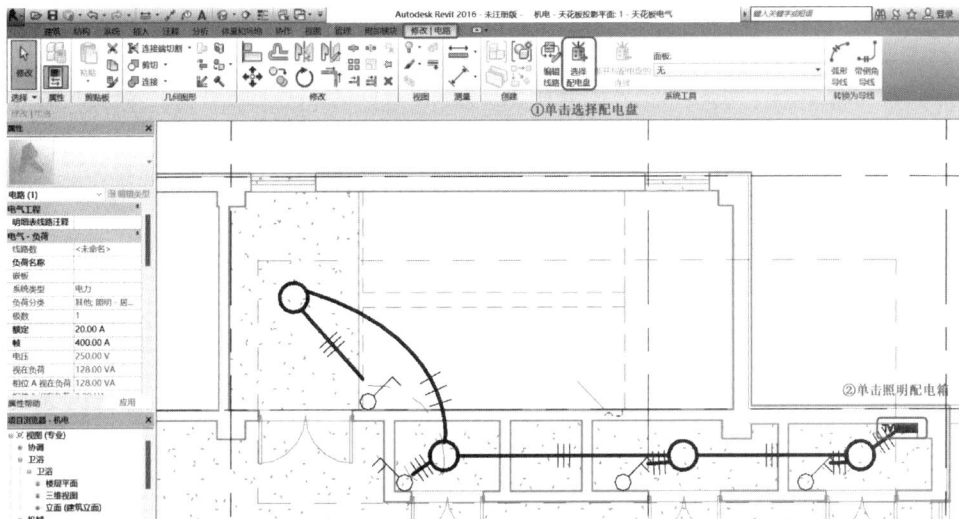

图 9-16　选择配电盘

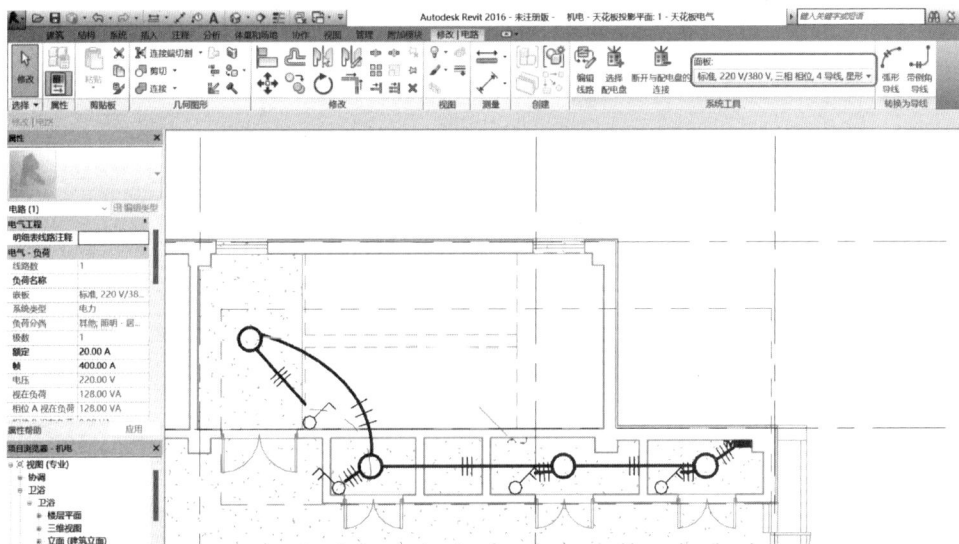

图 9-17　完成配电系统创建

9.3　电缆桥架模型建立

9.3

9.3.1　电缆桥架绘制

在平面视图、立面视图、剖面视图和三维视图中均可绘制水平、垂直和倾斜的电缆桥架。

1. 基本操作

按照以下步骤绘制电缆桥架。

(1) 选择电缆桥架类型。单击"系统"命令栏—"电气"选项卡—"电缆桥架",如图 9-18

所示；在电缆桥架"属性"对话框中选择所需要绘制的电缆桥架，如图 9-19 所示，电缆桥架类型见图 9-19 左侧类型选择器；电缆桥架类型属性见图 9-20，载入电缆桥架配件流程如图 9-21～图 9-26 所示，选择任意管件添加电缆桥架配件如图 9-27～图 9-29 所示。

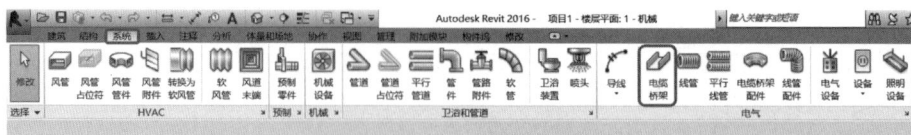

图 9-18　电缆桥架

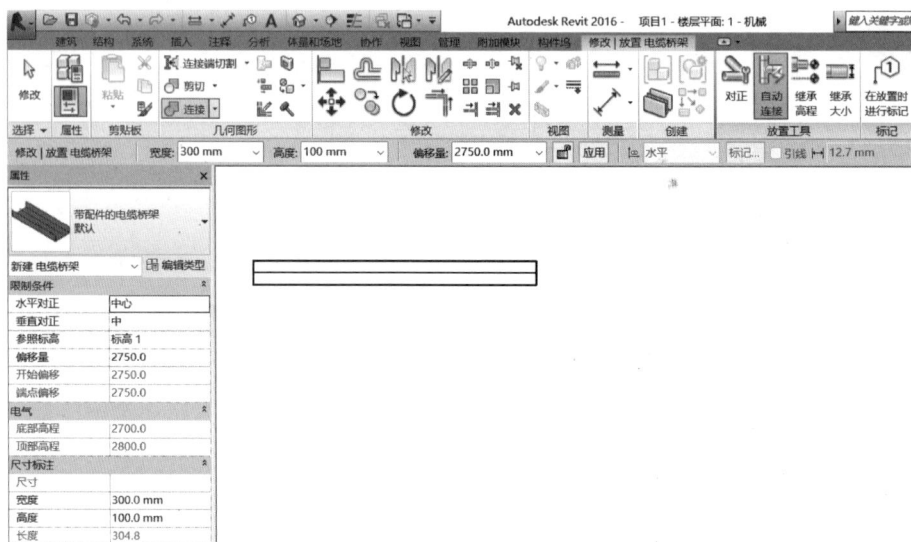

图 9-19　电缆桥架类型选择器

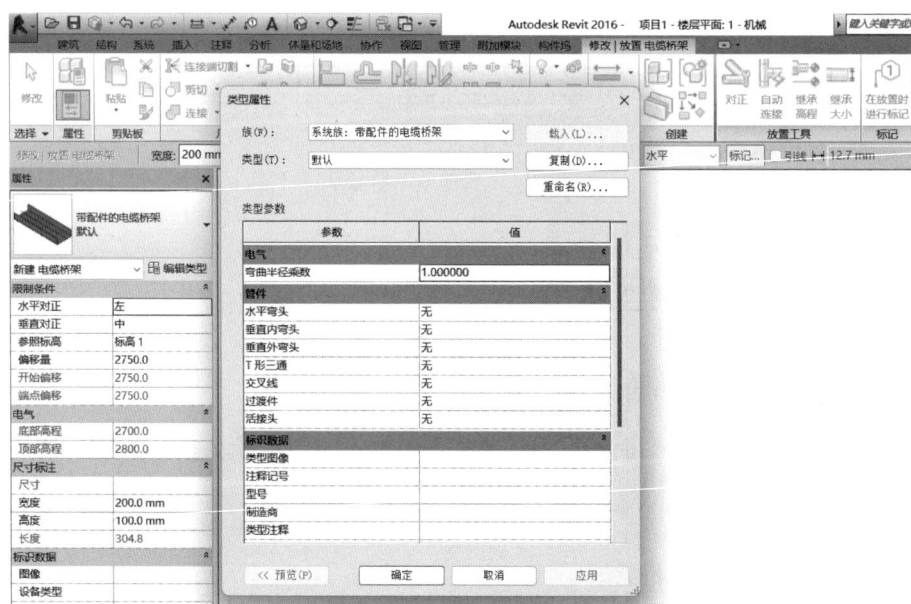

图 9-20　电缆桥架类型属性

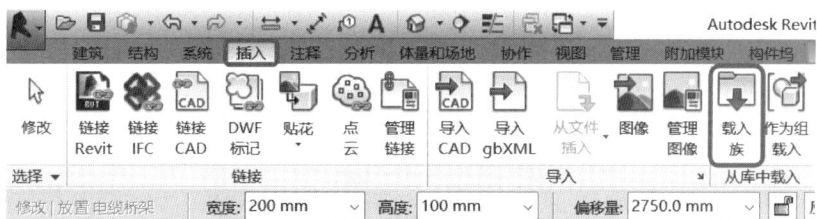

图 9-21　"插入"选项卡—"载入族"

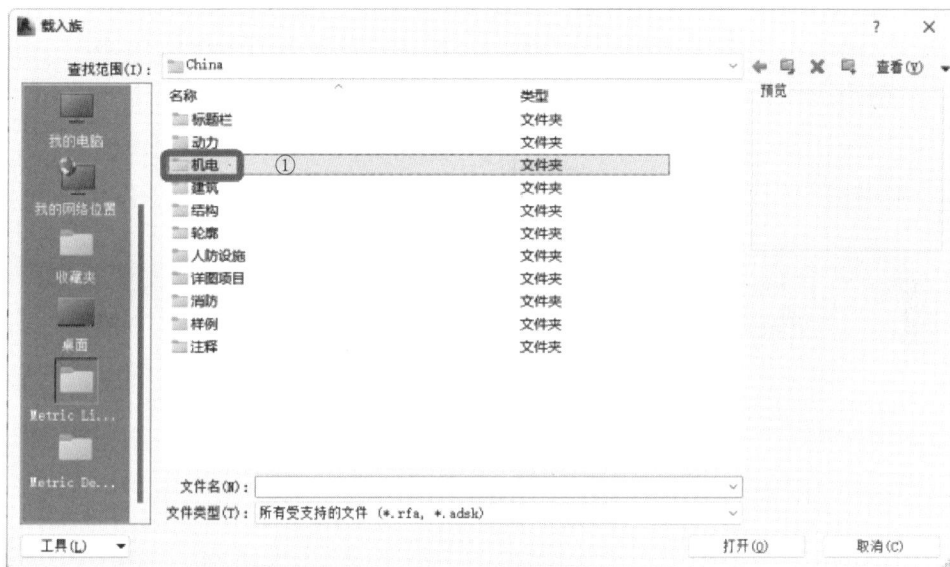

图 9-22　打开机电文件夹

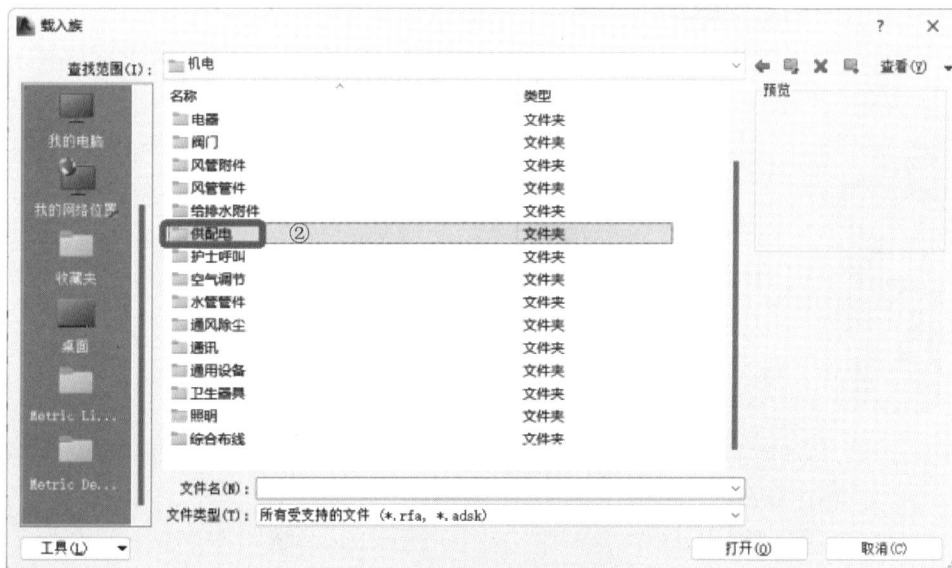

图 9-23　打开供配电文件夹

图 9-24　打开配电设备文件夹

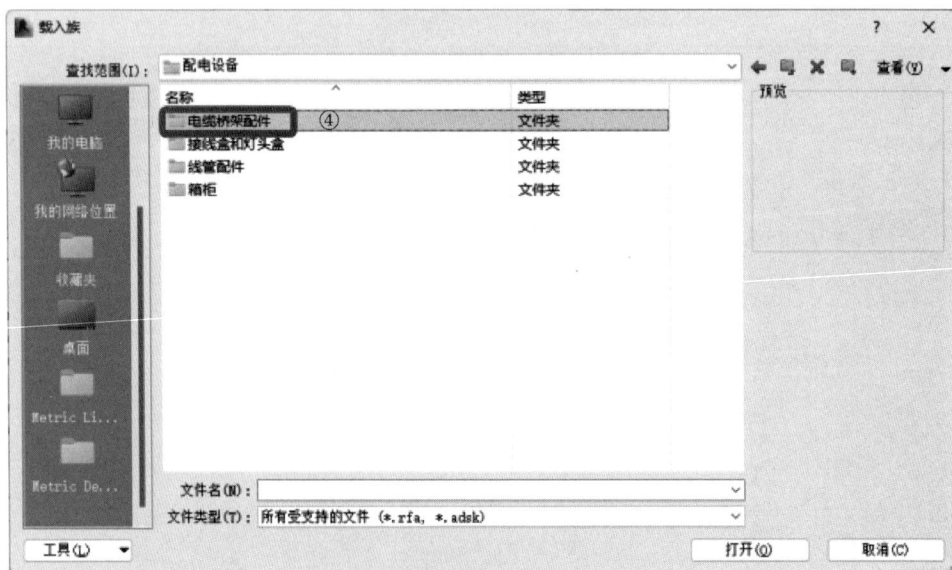

图 9-25　打开电缆桥架配件文件夹

图 9-26　选择电缆桥架配件

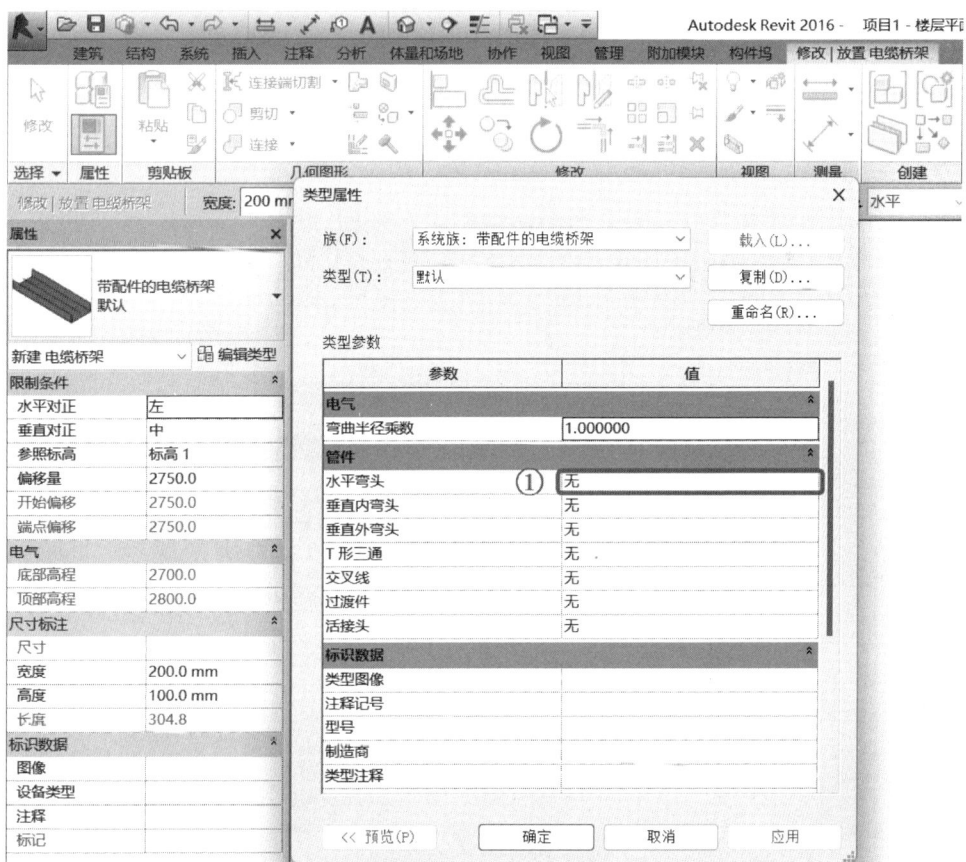

图 9-27　选择任意管件

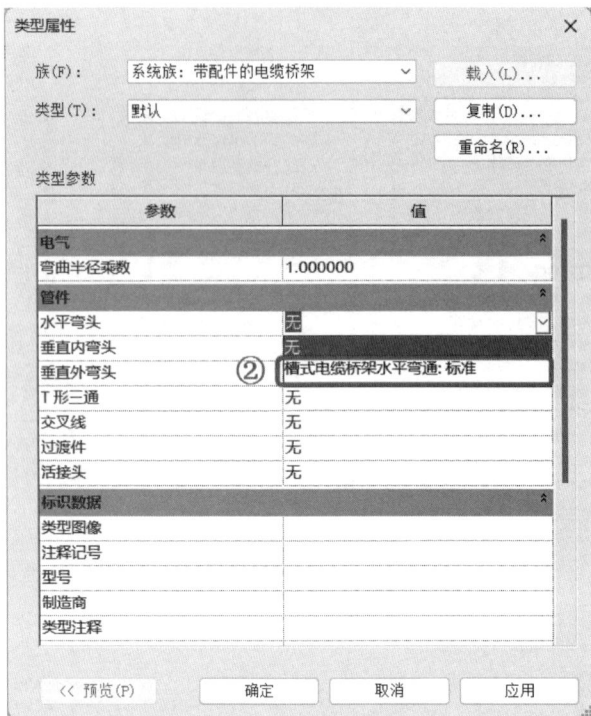

图 9-28　添加电缆桥架配件

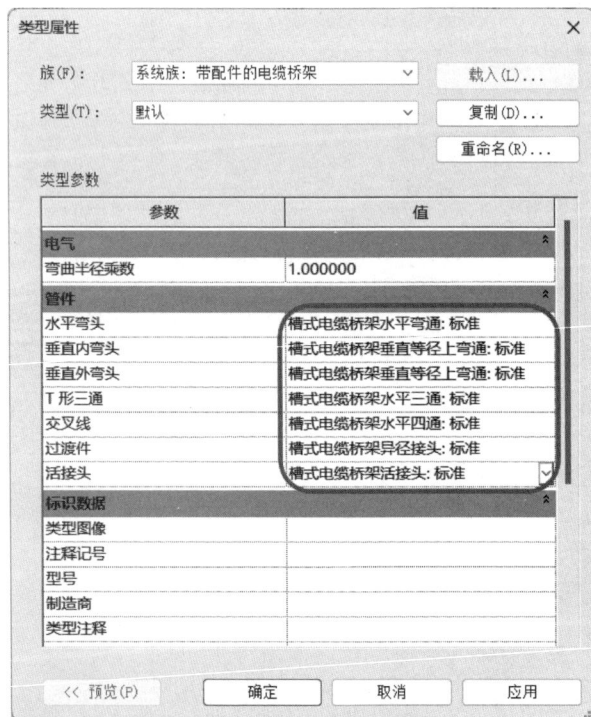

图 9-29　全部添加电缆桥架配件

（2）选择电缆桥架尺寸。单击"修改|放置电缆桥架"选项栏上"宽度"右侧下拉按钮，选择电缆桥架尺寸，也可以直接输入欲绘制的尺寸，如果在下拉列表中没有该尺寸，系统将从列表中自动选择和输入最接近的尺寸。同样方法设置"高度"，如图9-30所示。

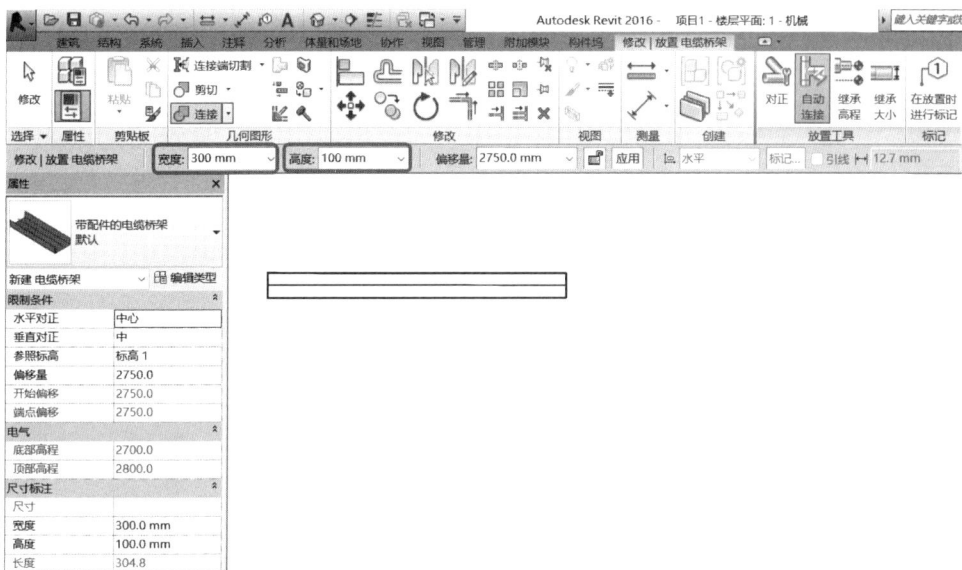

图9-30 设置电缆桥架宽度及高度

（3）指定电缆桥架偏移。默认"偏移量"是指电缆桥架中心线相对于当前平面标高的距离。重新定义电缆桥架"对正"方式后，"偏移量"指定的距离含义将发生变化，详见下文"2.电缆桥架对正"部分。在"偏移量"选项中单击下拉按钮，可以选择项目中已经用到的偏移量，也可以直接输入自定义的偏移量数值，默认单位为 mm。

（4）指定电缆桥架起点和终点。将鼠标移至绘图区域，单击即可指定电缆桥架起点，移动至终点位置再次单击，完成一段电缆桥架的绘制，可以继续移动鼠标绘制下一段。绘制过程中，根据绘制路线，在"类型属性"对话框中预设好的电缆桥架管件将自动添加到电缆桥架中。绘制完成后，按 Esc 键或者右击选择"取消"退出电缆桥架绘制命令。

注意：绘制垂直电缆桥架时，可在立面视图或剖面视图中直接绘制，也可以在平面视图绘制；在选项栏上改变将要绘制的下一段水平桥架的"偏移量"，就能自动连接出一段垂直桥架。

2．电缆桥架对正

在平面视图和三维视图中绘制电缆桥架时，可以通过"修改|放置电缆桥架"选项卡中的"对正"命令指定电缆桥架的对齐方式，单击"对正"，打开"对正设置"对话框，如图9-31～图9-32所示。

（1）水平对正。"水平对正"用来指定当前视图下相邻段之间水平对齐方式，"水平对正"方式有"中心""左""右"。"水平对正"后的效果还与绘制方向有关，如果自左向右绘制，选择不同"水平对正"方式的绘制效果如图9-33所示。

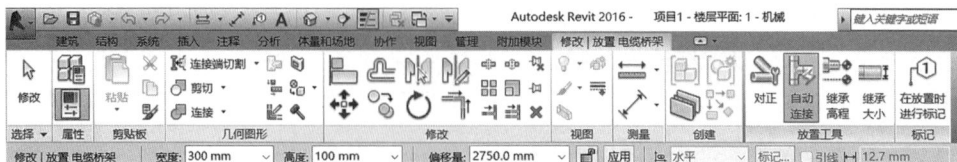

图 9-31　电缆桥架对正

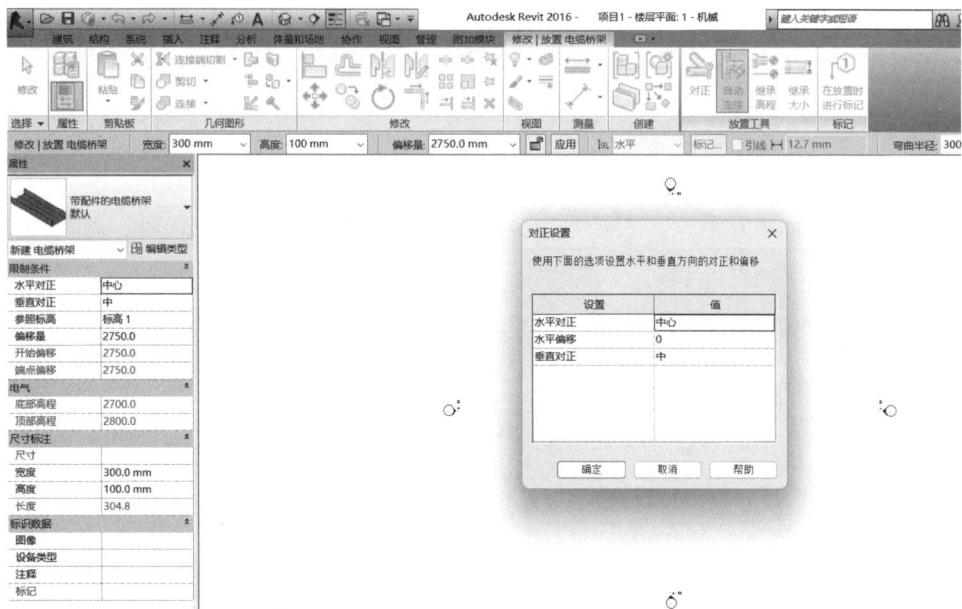

图 9-32　"对正设置"对话框

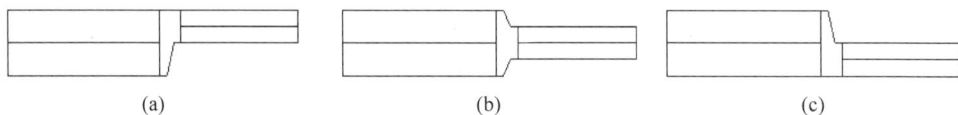

(a)　　　　　　　　　　　(b)　　　　　　　　　　　(c)

图 9-33　"水平对正"

(a) 左对正；(b) 中心对正；(c) 右对正

(2) 水平偏移。"水平偏移"用于指定绘制起始点位置与实际绘制位置之间的偏移距离。该功能多用于指定电缆桥架和墙体等参考图元之间的水平偏移距离。例如，设置"水平偏移"值为 500mm 后，捕捉墙体中心线绘制宽度为 100 mm 的直段，这样实际绘制位置是按照"水平偏移"值偏移墙体中心线的位置。同时，该距离还与"水平对正"方式及绘制方向有关：如果自左向右绘制电缆桥架，三种不同的水平对正方式下电缆桥架中心线到墙中心线的距离标注如图 9-34 所示。

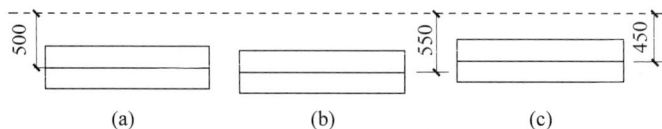

500　　　　　　　　　　　550　　　　　　　　　　450

(a)　　　　　　　　　　　(b)　　　　　　　　　　　(c)

图 9-34　"水平偏移"

(a) 左对正；(b) 中心对正；(c) 右对正

（3）垂直对正。"垂直对正"用来指定当前视图下相邻段之间垂直对齐方式，"垂直对正"方式有："底""顶""中"。

"垂直对正"的设置会影响"偏移量"，当默认偏移量为 500mm 时，公称管径为 150mm 的电缆桥架，设置不同的"垂直对正"方式，绘制完成后的电缆桥架偏移量（即管中心标高）会发生变化，如图 9-35 所示。

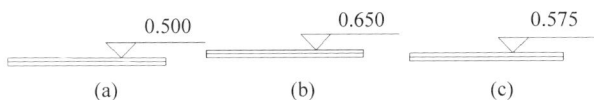

图 9-35　"垂直对正"

（a）顶对正；（b）底对正；（c）中对正

另外，电缆桥架绘制完成后，可以使用"对正"命令修改对齐方式，选中需要修改的电缆桥架，单击功能区中"对正"，进入"对正编辑器"，选择需要的对齐方式和对齐方向，单击"完成"，如图 9-36 和图 9-37 所示。

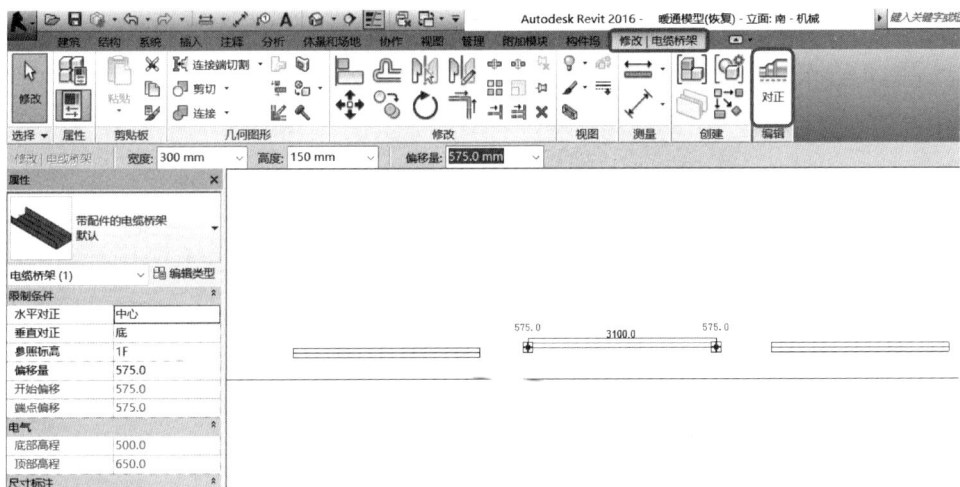

图 9-36　使用"对正"命令修改对齐方式

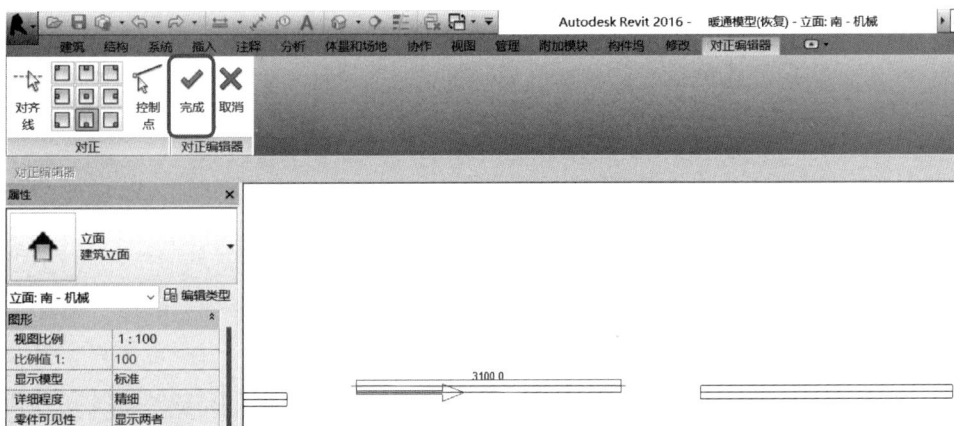

图 9-37　完成"对正"命令修改

3．自动连接

在"修改|放置电缆桥架"选项卡中有"自动连接"这一选项，如图 9-38 所示，默认情况下，这一选项是勾选的。

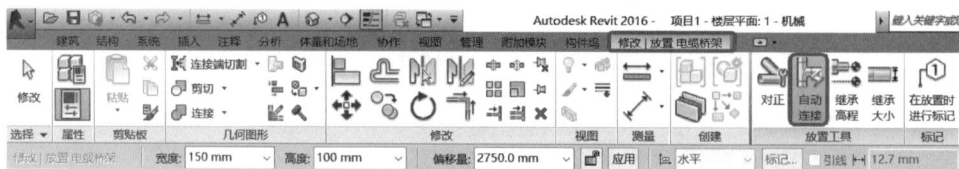

图 9-38　电缆桥架自动连接选项

勾选与否将决定绘制电缆桥架时是否自动连接到相交电缆桥架上，并生成电缆桥架配件，当勾选"自动连接"时，在两直段相交位置自动生成四通，如图 9-39(a)所示；如果不勾选，则不生成电缆桥架配件，如图 9-39(b)所示。

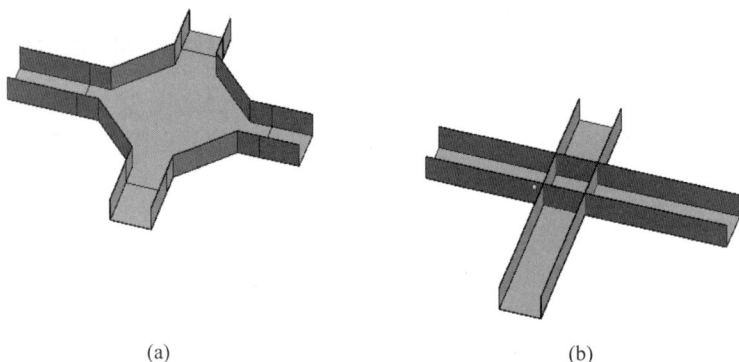

(a)　　　　　　　　　　　　　(b)

图 9-39　电缆桥架自动连接效果

注意："自动连接"功能使绘图方便智能，但要注意，当绘制不同高程的两路电缆桥架时，可暂时去除"自动连接"，以避免误连接。

4．继承高程、继承大小

利用这两个功能，绘制桥架时可以自动继承捕捉到的图元的高程和大小。

9.3.2　电缆桥架配件放置和编辑

电缆桥架连接中要使用电缆桥架配件，下面将介绍绘制电缆桥架时配件族的使用。

1．放置配件

在平面视图、立面视图、剖面视图和三维视图中都可以放置电缆桥架配件。放置电缆桥架配件有两种方法：自动添加和手动添加。

（1）自动添加：在绘制电缆桥架过程中自动加载的配件需在"电缆桥架类型"中的"管件"参数中指定。

（2）手动添加：在"修改|放置电缆桥架配件"模式下进行，进入"修改|放置电缆桥架配件"有以下方式。

① 单击功能区中"系统"—"电缆桥架配件"，如图 9-40 所示。

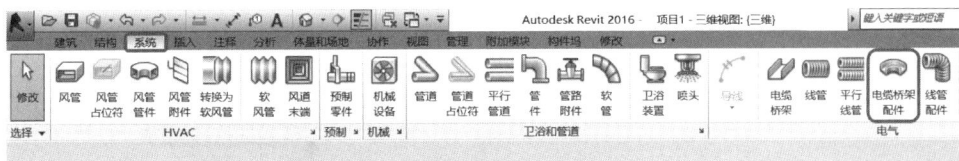

图 9-40　电缆桥架配件

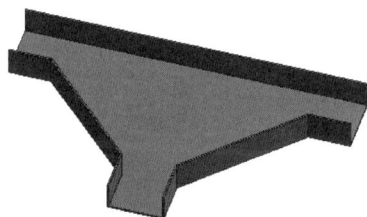

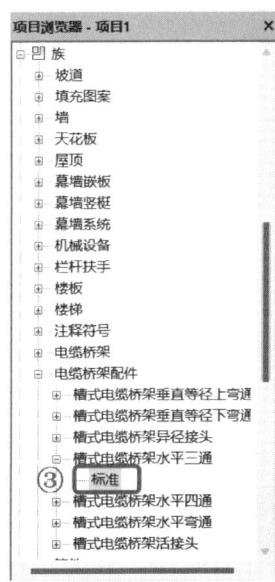

② 在项目浏览器中，展开"族"—"电缆桥架配件"，将"电缆桥架配件"下的族直接拖到绘图区域，如图 9-41～图 9-42 所示。

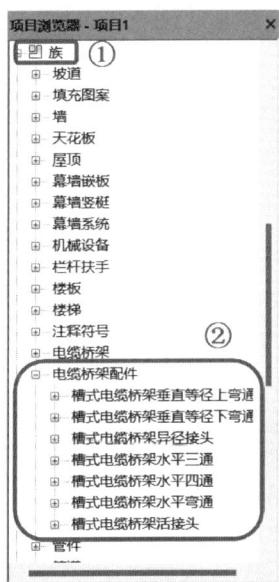

图 9-41　添加电缆桥架配件　　　　　图 9-42　选择电缆桥架配件

2. 编辑电缆桥架配件

在绘图区域中单击某一电缆桥架配件后，周围会显示一组控制柄，可用于修改尺寸、调整方向和进行升级或降级，如图 9-43～图 9-45 所示。

（1）在配件的所有连接件都没有连接时，可单击尺寸标注改变宽度和高度，如图 9-43 所示。

（2）单击符号可以实现配件水平或垂直翻转 180°。

（3）单击符号可以旋转配件。

注意：当配件连接了电缆桥架后，该符号不再出现，如图 9-43 所示。

（4）如果配件的旁边出现加号，表示可以升级该配件，如图 9-44 所示。例如，弯头可以升级为 T 形三通，T 形三通可以升级为四通。

单击可翻转180°

600.0 mm x 50.0 mm

旋转

600.0 mm x 50.0 mm

单击可修改尺寸

600.0 mm x 50.0 mm

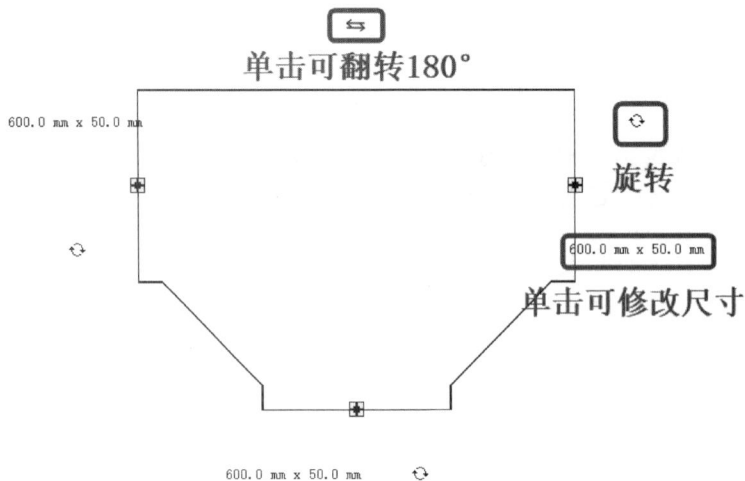

图 9-43　编辑电缆桥架配件

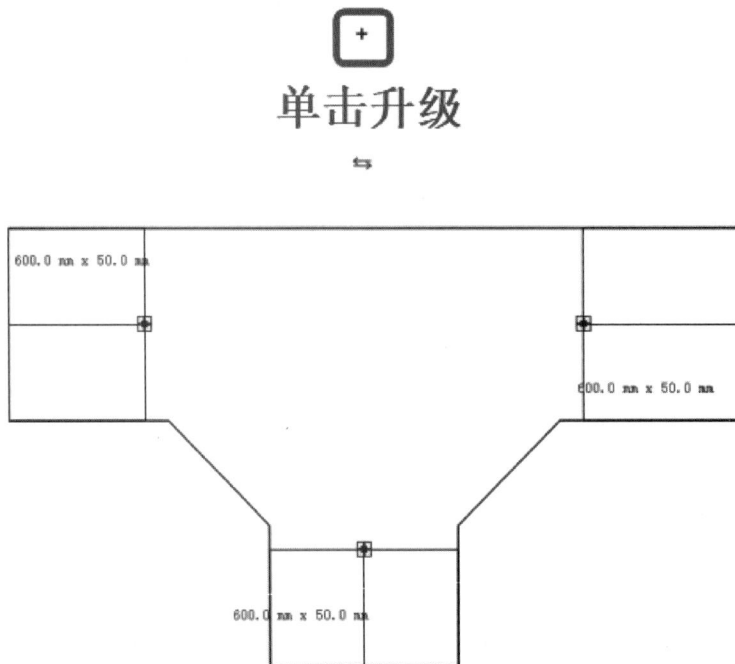

单击升级

600.0 mm x 50.0 mm

600.0 mm x 50.0 mm

600.0 mm x 50.0 mm

图 9-44　电缆桥架配件升级方式

　　（5）通过未使用连接件旁边的减号可以将该配件降级，如图 9-45 所示。例如，带有未使用连接件的四通可以降级为 T 形三通；带有未使用连接件的 T 形三通可以降级为弯头。如果配件上有多个未使用的连接件，则不会显示加减号。

9.3.3　线管绘制

　　在平面视图、立面视图、剖面视图和三维视图中均可绘制水平、垂直和倾斜的电缆桥架，单击功能区中"系统"—"线管"，如图 9-46 所示。

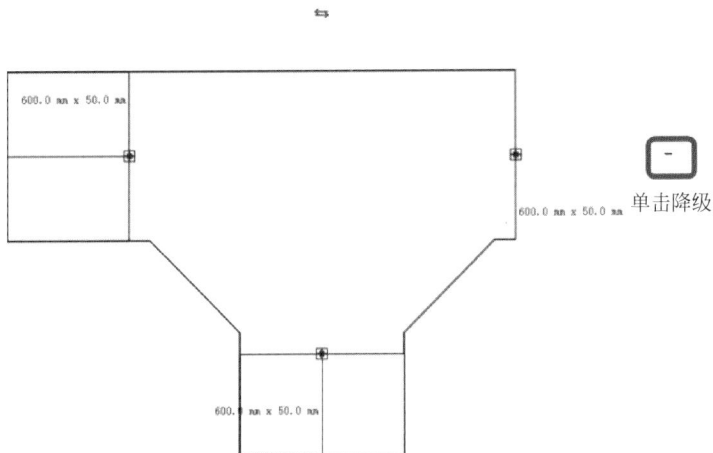

图 9-45　电缆桥架配件降级方式

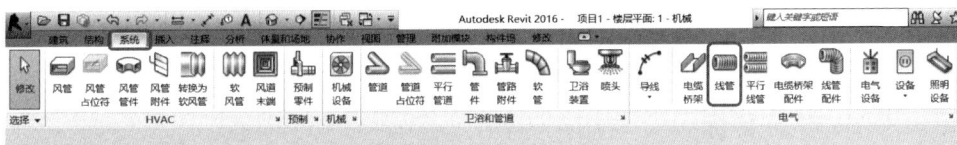

图 9-46　线管

绘制线管的具体步骤和电缆桥架、风管、管道均类似,可参见"9.3.1　电缆桥架绘制"。

思考与练习题

1. 简述绘制电缆桥架的步骤。
2. 简述电缆桥架的对正方式。
3. 简述不同对正方式对电缆桥架偏移量的影响。
4. 简述电缆桥架配件的放置方式。
5. 简述如何编辑电缆桥架配件。

第10章

模型综合应用

本章要点

（1）多专业协同；

（2）工程量统计；

（3）图纸导出。

学习目标

掌握在 Revit 中进行模型链接的方法，包括导入和链接来自建筑、结构、机电等多个专业的模型；掌握使用碰撞检查工具进行冲突检测；掌握使用 Revit 进行工程量统计，包括创建数量明细表和材质提取明细表；掌握自定义明细表满足特定的统计需求，包括对所需信息元素进行筛选、分类和汇总。掌握模型数据导出，包括导出明细表和图纸。

素质目标

本章主要讲解全专业建模后的模型应用，教学中引导学生养成发散思维的能力，多方面、广范围地思考解决问题能力，不仅拓宽学生的专业视野，丰富学生的知识结构，还激励学生开发头脑，提高应变能力，提升学生的综合素养。启发学生在思考问题时，必须从整体出发，从整体到局部的思维方式，进而重点培养学生的全局意识。

10.1　多专业协同

10.1.1　模型链接

（1）以结构模型为例，打开疗养院 4 号别墅结构模型，在项目栏中选择"插入"—"链接 Revit"，如图 10-1 所示。

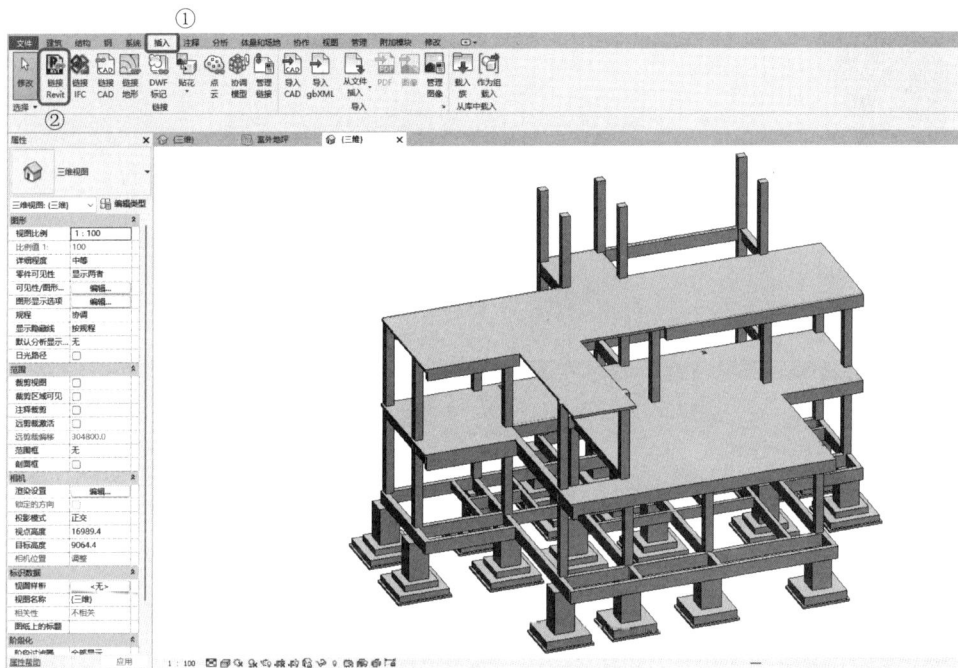

图 10-1　链接结构模型

（2）选择与结构模型对应的建筑模型，在定位栏中选择原点到原点，如图 10-2 所示。

（3）在项目栏中选择"修改|RVT 链接"—"绑定链接"—"附着的详图"，单击"确定"，如图 10-3 所示。

10.1.2　碰撞检查

1. 建筑专业自身的碰撞检查

（1）打开建筑模型，找到"协作"菜单栏下的"碰撞检查"工具，单击"运行碰撞检查"，如图 10-4 所示。

（2）勾选要进行碰撞的构件，这里默认勾选全部，因为需要检查自身碰撞，所以两侧勾选为一样的构件，然后单击确定开始进行碰撞检查。如果模型过大，建议勾选部分构件依次进行碰撞检查，以便节省时间，如图 10-5 所示。

图 10-2　导入建筑模型

图 10-3　绑定链接

（3）出现碰撞报告，选择任意碰撞报告，单击"＋"，会看到碰撞构件 ID 号，单击墙体，单击左下角"显示（S）"。软件会自动跳转至墙体界面，墙体会高亮显示，然后就会发现碰撞点，并且可以进行调整。如果单击"显示（S）"工具，提示"找不到完好的视图"则需要复制构件的 ID 号至"查询"选项卡下"按 ID 号选择图元"进行查找。如图 10-6 和图 10-7 所示。

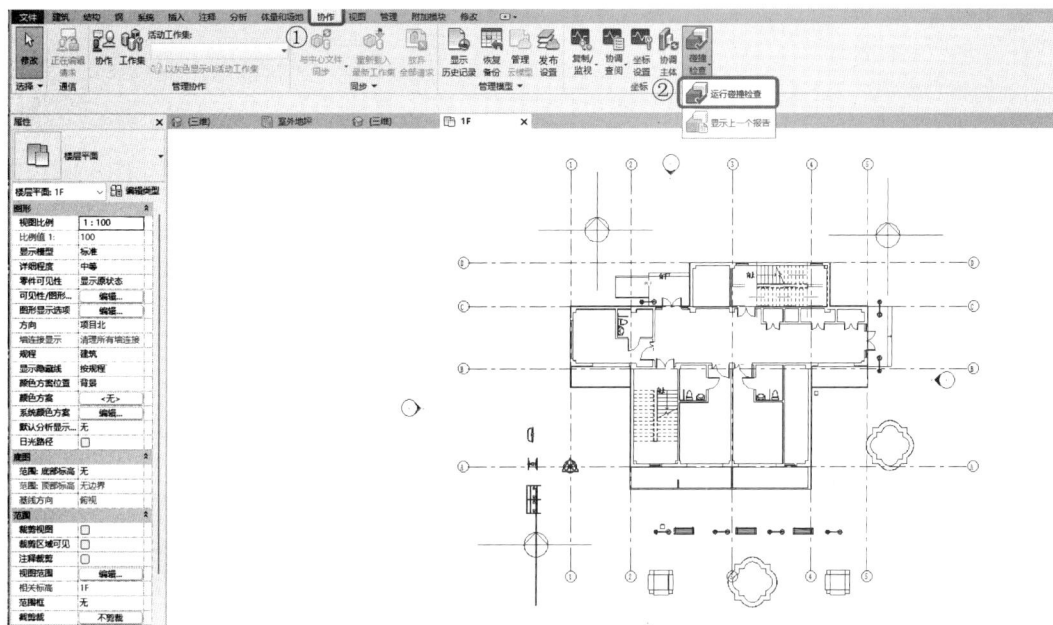

图 10-4　建筑专业碰撞检查

图 10-5　碰撞内容设置

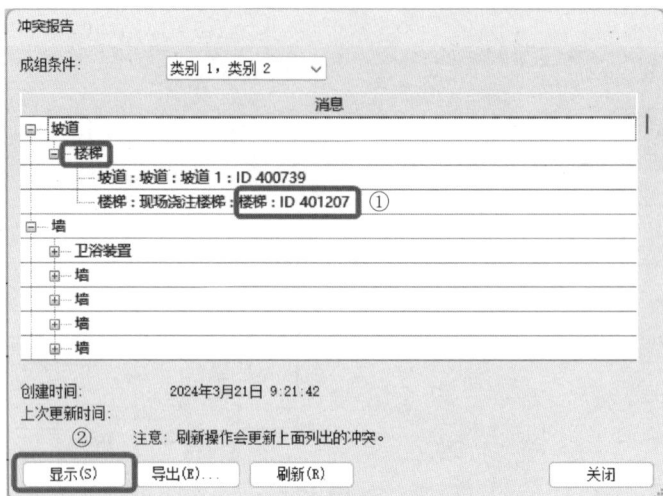

图 10-6　碰撞显示

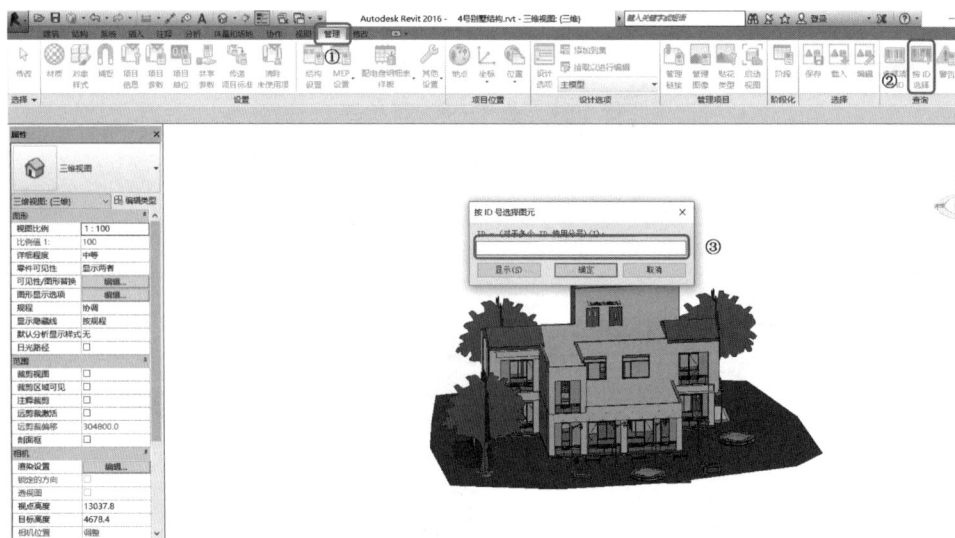

图 10-7　图元 ID 查询显示

2. 建筑专业与其他专业的碰撞检查步骤

（1）单击"插入"选项卡的"链接 Revit"工具，以给水排水模型为例检查碰撞，单击选择喷淋模型，定位选择"原点至原点"单击打开模型，然后进入三维模式，如图 10-8 所示。

（2）单击碰撞检查，右侧选择"给水排水"，勾选需要进行碰撞的构件，开始进行碰撞检查，如图 10-9 所示。

（3）碰撞检查结果出来后，可以单击"导出"至桌面一份 HTML 的碰撞文件，打开文件可以看到所有碰撞的类别构件、ID 号及数量，可以用于工作汇报或项目传递等，如图 10-10 所示。

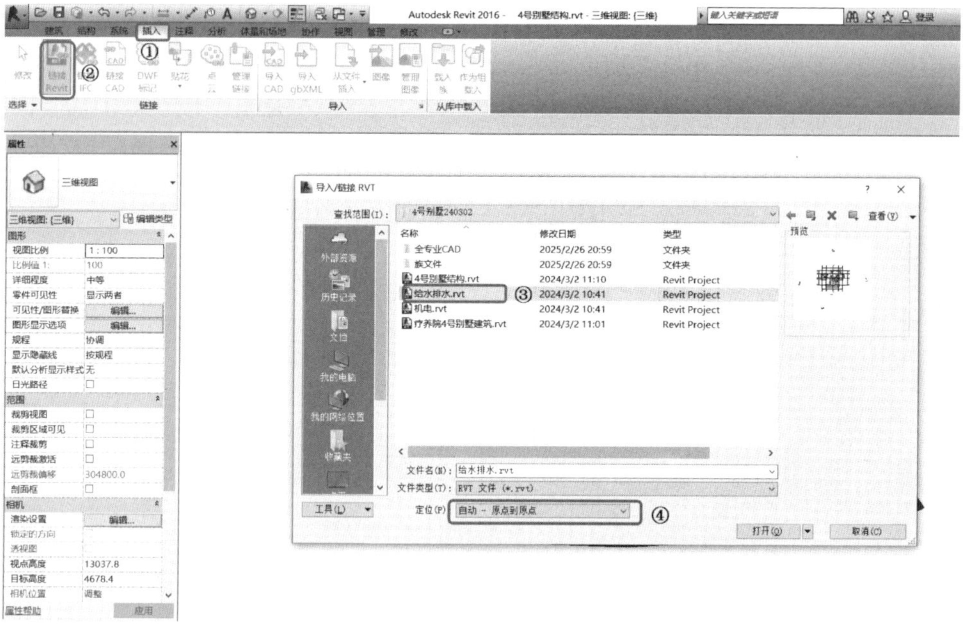

图 10-8　链接给水排水模型

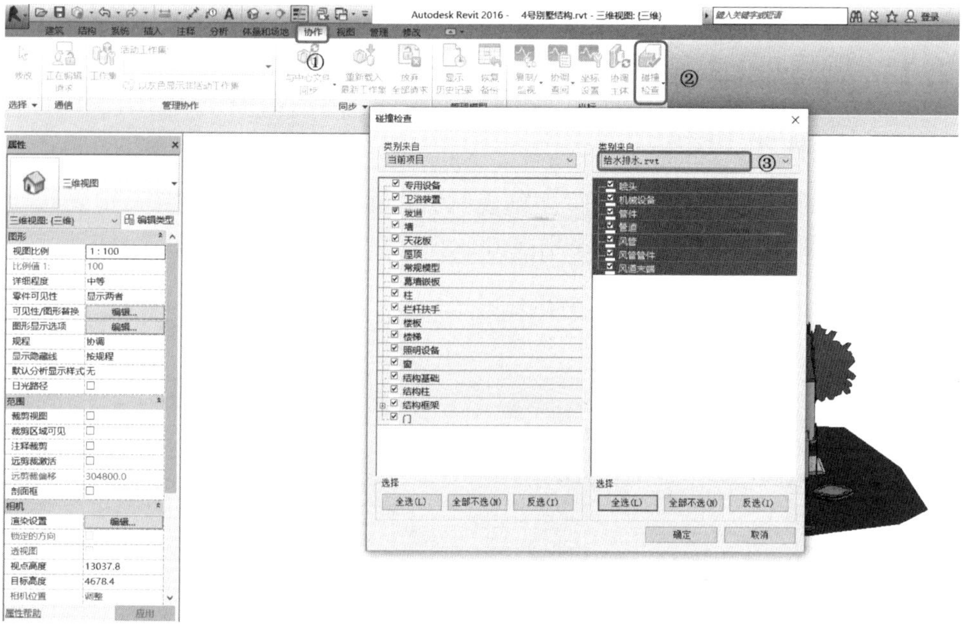

图 10-9　碰撞内容设置

返回项目的碰撞报告,依照建筑本身的碰撞方法对碰撞进行调整和更改,假如不小心将碰撞报告关闭,可以单击"碰撞检查"工具下的"显示上一个报告"进行查看,其他专业的碰撞按照本步骤执行。

冲突报告

冲突报告项目文件：E:\微信下载文件\WeChat Files\wxid_gddgz81ps0v622\FileStorage\File\2025-02\4号别墅240302\4号别墅结构.rvt
创建时间：2025年2月26日 21:53:47
上次更新时间：

	A	B
1	墙 : 基本墙 : 外墙白色250mm : ID 540996	给水排水.rvt : 管道 : 管道类型 : 标准 - 标记 258 : ID 724169
2	墙 : 基本墙 : 外墙白色250mm : ID 541000	给水排水.rvt : 风管 : 矩形风管 : 半径弯头/接头 - 标记 37 : ID 764917
3	墙 : 基本墙 : 外墙白色250mm : ID 541000	风道末端 : 散流器 - 矩形 : 200*200 - 标记 16 : ID 765378
4	墙 : 基本墙 : 内墙150mm : ID 541009	给水排水.rvt : 管道 : 管道类型 : HW-内外热镀锌钢管-丝接 - 标记 325 : ID 756496
5	墙 : 基本墙 : 内墙150mm : ID 541010	给水排水.rvt : 管道 : 管道类型 : 标准 - 标记 108 : ID 719053
6	墙 : 基本墙 : 内墙150mm : ID 541010	给水排水.rvt : 管道 : 管道类型 : 标准 - 标记 126 : ID 719362
7	墙 : 基本墙 : 内墙150mm : ID 541010	给水排水.rvt : 管道 : 管道类型 : 标准 - 标记 144 : ID 719583
8	墙 : 基本墙 : 内墙150mm : ID 541010	给水排水.rvt : 管道 : 管道类型 : 标准 - 标记 158 : ID 719804
9	墙 : 基本墙 : 内墙150mm : ID 541010	给水排水.rvt : 管道 : 管道类型 : HW-内外热镀锌钢管-丝接 - 标记 330 : ID 756511
10	墙 : 基本墙 : 内墙150mm : ID 541010	给水排水.rvt : 管道 : 管道类型 : HW-内外热镀锌钢管-丝接 - 标记 421 : ID 763809
11	墙 : 基本墙 : 内墙150mm : ID 541011	给水排水.rvt : 管道 : 管道类型 : 标准 - 标记 107 : ID 719039
12	墙 : 基本墙 : 内墙150mm : ID 541011	给水排水.rvt : 管道 : 管道类型 : 标准 - 标记 125 : ID 719360
13	墙 : 基本墙 : 内墙150mm : ID 541011	给水排水.rvt : 管道 : 管道类型 : 标准 - 标记 143 : ID 719581
14	墙 : 基本墙 : 内墙150mm : ID 541011	给水排水.rvt : 管道 : 管道类型 : 标准 - 标记 211 : ID 722262
15	墙 : 基本墙 : 内墙150mm : ID 541011	给水排水.rvt : 管道 : 管道类型 : HW-内外热镀锌钢管-丝接 - 标记 332 : ID 756517
16	墙 : 基本墙 : 内墙150mm : ID 541011	给水排水.rvt : 管道 : 管道类型 : HW-内外热镀锌钢管-丝接 - 标记 423 : ID 763840
17	墙 : 基本墙 : 内墙150mm : ID 541011	给水排水.rvt : 管道 : 管道类型 : HW-内外热镀锌钢管-丝接 - 标记 424 : ID 763855
18	墙 : 基本墙 : 内墙150mm : ID 541011	给水排水.rvt : 管件 : 变径弯头 - 螺纹 : 标准 - 标记 390 : ID 763861
19	墙 : 基本墙 : 内墙150mm : ID 541011	给水排水.rvt : 管道 : 管道类型 : HW-内外热镀锌钢管-丝接 - 标记 426 : ID 763923

图 10-10　冲突报告

10.2　工程量统计

10.2.1　数量明细表

1. 创建门明细表

单击功能区的"视图"—"创建"—"明细表"按钮，在下拉列表中选择"明细表/数量"按钮，弹出"新建明细表"对话框，单击"类别（C）"—"门"—"确定"按钮，如图 10-11 所示。

图 10-11　新建门明细表

弹出"明细表属性"对话框,在"可用的字段(V)"列表里选择"族与类型""宽度""高度""合计"参数,单击"添加"按钮将其添加到明细表字段中,可通过"上移(↑三)""下移(↓三)"按钮调整参数顺序。选择"属性"—"排序/成组"选项,设置排序方法,完成门明细表的创建,如图 10-12~图 10-15 所示。

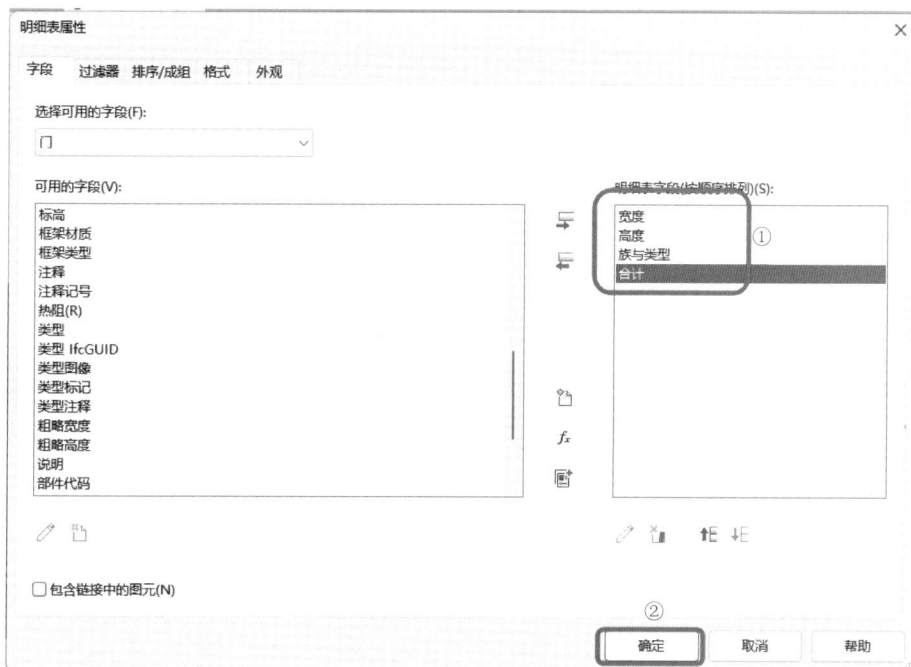

图 10-12　门明细表字段

图 10-13　默认门明细表

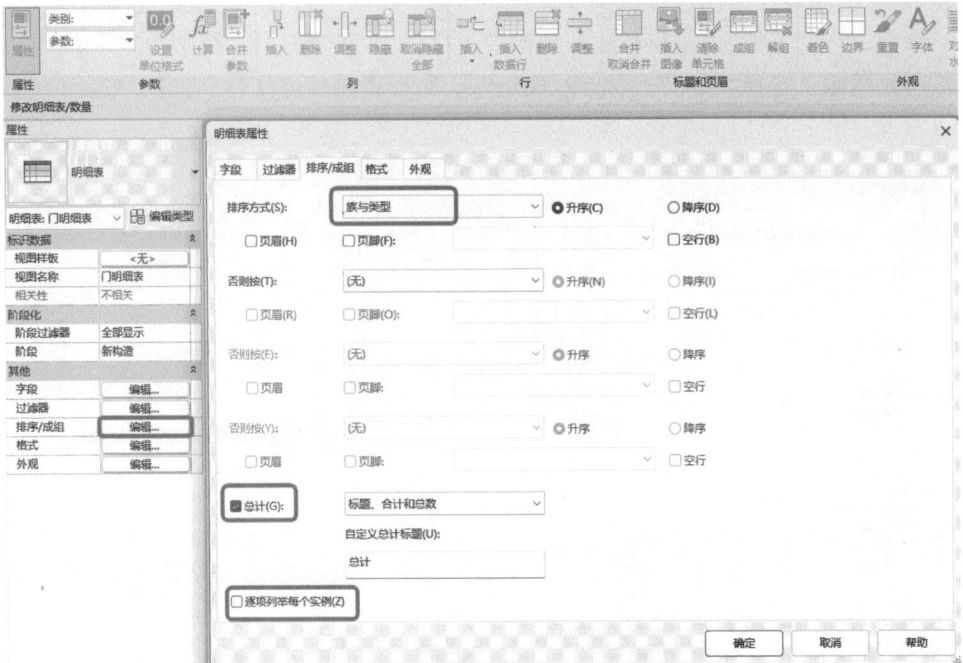

图 10-14　门明细表属性

图 10-15　门明细表

2. 创建窗明细表

窗明细表创建方法与门明细表相似，结果如图 10-16 所示。

10.2.2　材质提取明细表

（1）打开创建完毕的模型，以结构模型为例，新建明细表，进行"材质提取"，如图 10-17 所示。

图 10-16　窗明细表

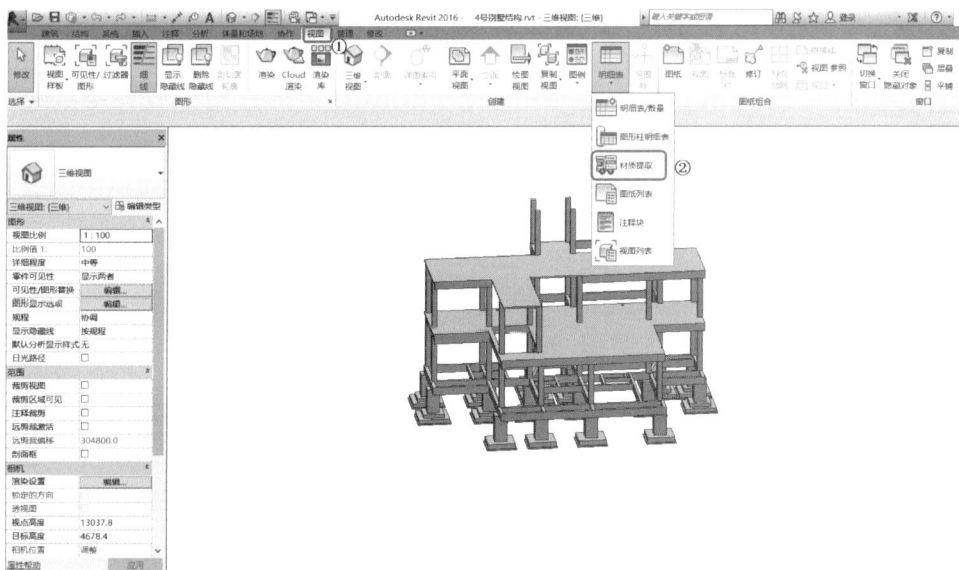

图 10-17　材质提取

（2）创建结构柱明细表，选择类别为"结构柱"，单击"确定"，如图 10-18 所示，进行新建材质提取。

（3）添加相应的需要的字段信息，如楼层层高、类型、体积等字段，并调整字段的先后顺序，如图 10-19 所示，选择材质提取内容显示。

（4）单击"排序/成组"设置明细表的分组信息，勾选总计，如图 10-20 所示，进行修改排序/成组方式。

（5）导出明细表到 Excel 表格中进行数据处理，如图 10-21 所示，为结构柱材质明细。

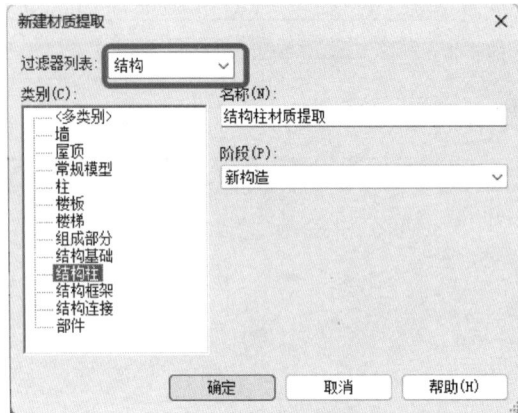

图 10-18　新建材质提取

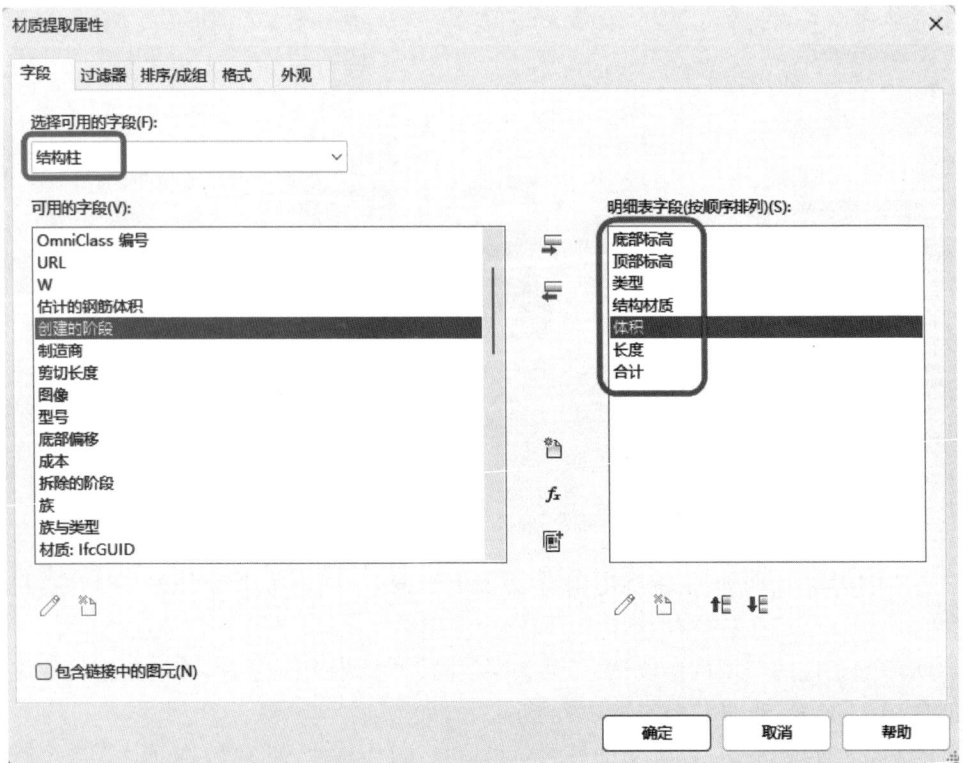

图 10-19　选择材质提取内容显示

材质提取属性　　　　　　　　　　　　　　　　　　×

字段　过滤器　排序/成组　格式　外观

排序方式(S):　　底部标高　　　　　　　　　▼　●升序(C)　　　○降序(D)

　　　□页眉(H)　　□页脚(F):　　　　　　　　　　▼　　□空行(B)

否则按(T):　　　类型　　　　　　　　　　▼　　●升序(N)　　　○降序(I)

　　　□页眉(R)　　□页脚(O):　　　　　　　　　　▼　　□空行(L)

否则按(E):　　　体积　　　　　　　　　　▼　　●升序　　　　○降序

　　　□页眉　　　□页脚:　　　　　　　　　　　▼　　□空行

否则按(Y):　　　(无)　　　　　　　　　　▼　　●升序　　　　○降序

　　　□页眉　　　□页脚:　　　　　　　　　　　▼　　□空行

☑总计(G):　　　标题、合计和总数　　　　　▼

　　　　　　　自定义总计标题(U):

　　　　　　　总计

□逐项列举每个实例(Z)

　　　　　　　　　　　　　　　确定　　　　取消　　　　帮助

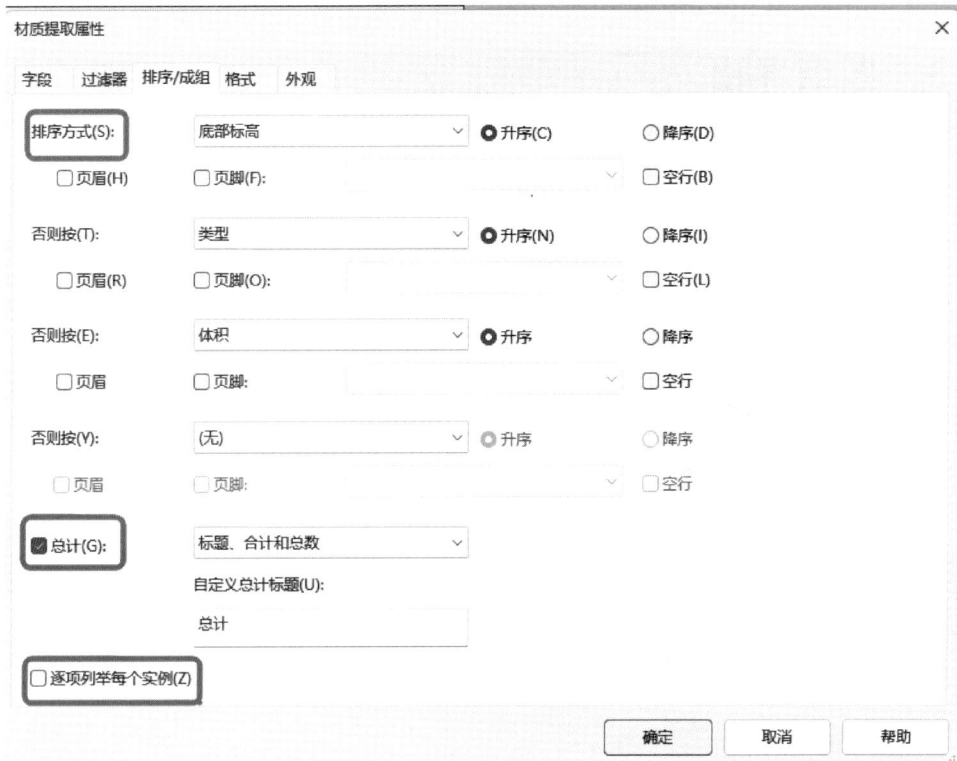

图 10-20　修改排序/成组方式

			<结构柱材质提取>				
A	**B**	**C**	**D**	**E**	**F**	**G**	**H**
材质:名称	底部标高	顶部标高	类型	结构材质	体积	长度	合计
混凝土、现场浇	室外地坪	标高 2	KZ1 400x400	混凝土、现场	0.68 m³	4400	1
混凝土、现场浇	室外地坪	标高 2	KZ2 400x400	混凝土、现场	0.68 m³	4400	1
混凝土、现场浇	室外地坪	标高 2	KZ3 400x400	混凝土、现场	0.69 m³	4400	1
混凝土、现场浇	室外地坪	标高 2	KZ4 400x400	混凝土、现场	0.68 m³	4400	2
混凝土、现场浇	室外地坪	标高 2	KZ4 400x400	混凝土、现场	0.69 m³	4400	1
混凝土、现场浇	室外地坪	标高 2	KZ5 400x400	混凝土、现场	0.68 m³	4400	1
混凝土、现场浇	室外地坪	标高 2	KZ6 400x400	混凝土、现场	0.68 m³	4400	1
混凝土、现场浇	室外地坪	标高 2	KZ7 400x400	混凝土、现场	0.69 m³	4400	1
混凝土、现场浇	室外地坪	标高 2	KZ8 400x400	混凝土、现场	0.68 m³	4400	1
混凝土、现场浇	室外地坪	标高 2	KZ9 400x400	混凝土、现场	0.68 m³	4400	2
混凝土、现场浇	室外地坪	标高 2	KZ10 400x400	混凝土、现场	0.69 m³	4400	1
混凝土、现场浇	室外地坪	标高 2	KZ11 400x400	混凝土、现场	0.69 m³	4400	1
混凝土、现场浇	室外地坪	标高 2	KZ12 400x400	混凝土、现场	0.68 m³	4400	1
混凝土、现场浇	室外地坪	标高 2	KZ13 400x400	混凝土、现场	0.68 m³	4400	1
混凝土、现场浇	室外地坪	标高 2	KZ14 400x400	混凝土、现场	0.69 m³	4400	1
混凝土、现场浇	室外地坪	标高 2	KZ15 400x400	混凝土、现场	0.68 m³	4400	1
混凝土、现场浇	室外地坪	标高 2	KZ16 400x400	混凝土、现场	0.68 m³	4400	1
混凝土、现场浇	标高 2	标高 3	KZ1 400x400	混凝土、现场	0.67 m³	4300	1
混凝土、现场浇	标高 2	标高 3	KZ2 400x400	混凝土、现场	0.67 m³	4300	1
混凝土、现场浇	标高 2	标高 3	KZ3 400x400	混凝土、现场	0.67 m³	4300	1
混凝土、现场浇	标高 2	标高 3	KZ4 400x400	混凝土、现场	0.67 m³	4300	3
混凝土、现场浇	标高 2	标高 3	KZ5 400x400	混凝土、现场	0.68 m³	4300	1
混凝土、现场浇	标高 2	标高 3	KZ6 400x400	混凝土、现场	0.67 m³	4300	1
混凝土、现场浇	标高 2	标高 3	KZ7 400x400	混凝土、现场	0.67 m³	4300	1
混凝土、现场浇	标高 2	标高 3	KZ8 400x400	混凝土、现场	0.67 m³	4300	1
混凝土、现场浇	标高 2	标高 3	KZ9 400x400	混凝土、现场	0.67 m³	4300	2
混凝土、现场浇	标高 2	标高 3	KZ9 400x400	混凝土、现场	0.68 m³	4300	1
混凝土、现场浇	标高 2	标高 3	KZ10 400x400	混凝土、现场	0.67 m³	4300	1
混凝土、现场浇	标高 2	标高 3	KZ11 400x400	混凝土、现场	0.67 m³	4300	1
混凝土、现场浇	标高 2	标高 3	KZ12 400x400	混凝土、现场	0.67 m³	4300	2
混凝土、现场浇	标高 3	标高 4	KZ1 400x400	混凝土、现场	0.58 m³	3600	2
混凝土、现场浇	标高 3	标高 4	KZ2 400x400	混凝土、现场	0.58 m³	3600	2
混凝土、现场浇	标高 3	标高 4	KZ3 400x400	混凝土、现场	0.58 m³	3600	1
混凝土、现场浇	标高 3	标高 4	KZ4 400x400	混凝土、现场	0.58 m³	3600	1
总计: 42							

图 10-21　结构柱材质明细表

10.3 图纸导出

10.3.1 导出 DWG 文件

1. 导出命令

在 Revit 中，可将布置好的图纸或视图导出为 DWG、DWF、DGN 及 SAT 等格式的 CAD 数据文件，以方便为使用 CAD 软件的设计人员提供依据。DWG 格式的图纸是目前使用较多的，也是目前设计单位不同专业协同设计、指导现场施工的参考依据，接下来讲解 CAD 图纸导出的基本流程。

（1）找到应用程序菜单左上方的"文件"选项，单击"文件"—"导出"按钮，可弹出"创建交换文件并设置选项"对话框，如图 10-22 所示。

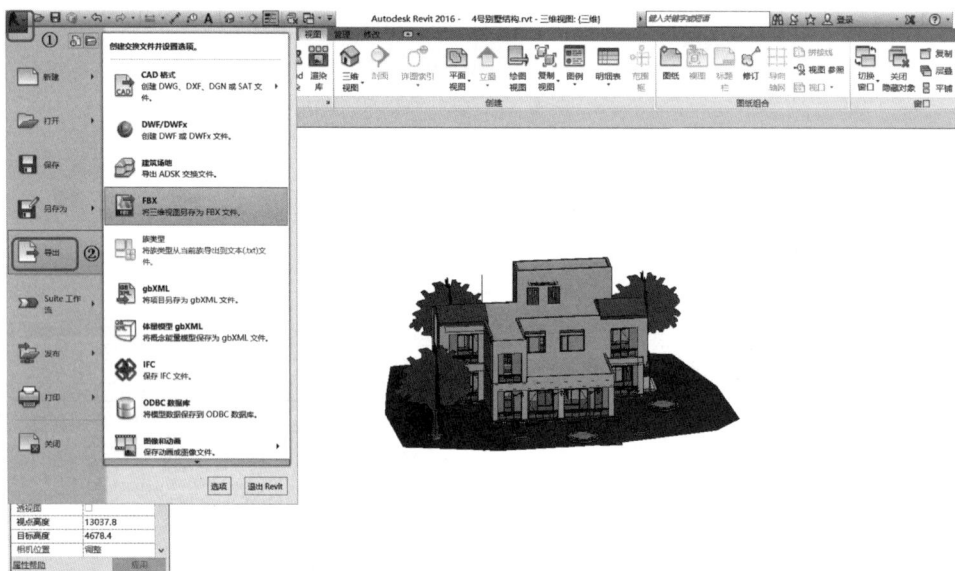

图 10-22　文件导出形式

（2）弹出的对话框列表中提供了多种导出的文件类型，以"CAD 格式"为例，包含 DWG、DGN、DXF 的文件格式。单击 CAD 格式，在弹出的列表中选择"DWG"选项，可导出 DWG 格式的文件，如图 10-23 所示。

2. 导出设置

（1）在 Revit 中没有图层的概念，而 CAD 图纸中每个图元均有自己所属的图层，在导出时可对图层进行设置，单击"DWG 导出"对话框中的"选择导出设置（L）"后方的 ▦ 按钮进入"修改 DWG/DXF 导出设置"窗口，如图 10-24 所示。

（2）在"修改 DWG/DXF 导出设置"对话框中，可单击左下方的"新建导出设置"—"确定新建导出设置"按钮，新建导出设置，如图 10-25 所示。

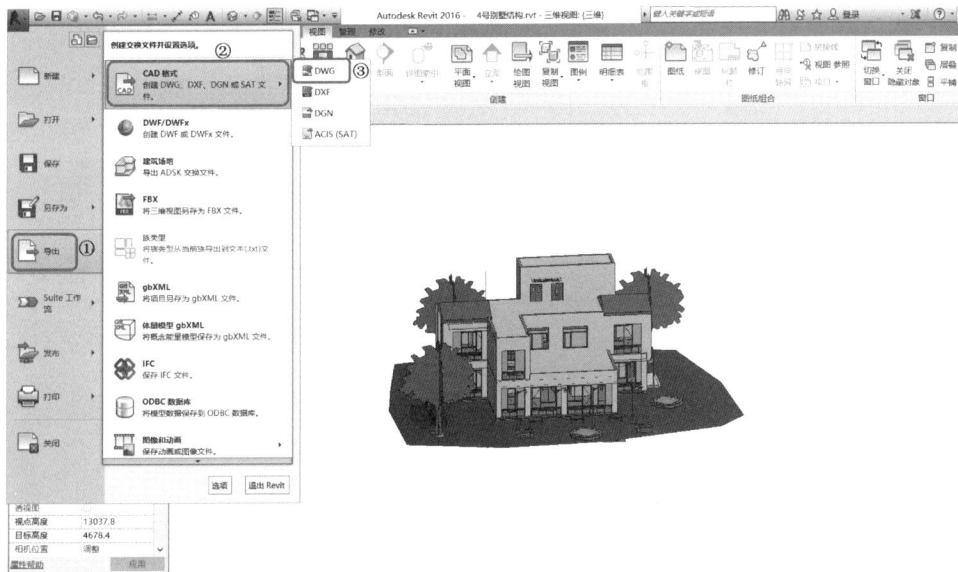

图 10-23　导出 CAD 格式

图 10-24　导出设置

（3）在选项中可依次对导出的层线、填充图案、文字和字体、颜色、实体、单位和坐标进行设置。设置完成后单击"确定"按钮后关闭"修改 DWG/DXF 导出设置"对话框，并在 DWG 导出窗口中的"选择导出设置"下拉列表中选择刚刚设置的样式作为导出样式，如图 10-26 所示。

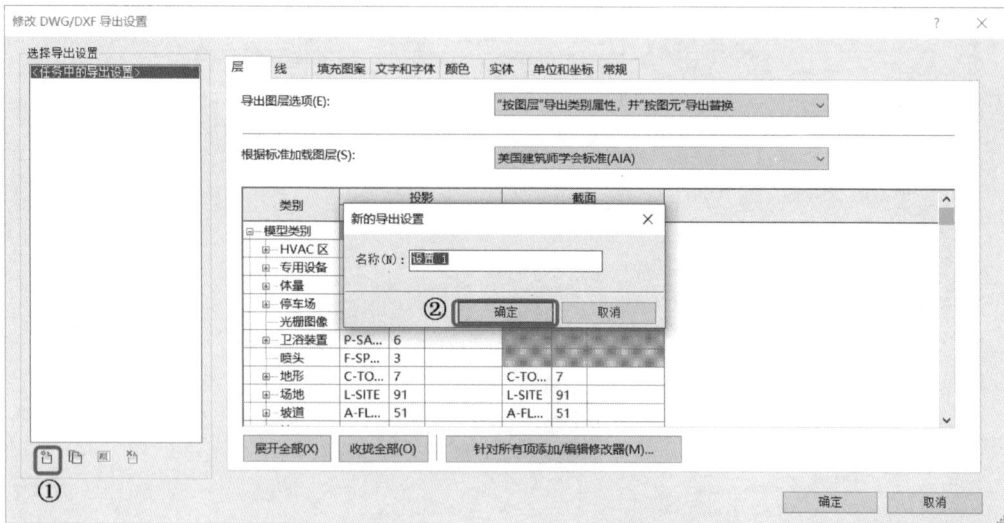

图 10-25　新建样式

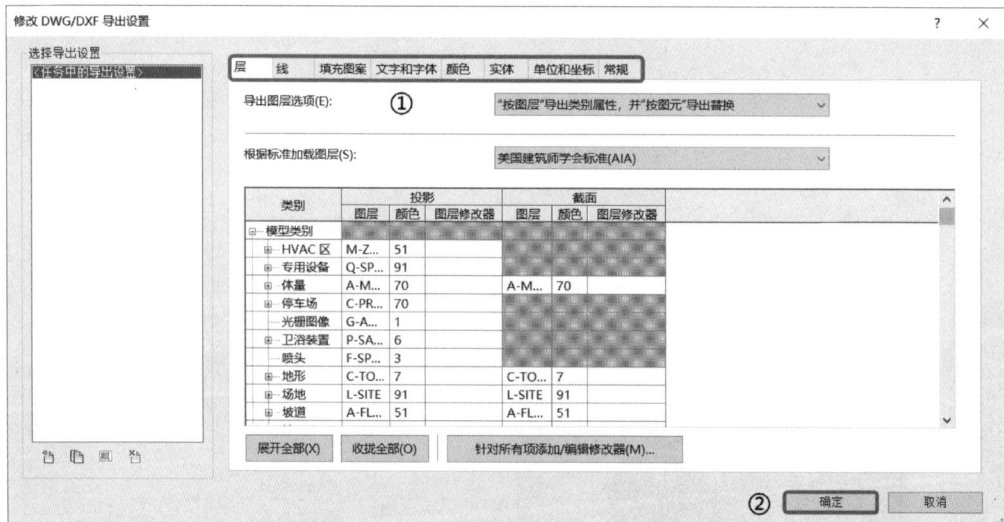

图 10-26　新样式编辑

3．图集设置

（1）默认情况下，软件会以当前视图作为导出图纸，单击"新建集"—"确定"按钮。新建一个图纸集并将其名称命名为"建筑"，如图 10-27 所示。

（2）在弹出的窗口勾选项目中所有的建筑图纸，包括平面图、立面图、剖面图以及详图等。勾选完成后，单击"下一步（X）…"按钮，如图 10-28 所示。

（3）在设置保存位置的对话框下方可设置文件保存的位置、CAD 版本、命名方式等信息，注意一般不要选择"将图纸上的视图和链接作为外部参照导出（X）"，否则图纸中的每一个视图都将作为一个单独的文件被导出，如图 10-29 所示。

（4）浏览至需要保存图纸的文件夹保存图纸文件，在出图时，经常会将不必要的图元进行隐藏，如果采用的是临时隐藏/隔离，在导出时会弹出"临时隐藏/隔离中的导出"提示对话

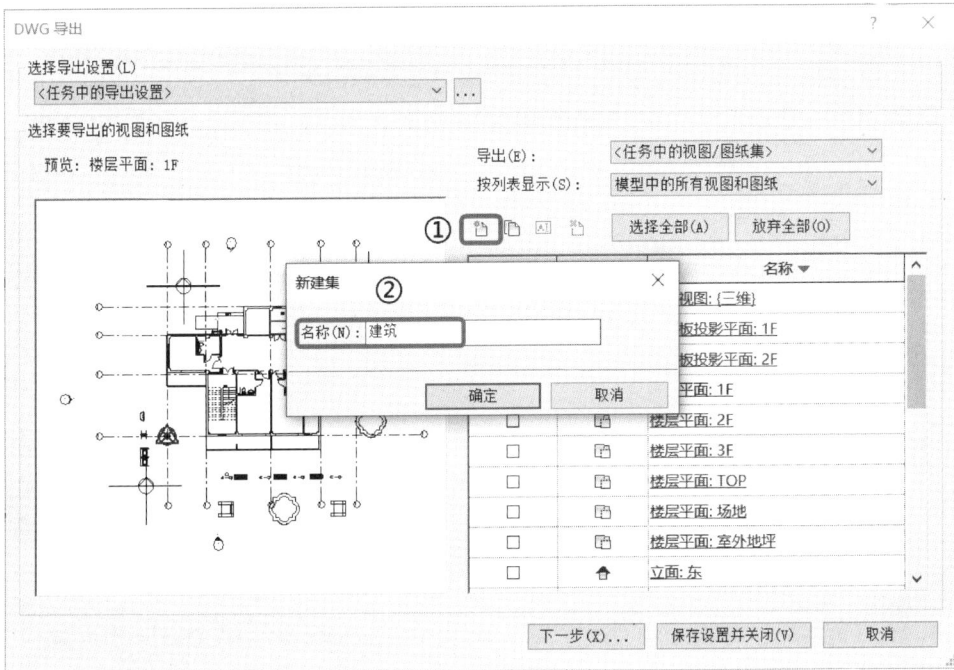

图 10-27　新建集

图 10-28　勾选需要添加的图纸

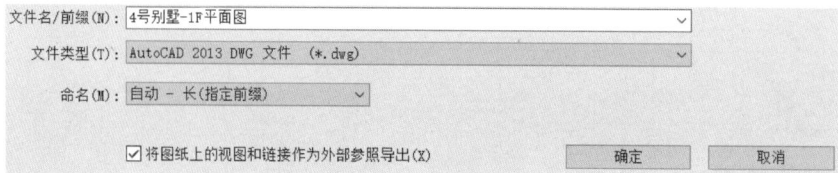

图 10-29　导出目标位置

图 10-30　临时隐藏/隔离

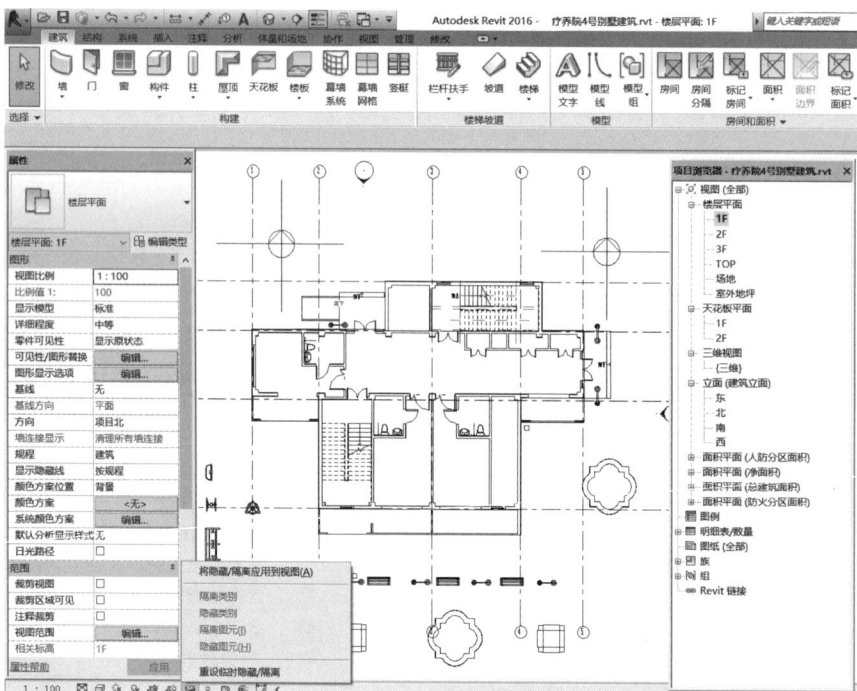

框，在这里需要选择"将临时隐藏/隔离模式保持为打开状态并导出"，如果选择的不是此项，视图中的隐藏/隔离不仅会在导出的图纸中失效，而且会在项目中重新显示出来，如图 10-30 所示。

（5）一般情况下，出图前在视图控制栏中单击"临时隐藏/隔离""将隐藏/隔离应用到视图"按钮，避免导出图纸时因操作失误引起重复工作，如图 10-31 所示。

图 10-31　将隐藏/隔离应用到视图

10.3.2　导出明细表

以建筑数量明细表—门为例，明细表有两种导出方式，一种是将明细表拖拽至图纸中，和图纸一起导出为 DWG 格式或打印为 PDF 格式，如图 10-32 所示。

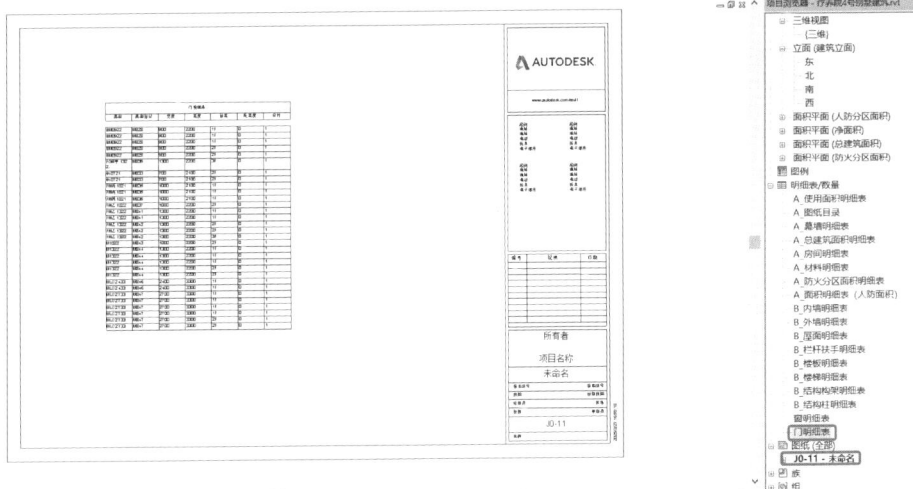

图 10-32　利用图纸导出明细表

　　另一种是通过应用程序菜单中的导出报告功能进行导出。本章以门窗明细表为例,讲解报告导出的方法。单击左上角的"文件"—"导出"—"报告"—"明细表"按钮,导出明细表。尤其注意导出明细表时需打开明细表,否则在导出明细表时会显示灰色,无法导出,需新建或复制一个新的明细表类型,导出的明细表为"txt"文本格式,可将文本复制到 Excel 表格中,转换为表格形式,如图 10-33 所示。

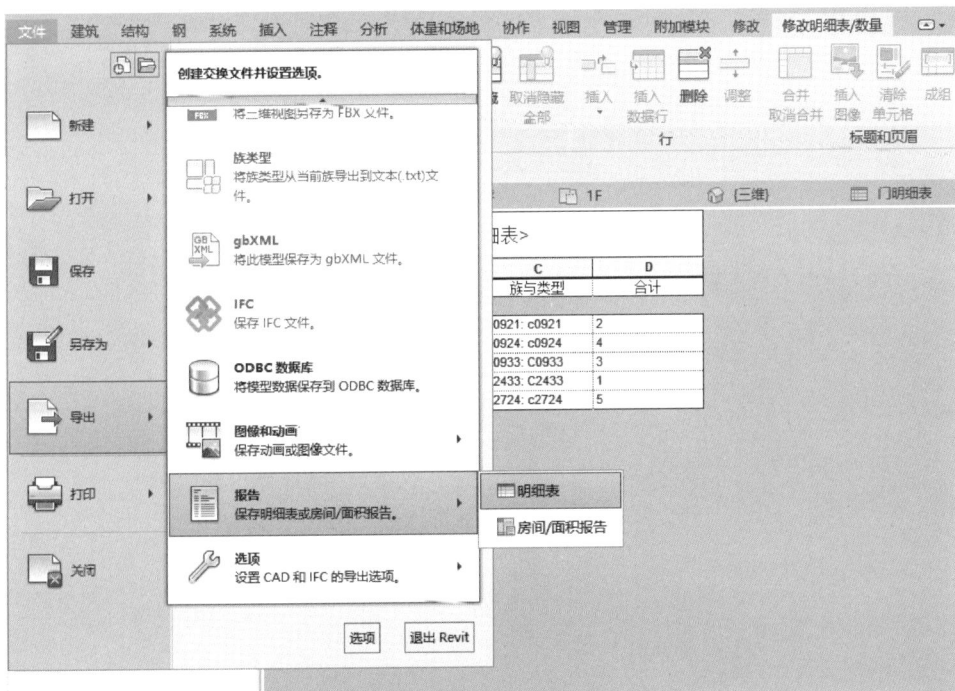

图 10-33　导出明细表

思考与练习题

1. 简述在多专业协同工作中进行碰撞检查的重要性。

2. 在 Revit 中创建一个建筑元素的数量明细表，包括墙体和楼板的数量统计。

3. 简述在 Revit 中导出 DWG 格式的步骤和这种格式的优缺点。

4. 在 Revit 中创建一个具体构件的数量明细表。

5. 在 Revit 中提取一个区域内所有材料的明细表。

6. 设计一个简单的协同项目，包括建筑、结构和机电专业。展示如何链接不同专业的模型，进行碰撞检查，统计工程量，并导出必要的图纸和数据。

参 考 文 献

[1] 中华人民共和国住房和城乡建设部.建筑信息模型应用统一标准:GB/T 51212—2016[S].北京:中国建筑工业出版社,2016.

[2] 中华人民共和国住房和城乡建设部.建筑信息模型施工应用标准:GB/T 51235—2017[S].北京:中国建筑工业出版社,2017.

[3] 中华人民共和国住房和城乡建设部.建筑信息模型设计交付标准:GB/T 51301—2018[S].北京:中国建筑工业出版社,2018.

[4] 中华人民共和国住房和城乡建设部.建筑工程设计信息模型制图标准:JGJ/T 448—2018[S].北京:中国建筑工业出版社,2018.

[5] 冯小平,章丛俊.BIM 技术及工程应用[M].北京:中国建筑工业出版社,2017.

[6] 张玉琢,王烘艳,王庆贺.BIM 应用基础:Revit 建筑实战教程[M].大连:大连理工大学出版社,2022.

[7] 陈长流,寇巍巍.Revit 建模基础与实战教程[M].北京:中国建筑工业出版社,2018.

[8] 张玉琢,张德海,孙佳琳.BIM 技术应用基础[M].北京:清华大学出版社,2020.

[9] 张玉琢,马洁,陈慧铭.BIM 应用与建模基础[M].大连:大连理工大学出版社,2019.

[10] CBIM Handbook[M].New York:John Wiley & Sons,2011.

[11] 何关培.如何让 BIM 成为生产力[M].北京:中国建筑工业出版社,2010.

[12] 李久林.大型施工总承包工程 BIM 技术研究与应用[M].北京:中国建筑工业出版社,2015.

[13] 李久林.智慧建筑理论与实践[M].北京:中国建筑工业出版社,2015.

[14] 欧阳东.BIM 技术:第一次建筑设计革命[M].北京:中国建筑工业出版社,2013.

[15] 李建成.BIM 应用导论[M].上海:同济大学出版社,2015.

[16] 工信部电子行业职业技能鉴定指导中心.BIM 应用案例分析[M].北京:中国建筑工业出版社,2016.

[17] 丁烈云.BIM 应用施工[M].上海:同济大学出版社,2015.

[18] 刘占省.BIM 技术与施工项目管理[M].北京:中国电力出版社,2015.

[19] 廖小烽,王君峰.Revit 2013/2014 建筑设计火星课堂[M].北京:人民邮电出版社,2013.

[20] 何关培.BIM 总论[M].北京:中国建筑工业出版社,2011.

[21] 中国城市科学研究会.绿色建筑 2011[M].北京:中国建筑工业出版社,2011.

[22] 张玉琢,王庆贺,房延凤.BIM 概论[M].大连:大连理工大学出版社,2021.

[23] 姜曦,王君峰.BIM 导论[M].北京:清华大学出版社,2017.

[24] 秦军.Autodesk Revit Architecture 201x 建筑设计全攻略[M].北京:中国水利水电出版社,2013.

[25] 欧特克软件(中国)有限公司构件开发组.Autodesk Revit 2013 族达人速成[M].上海:同济大学出版社,2013.

[26] 任江,吴小员.BIM 数据集成驱动可持续设计[M].北京:中国机械工业出版社,2014.

[27] 李建成,王朔,杜嵘.Revit Building 建筑设计教程[M].北京:中国建筑工业出版社,2006.

[28] 李建成,卫兆骥,王珏.数字化建筑设计概论[M].2 版.北京:中国建筑工业出版社,2015.

[29] 何关培.那个叫 BIM 的东西究竟是什么[M].北京:中国建筑工业出版社,2012.

[30] 刘照球.建筑信息模型 BIM 概论[M].北京:机械工业出版社,2017.

[31] 马骁,陶海波,赵心莹,等.BIM 实操[M].北京:机械工业出版社,2018.

[32] 杨贵宏,巴怀强,许广利,等.装配式预制梁桥 BIM 参数化建模技术应用研究[M].成都:西南交通大学出版社,2021.

[33] 刘静,王刚,徐立丹,等.BIM 技术施工应用[M].成都:西南交通大学出版社,2023.

［34］ 李一叶.BIM 设计软件与制图［M］.重庆：重庆大学出版社,2020.

［35］ 瞿焱,叶东东.建筑信息建模(BIM)基础与应用［M］.杭州：浙江工商大学出版社,2020.

［36］ 濮阳炯.BIM 技术在项目前期管理中的应用［J］.信息与电脑,2017(3)：2.

［37］ 宋晓刚,张培兴,张敏.基于 BIM 的工程项目前期辅助决策管理研究［J］.工程经济,2021(1)：51-54.

［38］ 李妍蓓.工程项目运维阶段 BIM 应用成熟度评价研究［D］.长沙：中南林业科技大学,2022.

［39］ 莫建俊.建筑工程管理中 BIM 技术的应用［J］.江苏建材,2024(1)：147-148.

［40］ 樊启祥,林鹏,魏鹏程,等.智能建造闭环控制理论［J］.清华大学学报(自然科学版),2021,61(7)：660-670.

［41］ 陈翀,李星,姚伟,等.BIM 技术在智能建造中的应用探索［J］.施工技术(中英文),2022,51(20)：104-111.

［42］ 翁彬鑫.BIM 技术助力建筑工程智能建造管理升级探讨［J］.未来城市设计与运营,2023(11)：69-71.

［43］ 李真.BIM 技术在智能建造中的应用探索与研究［J］.居舍,2023(25)：177-180.

［44］ 朱钰冉.基于演化博弈的智能建造技术采纳激励机制研究［D］.青岛：青岛理工大学,2023.

［45］ 武鹏飞,刘玉身,谭毅,等.GIS 与 BIM 融合的研究进展与发展趋势［J］.测绘与空间地理信息,2019,42(1)：1-6.

［46］ 孙恒,陈奕雄.基于 BIM 的 3D 打印技术在建筑行业中的应用［J］.电子技术与软件工程,2020(11)：152-153.

［47］ 桂玉环.基于 BIM＋三维激光扫描技术的云南古桥梁数字档案建设研究［D］.昆明：云南大学,2022.

［48］ 包胜,方玄略,卜航栋.三维激光扫描技术在工程建设中的应用研究［J］.施工技术(中英文),2024(5)：1-10.

［49］ 詹达夫,郑智珂,施雨恬,等.建筑机器人技术应用及发展综述［J］.建筑施工,2022,44(10)：2474-2477.

［50］ 杜修力,刘占省,赵研,等.智能建造概论［M］.北京：中国建筑工业出版社,2020.